새로 쓴

한국 주거역사와 문화

안옥희 백영흠 공저

JEONG 신정

머리말 preface

역사(history)란 인간 사회가 거쳐 온 변천의 모습, 또는 그 기록으로 어떤 사물이나 인물, 조직 따위의 대상이 오늘에 이르기까지의 자취를 나타내는 것이다. 따라서 역사란 시간적 흐름을 통해 파악하는 문화라고 할 수 있다. 문화(culture)란 한 사회와 집단의 신념이나 인지, 가치나 규범, 관습이나 행동을 말하는데, 이러한 문화는 특정집단 사이에 일치된 방법으로 개념을 형성하며, 전파의 특성을 가진다. 주거의 측면에서 본 문화란 생활문화의 총칭으로, 주거환경과 관련된 생활양식이다.

문화를 보는 시각은 크게 두 종류가 있다. 하나는 역사적으로 도출할 수 있는 인간행동과 사고의 심층구조로 파악하는 것이고, 또 하나는 일상생활에 나타나는 상황으로 파악하는 것이다. 즉 사회에서 일어나는 현상을 문화로 파악할 수 있는데 시간을 축으로 살펴보면 역사적 관점이 되는 것이고, 공간을 축으로 살펴보면 협의의 문화적 관점이 되는 것이다. 따라서 어떠한 사회 현상을 파악하기 위해서는 시간과 공간적 시야, 즉 역사와 문화적 관점을 동시에 가져야 하는 것이다.

최근 우리 문화의 우수성을 널리 인식하면서 주거문화에 대한 관심 또한 높아지고 있다. 그러나 우리가 현재 살고 있는 주택이 어떻게 이런 형태를 가지게 되었으며, 그 속에서 우리는 어떻게 공간에 적응하면서 우리 고유의 주거문화를 형성해 가고 있는지에 대한 이해는 매우 부족한 것 같다. 이는 일상생활에서 오는 익숙함으로 인해 아주 독특한 우리만의 주거문화임에도 불구하고 이를 간과해 버리기 때문이라 생각된다.

이에 저자들은 한국 주거를 역사적 관점과 문화적 관점으로 고찰하는 것이 보다 분명하게 우리 주거의 특성을 파악하고 이해할 수 있는 방법이라고 생각하여 10년쯤 전에 이 책을 엮었다. 그동안 강의를 하면서 부족했던 부분을 추가로 보충하여 이번에 개정하게 되었다. 새로 추가한 부분은 주거역사에서는 조선시대 이후의 근대주거의 역사, 주거문화에서는 사회자원으로서의 주거문화이며, 각 부분별로 내용을 수정 보충하였다. 또한 이 책은 주거학을 공부하기 시작하는 학생이나 주거에 대한 관심을 가지고 있는 일반인을 대상으로 우리의 주거 역사와 문화에 대한 전반적인 이해를 구하고자 하는 데 초점을 두고 있다. 따라서 주거의 역사와 문화를 이해하는 데 기본적으로 알아야 하는 사항에 대하여 쉽게 설명하고자 노력하였으며, 일반적으로 많이 접하지 못하는 용어나 보충설명을 위하여 해당 부분에 주석을 달았다.

이 책을 저술함에 있어 많은 선배 학자님들의 연구결과를 인용하고 있으나 일일이 그 출처를 밝히지 못한 부분도 많다. 선배 학자님들의 업적을 높이 존경하며, 이 책이 우리의 주거문화를 이해하고 그 우수성을 세계적으로 널리 알리게 되는 계기가 되었으면 한다. 또한 개정판 출간을 위해 애써 주신 도서출판 신정의 최용구 대표님께 감사드리며, 편집부 여러분의 정성에 고마움을 표한다. 사랑하는 가족과 제자들에게 사랑을 전한다.

2011년 여름

저자 일동

차례 contents

01 CHAPTER 한국 주거의 역사와 구성

1. 주거의 역사

2. 전통주택의 건축의례

3. 주거의 구성 요소

1장 한국 주거의 역사와 구성

한옥(韓屋)은 한국인이, 한국 땅에 지은, 한국의 건축이다. 일반적으로 한옥이라 하면 당연히 살림집을 지칭하는 것으로 생각하는데, 이러한 시각에서 보았을 때는 궁궐(宮闕)도 한옥이고 사찰(寺刹)도 한옥이고 서원(書院)도 한옥이다.

한옥과 대별되는 용어로서 흔히 양옥(洋屋)이라는 말을 사용하는데, 일반적으로 기와집이 아닌 벽돌이나 콘크리트로 지은 주택을 지칭한다. 그러나 양옥이란 서양인이 짓고 그 집안에서는 그들의 생활방식대로 신발을 신고 돌아다니면서 입식생활(立式生活)을 하는 집이다.

현관에서 신발을 벗고 실내로 들어가고 바닥에 난방을 한 온돌방이 있는 집은 외관은 비록 양옥과 같다 하더라도 진정한 의미에서 양옥은 아니며 오히려 한옥이라 하여야 마땅할 것이다. 이렇게 보았을 때 한옥의 범위는 우리 주위에 있는 아파트, 상가, 학교, 교회까지도 모두 포함된다.

기와집이나 초가집은 가장 한국적인 이미지를 가지고 있다고 생각하여 한국을 소개하는 책자 등에 필수적으로 등장하는 소재 중의 하나이며, 우리가 한옥을 접할 때 친근한 느낌을 가지게 되는 이유는 우리가 공유하는 마음의 고향이 행정구역과는 상관없이 동일한 주소지를 갖고 있기 때문일 것이다.

그래서 한옥은 쉽게 접근할 수 있고, 가장 많이 알고 있다고 생각하고, 또 언제든지 볼 수 있는 그런 대상으로 생각하여 무심히 지나쳐 왔으나, 막상 한옥을 접하게 되면 이해하기가 그리 쉽지만은 않은 것 또한 사실이다.

인간의 삶이 내용이라면 건축은 삶, 즉 그 내용을 담는 그릇이라고 할 수 있다. 내용에 대한 이해 없이는 그릇을 제대로 사용할 수 없으며 또한 그릇에 대한 분석 없이는 그 내용을 알 수가 없다. 따라서 옛 건물을 이해하기 위해서는 그 당시의 시대적 상황, 사회적 상황 등에 대한 이해가 선행되어야 하며,

이를 기초로 하여 건축적인 상황, 즉 입지(立地), 형태, 공간 등을 이해하는 것이 순서이다.

이러한 연계가 있어야만 그릇과 그릇 그리고 내용과 내용들 상호 간의 이해, 나아가 오늘날 우리의 삶 속에서 만들어지는 공간에 대해서도 잘 알 수 있으며 미래의 삶의 내용과 건축 또한 내다볼 수도 있을 것이다.

우리나라는 사계절의 뚜렷한 변화와 고유의 지형 등 자연환경을 배경으로 독특한 건축문화를 이룩하여 왔다. 지세(地勢)를 존중하여 거스르지 않으며 자연에 순응하면서 조화시키는 슬기를 터득하고, 불교와 유교사상, 풍수지리 등의 인문적(人文的)인 요인들은 건축의 입지에서부터 배치하고, 나아가 형태에 이르기까지 우리 민족 특유의 조형성을 발전시킨 근간이 되어 왔다.

우리의 건축은 이 땅에서 산출되는 나무와 돌, 그리고 흙 등을 주재료로 하여 이들을 적절히 가공하여 사용함으로써 우리만의 독특한 목조건축을 이루어 왔으며, 특히 공포구조(栱包構造), 기둥의 배흘림이나 안쏠림, 귀솟음 등의 의장수법(意匠手法)과 지붕의 처마곡선 등이 어우러져 우리의 독특한 건축적 조형언어(造形言語)를 창출해 내고 있다. 이러한 우리 집의 역사와 구조에 대하여 살펴봄으로써 한옥의 정체성에 대하여 알아보도록 하자.

관광안내 포스터

한국의 전통마을

1 주거의 역사

1) 원시시대

(1) 구석기시대

한반도에는 구석기시대부터 사람이 생활한 것으로 알려져 있는데, 구석기시대의 주거는 엄밀한 의미에서 주거라고 하기보다는 인간이 자연의 위협으로부터 보호받을 수 있는 은신처(shelter)로서의 의미가 더욱 크다.

이 시대의 사람들은 주로 동굴이나 바위틈 등의 천연지형을 이용하여 주생활을 영위하였거나, 때로는 물과 식량을 구하기 쉬운 강가에서 간단한 구조의 인공적인 주거를 만들어 생활하기도 하였다.

평양의 상원 검은모루동굴[1)]에서는 60~40만 년 전의 짐승뼈 화석과 석기가 발견되었으며, 충청북도의 점말동굴[2)]과 제주도의 빌레못동굴[3)]에서도 구석기시대에 사람이

---

1) 검은모루동굴은 평양시 상원군에 있는 구석기시대 동굴유적이다. 1966~70년에 발굴되었는데, 우리나라의 유적 가운데 가장 오래된 것이다. 대체로 평평한 바닥에 동물화석이 전면에 깔려 있으며, 화석 층도 떨어져 나간 부분을 제외하고 잘 보존되어 있다. 이 유적은 60~40만 년 전에 형성되었으며, 당시 상원 지방은 몹시 덥고 산림이 무성한 구릉성 산지와 초원지대를 이루었던 곳으로 추정된다.
유홍준 교수의 『나의 북한 문화유산답사기』에서도 검은모루동굴을 답사한 내용이 언급되어 있는데, 검은모루동굴의 발견은 해방 후 북한 고고학계의 최대 성과였다고 한다. 이곳의 발견으로 한국 역사를 50만 년 전으로 끌어올려 놓았기 때문이다. 현재 북한에서는 훼손을 막기 위해 동굴 입구를 막아 놓아 내부를 들여다볼 수는 없다.

2) 충북 제천군 점말동굴유적은 해발 873m의 용두산에서 뻗어 내려간 산줄기의 동남쪽 기슭, 해발 약 430m 지점에 동서방향으로 뚫려 있다. 너비는 2~3m이고 길이는 12~13m, 퇴적층은 4~5m 정도이다. 1973년 발굴되어 퇴적층에서 골기, 석기 등과 함께 동굴곰, 호랑이, 꽃사슴의 변종, 사향노루 등 홍적세 때의 동물 화석골이 다량 발견되고 사람의 얼굴을 새긴 코뿔소 뼈가 발견되어 석기보다는 뼈 연모를 주로 사용하였을 가능성을 보여주는 등, 구석기시대 문화의 편년과 당시 자연환경을 밝히는 데 중요한 자료가 되고 있다. 또 사람의 팔뼈로 보이는 것과 손등뼈, 발등뼈 등이 발굴되어 선사인들이 살았다는 사실을 알려준다.

3) 빌레못동굴유적은 제주도 애월읍 어음 2리에서 1973년 발견된 터널식 용암동굴로 해안에서 직선거리 4km, 해발 200m 정도 되는 경사면에 위치한다. 총 연장 11,748m에 달하는 용암동굴로, 단일 용암동굴

살았던 흔적이 발견되었다. 공주 석장리 유적[4]의 최상층에서는 2만 년 전에 사람이 생활하였던 인공적인 주거지가 발견되었는데, 이곳에는 기둥이 있었던 자리와 바람을 가리기 위해 설치하였던 것으로 보이는 담장의 흔적이 발견되었다.

제천 점말동굴

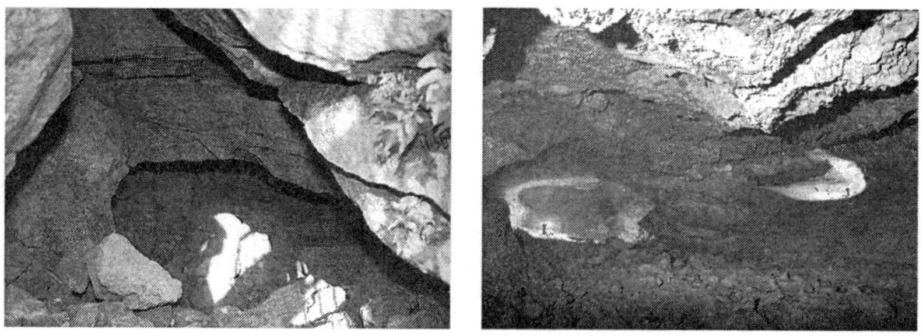

제주 빌레못동굴

로는 현재까지 세계 최장이다. 세계에서 보기 드문 미로형(迷路形)의 동굴로 본굴(本窟)의 길이보다 지굴(支窟)의 길이가 긴 특수한 동굴이다. 명칭은 동굴 부근에 돌(빌레)로 된 못이 있어서 붙여진 것이라 하며, 천연기념물 제 342호이다.

동굴 내부에서는 구석기시대의 혈거유적(穴居遺蹟)이 발견되었으며, 굴 입구에서 약 900m 들어간 지점에서 큰곰, 붉은 사슴, 노루 등의 뼈 화석과 함께 집게, 박편도끼 등 석기조각 1백여 점이 있었다. 이 유적은 적어도 7~8만 년 전인 중기구석기 유적으로 추정되기 때문에 이 굴은 제주도 최초의 선사시대 사람들의 주거지였다는 사실이 밝혀졌다.

4) 공주 석장리 구석기 유적지는 공주시로부터 직선거리 약 6km, 장기면 석장리의 금강 북안 하안단구에 위치한 우리나라 구석기시대의 대표적 유적지로 사적 제 334호이다. 이곳은 선사시대 전기, 중기, 후기의 다양한 문화층이 형성되었으며 집터, 불 땐 자리, 사람의 털과 짐승의 털, 불에 탄 곡식 낟알 등이 발견되었고 글개, 찌르게, 자르게, 주먹도끼, 주먹대패 등 타제석기 3,000여 점이 발굴 출토되어 선사문화를 연구할 수 있는 귀중한 자료가 되고 있다. 집터 안에서 나온 머리털을 분석한 결과, 지금의 사람 머리카락과 같았고, 땅바닥과 벽에 홈을 파서 새겨 놓은 고래상과 돌을 떼어 내어 아가미, 눈, 비늘들을 새겨 만든 물고기상이 나왔다.

공주 석장리 집자리 유적

(2) 신석기시대

기원전 5000년~1000년경까지를 신석기시대라고 하는데, 이 시대에는 채집생활을 주로 하면서 물과 식량의 획득이 용이한 바닷가, 강가, 호숫가 근처의 언덕 주변에서 상당기간 동안 정주(定住)하면서 생활하였을 것으로 추정된다.

서울 암사동[5], 평남 궁산리[6], 황해도 지탑리, 부산 동삼동[7] 등지에서 이 시대의 주

5) 암사동 선사 주거지가 일반에 알려진 것은 홍수 때문이었다. 1925년 홍수로 인해 한강변 모래언덕 지대가 심하게 패어져 수많은 빗살무늬토기 조각이 노출되면서 신석기시대 유적지로 부상하게 된 것이다. 1967년 이후 4차례에 걸친 대규모 발굴 작업에 의해 암사동은 선사시대 주거지군으로 확인되었다. 사적 제267호로 지정된 이 유적은 약 6,000여 년 전의 신석기시대의 유적으로 현재까지 밝혀진 우리나라 최대의 집단취락지이다. 이 유적은 동남쪽의 구릉에 신석기시대 다음 시대인 청동기시대의 무문토기유적과 인접되어 있어 두 시대의 문화가 접촉하는 양상을 보여주며, 또 농경문화 개시를 입증하여 주는 고고학적 자료도 발견된 귀중한 유적이다.
암사동 선사유적지는 1981년부터 9차에 걸친 복원공사로 현재 신석기시대 움집이 복원되었고, 선사유적 전시관이 건립되어 일반 공개를 하고 있다.

6) 평안남도 궁산리(弓山里)에서 신석기시대 집자리 5기가 확인되었다. 1호나 4호 주거지에는 직경 5.6~6.2m의 원형에 가까운 평면으로, 바닥 깊이는 1호가 120~150cm였으며 바닥에는 점토를 깔아 다졌다. 주공(柱孔)도 수직공과 경사공이 중앙부와 벽 주위에 20여 개씩 있어 대체로 원추형의 형태를 가진 움집으로 추정된다.

7) 부산 영도의 동삼동 유적은 1929년에 일본인 오이가와 씨가 처음으로 발견 조사한 이래 1969년부터 1971년까지 3회에 걸쳐 국립중앙박물관에 의해 정식 발굴이 실시되어 1979년에 사적 제266호로 지정되었다. 출토된 유물로는 빗살무늬토기, 석기, 골각기, 패기 등이 있고, 유구로는 화덕자리와 적석시설 등이 확인되었다. 특히 조개류, 물고기, 동물 등의 자연유물이 많이 출토되어 당시의 경제활동과 자연환경을 연구하는 데 중요한 자료가 되고 있으며, 남해안지방의 신석기문화와 당시 일본과의 교류관계까지도 알려주는 중요한 유적이다. 현재 이곳에는 패총 전시관이 건립되어 일반인에게 공개되고 있다.

동삼동 패총 정화지역(주거지 123호)

동삼동 패총 옹관묘 출토 상태

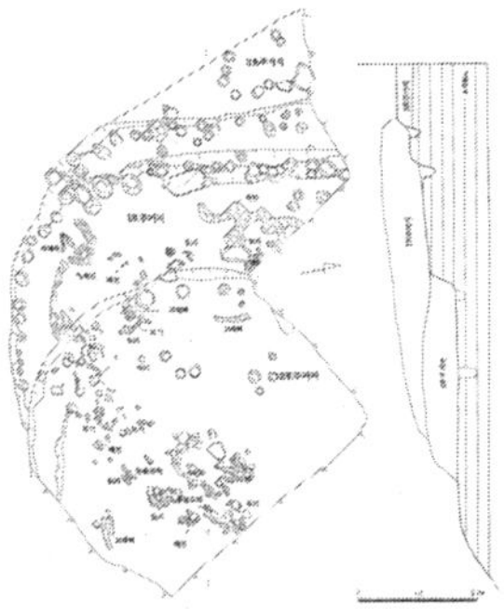

동삼동 패총 정화지역

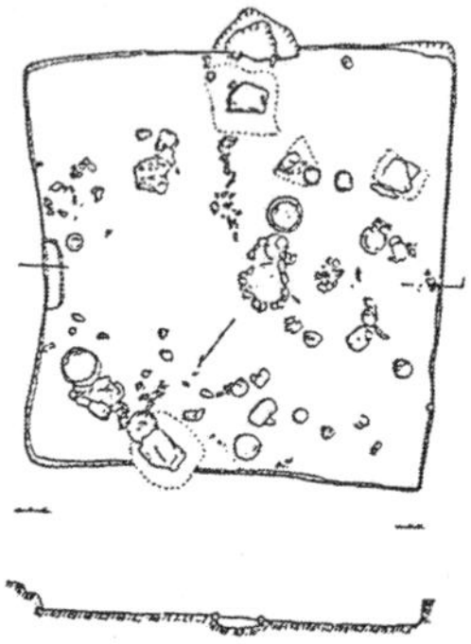

황해도 지탑리 1호 주거지

거지의 유적이 발견된 것으로 미루어 볼 때, 이미 한반도 전역에 사람들이 생활하였던 것으로 보인다.

신석기시대 사람들은 땅을 파서 생활공간을 마련하고 지표면 위로는 지붕 부분만 나오는 움집 형태의 주거를 만들어 생활하였다. 움집은 기둥을 수직으로 세워 벽체를 만들 기술이 없는 이 시대의 사람들이 공간을 마련하기 위해 땅을 파서 인공적으로 만들 수 있는 가장 시원적(始原的)인 구조형태이다. 이러한 움집은 지표면 위의 건물높이를 가능한 한 낮춤으로써 바람의 힘을 덜 받을 수 있고 땅속은 항상 일정한 온도를 유지하고 있기 때문에 시대가 상당히 진행된 철기시대에도 발견되고 있다.

움집의 형태는 원형에 가까운 평면으로 땅을 판 후 가운데에 기둥을 수직으로 세우고, 이 위에 나뭇가지로 서까래를 걸치고 풀로 얹은 원추형이었을 것으로 추정된다.

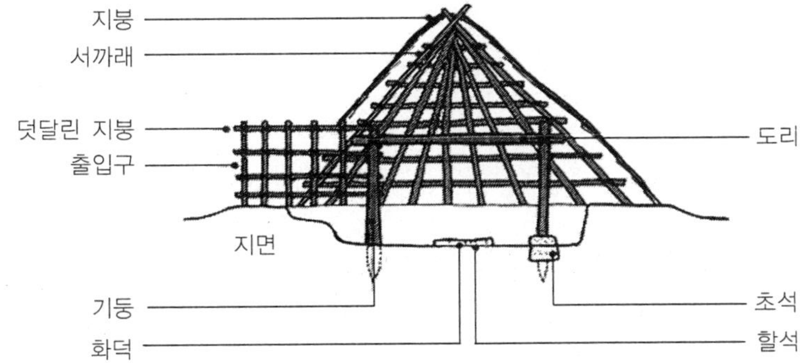

원추형 움집 단면

강원도 양양 오산리 집터는 기원전 5000~6000년대의 것으로 신석기 유적 중 가장 오래된 것이다. 예외적으로 움집이 아닌 주거바닥과 외부지면의 고저차가 없는 지상 주거로서 계절적 일시 주거로 추정된다. 14개의 주거지가 있으며 평면은 원형 또는 타원형이다.

평남 궁산리의 집터는 15~30m^2의 크기의 원형평면인데 중심부에는 난방, 조명, 취사에 사용한 것으로 보이는 화덕이 있고 화덕 옆에는 구멍을 파서 식량을 저장한 저장공(貯藏孔)이 있다. 저장공에는 바닥이 뾰족하고 표면에 빗살문양이 있는 토기[櫛文土器]를 넣어 식량을 저장한 것으로 보이는데, 이 때문에 이 시기를 즐문토기시대라고도 한다.

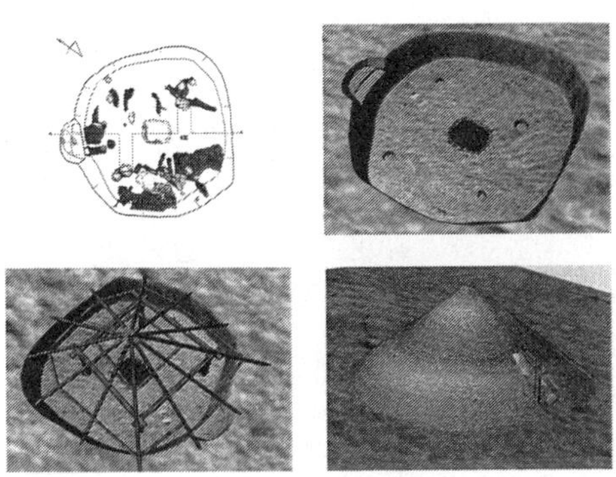

암사동 유적 복원도

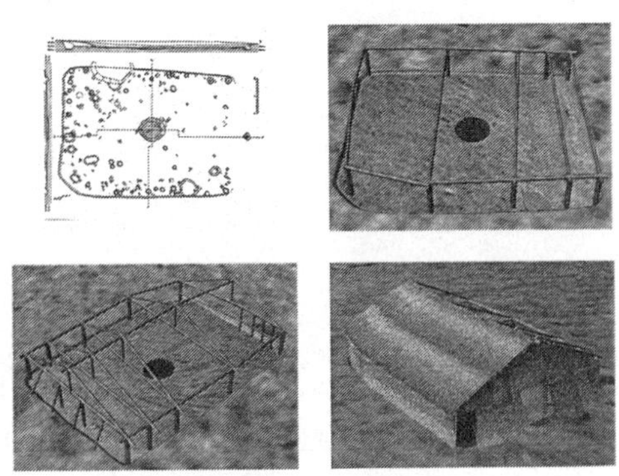

송죽리 유적 복원도

(3) 청동기시대 · 철기시대

기원전 1000~300년경까지를 청동기시대, 이후 기원후 300년경까지를 철기시대라 한다. 이 시대의 유적지로는 함북 회령, 파주 교하리[8]와 옥석리[9] 등을 비롯하여 전국적으로 100개가 넘는 주거지가 발견되었다.

이 시대는 본격적인 농경생활이 이루어진 시기로, 주택은 구릉지의 비스듬한 경사지에 적게는 3~4호에서 많게는 100호에 이르는 취락을 형성하여 본격적으로 주택을 건설하였다. 주거의 형태는 신석기시대와 마찬가지의 움집이었으나 지상으로 상당히 올라온 반움집 형태이며 평면도 직사각형에 가까운 형태를 나타내고 있다. 지상으로 노출된 부분이 많은 집의 형태를 유지하기 위해서 도리와 보를 만드는 등, 목조가구 기술이 발달하였고 수직의 벽체가 생기므로 인하여 내부공간이 상당히 커진 특징을 보인다.

파주 덕은리 청동기시대 움집터

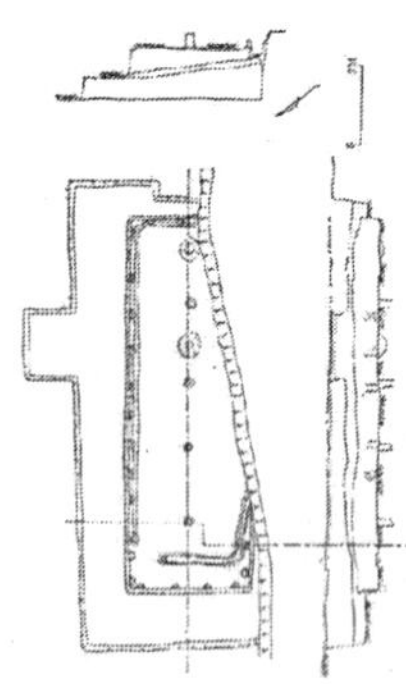

파주 교하리 주거지

8) 교하리(交河里) 제1호 주거지는 길이 9.5m, 폭 3.2m의 장방형으로 깊이는 35~70cm이다. 바닥에는 벽을 따라 기둥 구멍이 있고, 중앙에도 장축선(長軸線)을 따라 4개의 구멍이 있는 것을 보면 용마루가 올라간 현대의 건물형태를 상상할 수 있다.

9) 옥석리(玉石里) 유적은 길이 15.7m, 폭 3.7m의 길쭉한 장방형으로 동벽(東壁)의 깊이는 1m, 서벽(西壁)은 40cm이다. 기둥구멍은 벽면을 따라 패여 있고, 바닥에는 진흙을 얇게 깐 흔적이 있다. 특히 이 유역에서는 무문토기편(無文土器片), 마제석검(磨製石劍), 석족(石鏃), 방추차(紡錐車), 려석(礪石), 숫돌 등이 발견되었는데 북벽(北壁) 가까이 5개의 숫돌이 나란히 놓여 있고, 그 주위에 석족(石鏃)의 반제품(半製品)과 석제(石製)가 흩어져 있었다.

집의 규모는 대체로 20~70m^2의 크기로 신석기시대의 집보다 두 배 정도 큰 규모를 자랑하며 화덕자리는 집의 한가운데에 위치하지 않고 한쪽, 특히 안쪽으로 치우쳐져 있거나 2개의 화덕을 두는 집도 생겨나게 되었다. 3개의 기둥이 2열로 배열된 6주식 또는 8주식이 많다. 또한 화덕의 위치나 간막이가 있었던 흔적, 배수구 및 작업대가 있었던 흔적 등으로 보아 주거의 공간기능이 분화되기 시작하였음을 추측할 수 있다. 그리고 본격적인 농사로 인하여 수확량이 많아짐에 따라 주거내부에 있던 저장공은 주거 부분에서 분리되어 별도의 저장공간이 생겨난 것으로 보인다. 토기는 표면에 아무 무늬가 없는 무문토기(無文土器)를 주로 사용하였으므로, 이 시기를 무문토기시대라고도 한다.

움집

신석기시대 움집

청동기시대 움집

【움집의 형태】

철기시대에는 삼한소국이라 불리는 국가 형태가 출현하였으며, 그 중 고조선이 가장 선진화되었다. 청동기시대와 초기 철기시대를 구분하는 기준은 지상주거와 온돌이 시작되었다는 점이다. 가장 오래된 지상주거의 유구는 기원전 7~5세기경, 초기 고조선의 평북 영변군 세죽리 집터[10)]이다. 27개 집자리 중 5개가 철기시대의 것이다. 평면

10) 세죽리 유적은 청천강의 오른쪽 기슭에 있는데, 1962년~1963년에 조사되었다. 유적 맨 위층이 초기 철기시대, 중간층이 청동기시대, 맨 밑층이 신석기시대 문화층으로 형성되었으며, 모두 27기의 움집터가 조사되었다. 23호기는 길이 9.3m, 폭 5.1m의 장방형 평면으로 바닥 깊이는 20cm 정도이고 바닥은 점토와 석회를 혼합하여 굳혔다. 바닥에는 중앙과 서측 벽선을 따라 주공이 있으며, 실측도를 보면 서까래가 벽 위의 도리에 얹혀진 것으로 추정된다.

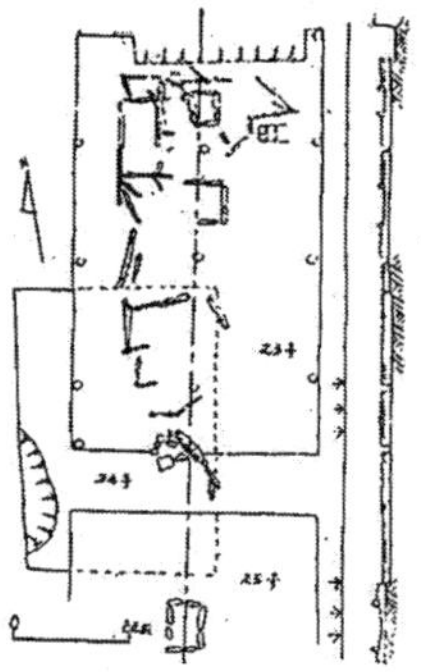

세죽리 23호 주거지

은 방형·장방형으로 30m² 미만이고, 주춧돌 없이 기둥을 맨 땅에 세우고, ㄱ자형의 한줄 고래의 구들이 있다. 세죽리 집터와 마찬가지로 경남 삼천포항의 사천 늑도 유적지에서도 아궁이로부터 고래 형식의 긴 연도가 실내에 설치된 유구가 발굴되어 온돌이 초기 철기시대부터 시작된 것으로 추정된다.

또한 초기 철기시대에는 고상주거가 한반도 전역에서 사용되었다.

2) 삼국시대

(1) 고구려의 주택

고구려는 중국과 국경을 접하고 있는 국가로, 중국과는 끊임없이 세력다툼을 하여 우리나라 역사상 가장 넓은 영토를 확장한 나라였다. 이러한 지정학적인 조건으로 인해 고구려는 중국의 문화를 자연스럽게 받아들일 수 있었으므로 고구려 사람들의 생활과 문화 역시 중국과 비슷하였을 것으로 추측된다. 고구려시대의 고분인 안악 3호분[冬壽墓(동수묘)] 벽화에는 부엌간, 고깃간, 마차고 등 용도에 따라 지어진 건물을 볼 수 있다. 또한『삼국지 위지 동이전 고구려조』에 보면, 고구려에는 거처하는 집 좌우에 큰 건물[大屋]을 세우고, 집집마다 작은 창고[浮京]를 지었다고 한다. 그리고 혼인을 정하면 여자 집에서는 큰 집 뒤에 작은 집[婿屋]을 지어 사위를 머물게 하고 자녀를 낳아 장성한 후에 처를 데리고 남자의 집으로 돌아가게 한다고 기록되어 있다. 이렇게 용도에 따라 채와 채가 분리된 주거의 형태는 지금도 중국의 전통주거 형태인 삼합원(三合院), 사합원(四合院) 등에서 찾아볼 수가 있다.

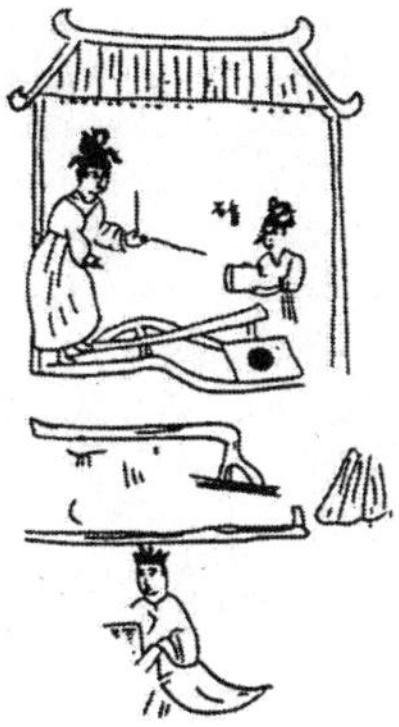

디딜방아

부엌간

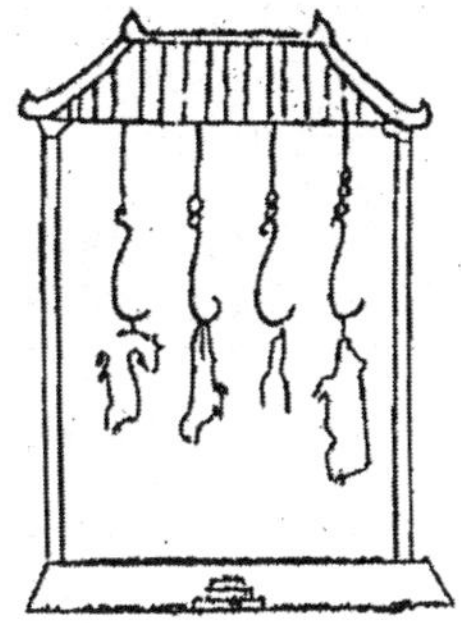

고깃간

우물

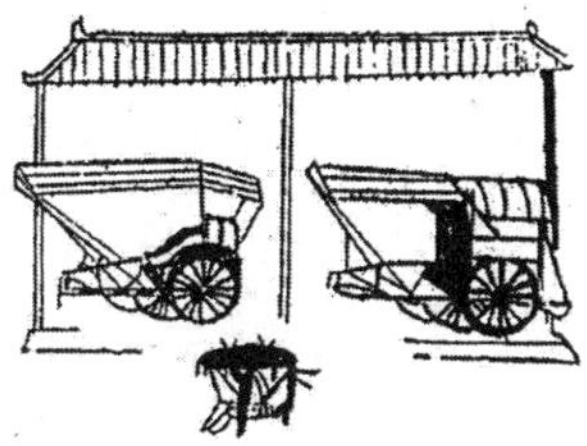

마차고

『구당서 고려조(舊唐書 高麗條)』의 ……其所居必依山谷 皆以茅草葺舍 唯佛寺神廟及王宮官府乃用瓦 其俗貧窶者多冬月皆作長坑 不燃熅火以取暖…… 라는 기록을 보면 고구려 사람들은 산과 골짜기에 의지하여 집을 지었고, 일반 주택들은 초가였으나 왕궁이나 관아, 사찰들은 기와지붕을 하였음을 알 수 있다. 또 가난한 사람들은 긴 겨울을 나기 위해 장갱(長坑)을 만들고 여기에 불을 때서 그 열로 겨울을 따뜻하게 지냈다는 기록이 나오는데, 장갱이란 오늘의 온돌을 말하는 것으로 지금도 중국의 동북지방 등에서 사용하는 캉[坑]과 비슷한 구조이었을 것으로 생각된다. 그러나 중국 사람이 기록한 글에서 갱(坑)이라고 하지 않고 장갱이라 한 것은 중국의 캉과 달리 방 전체가 온돌로 된 것을 표기한 것으로 추측된다.

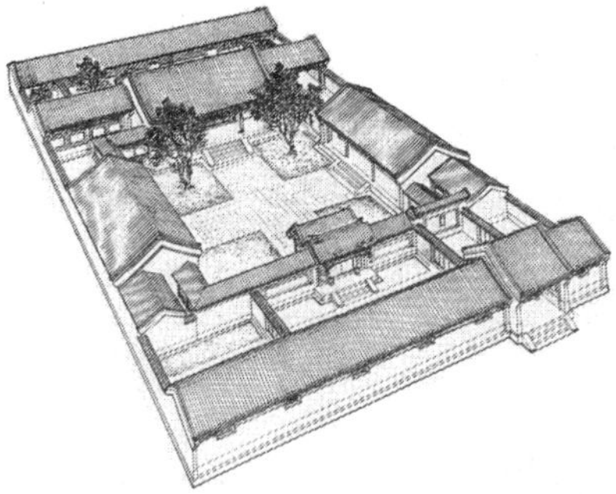

중국 사합원 주택

중국 동북지역의 주택

고구려 고분에서 출토된 철제 부뚜막과 도제 부뚜막은 아궁이와 연통이 한 몸으로 이루어져 있는데, 이것을 안악 3호분의 벽화에 부엌이 독립되어 있는 것과 연관시켜 보면 이 부뚜막은 난방과는 관계가 없는 취사만의 용도로 이루어져 있음을 짐작할 수 있다. 이것은 곧 상류층에서는 난방방법이 중국과 같은 화로를 사용하고 실내가구도 평상, 의자, 탁자 등 입식생활을 하였을 것으로 유추해 볼 수 있다.

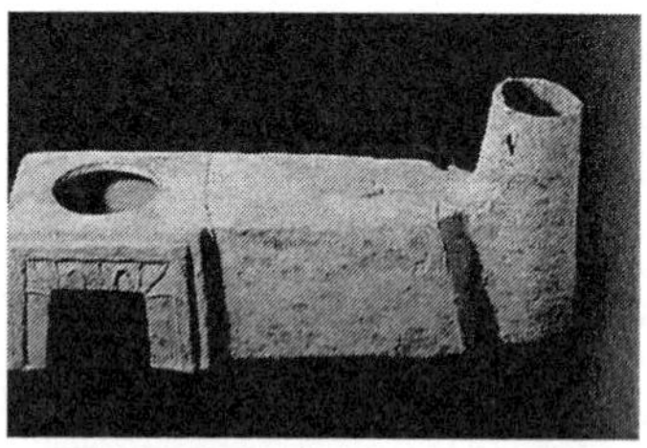

북한 용호동 출토 고구려 화덕

고구려 집모양 토기

(2) 백제의 주택

백제의 주거 또는 건축에 대한 자료는 매우 빈약한 실정이다. 다만 『신당서 동이전 백제조(新唐書 東夷傳 百濟條)』의 "속여고려동(俗與高麗同)"이란 기록으로 미루어 백제의 주택은 고구려와 별 차이가 없었을 것으로 추정될 뿐이다. 즉 주택은 기능별로 채로 구성되었고, 귀족계급은 좌식과 의자식 생활을 병행한 것으로 보인다. 그리고 ㄱ자형, 一자형 구들이 있었고 구들바닥을 넓게 깐 난방구조가 있었던 것으로 보인다.

백제는 고구려뿐만 아니라 중국 남조(南朝)에서도 불교 및 각종 문화를 받아들였기 때문에 건축에서도 영향을 받았으리라 생각되는데, 백제인이 건축한 일본 호류지[法隆寺(법륭사)] 5층탑과 부여 박물관 소장의 백제 공예탑 전돌, 기와 등의 문양을 통하여 상류주택이나 왕궁의 건축 또한 상당한 수준의 것이었음을 짐작할 수 있다. 신라가 신라의 대표적인 사찰인 황룡사와 불국사를 조영할 때 백제의 장인(匠人)인 아비지와 아사달을 초빙하였다는 사실은 백제 문화의 우수성을 간접적으로 나타내 주는 증거이기도 하다.

법륭사 5층탑

백제 진경산수무늬전

정림사지 5층 석탑

정림사지 충토 와당

(3) 신라 및 통일신라의 주택

『삼국사기 옥사조(三國史記 屋舍條)』는 신라시대의 골품제도(骨品制度)에 의해 각 계급 간에 적용되었던 가사규제(家舍規制)가 기록되어 있다. 즉 왕족인 성골(聖骨)은 별의 규제가 없었으나 진골(眞骨)부터 일반 백성까지는 방의 규모와 지붕의 구조 및 장식,

단청의 사용 여부, 다듬은 돌에 의한 계단의 설치 여부, 그리고 담장의 높이와 장식의 규제에서부터 심지어 문의 구조와 실내 발의 장식 및 가구에 이르기까지 상세하게 규제사항을 열거하고 있다. 이로 미루어 신라의 상류주택은 상당한 수준의 구조와 장식을 가지고 있었으며 생활의 정도나 문화수준이 높고 사치스러웠을 것으로 추측된다. 제49대 헌강대왕 때에는 성안에 초가집이 하나도 없고 가옥의 처마와 담들이 서로 연접하였고, 노래 부르는 소리가 길거리에 가득하여 밤낮으로 끊이지 않았다고 한다. 특히 통일신라 이후에는 당나라와의 교역을 통하여 당시 중국의 높은 수준의 건축기술이 도입되어 상류계층의 주택에 반영되었을 것으로 생각된다. 이는 『삼국유사(三國遺事)』에 보이는 금입택(金入宅)이나 사절유택(四節遊宅)[11]과 같은 기록으로도 추측이 가능하며, 가형토기(家形土器)나 불국사, 석굴암, 안압지 등에서 보이는 건축술과 출토 유구의 세부 건축기법을 통해서도 유추가 가능하다. 신라의 가형토기에는 고상식 주거형태가 있고 『삼국사기』에도 마루가 있었다는 기록이 있어 당시 마루가 일반화되었던 것으로 보인다.

진골주택 복원모습(경주 신라촌)

신라 집모양 토기

11) 사절유택은 봄의 동야택(東野宅), 여름의 곡량택(谷良宅), 가을의 구지택(仇知宅), 겨울의 가이택(加伊宅)이다.

표 1-1 가사규제

구분 \ 신분	진골	육두품	오두품	사두품, 백성
실 폭과 너비	24척 이내	21척 이내	18척 이내	15척 이내
기와	막새기와 금지			
기붕구조	부연금지	오량구조 및 공포 금지		우물반자 금지
지붕장식	현어금지		수두금지	
건축재료	금, 은, 유석 금지	백랍금지	동랍금지	산느릅나무 금지
채색	단청금지			
기단 및 계단	삼중계 금지	건계 및 이중계 금지		
석재	다듬은 돌 금지			산석 금지
담장구조, 높이	양동, 석회칠 금지	높이 8척 이내	높이 7척 이내	높이 6척 이내
대문	–	중문, 사방문 금지	대문, 사방문 금지	
발과 병풍장식	비단자수의 금지			
침상재료	대모, 침향 금지	회양목 금지		
말의 수	–	5필 이내	3필 이내	2필 이내

출처: 강영환(1991). 한국 주거의 역사.

3) 고려시대

고려시대 주택은 삼국 및 통일신라시대의 주택을 계승하면서 서서히 변형·개선되었을 것으로 추정된다. 이는 한 왕조가 몰락하고 새 왕조가 탄생할 때 바뀌는 것은 집권층인 상부구조일 뿐 하부구조는 전대(前代)와 같은 생활을 영위하게 되며, 특히 한 번 지어지면 쉽게 변형될 수 없는 주택 같은 경우는 오랜 시간이 경과해야만 변할 수 있고 또 변화한다 하더라도 매우 서서히 변화할 것이기 때문이다.

고려시대의 주택도 현존하는 주택으로는 려말선초(麗末鮮初)에 건립된 것으로 추정되는 맹씨행단(孟氏杏壇)[12]밖에 없어 문헌자료 등을 통하여 추정할 뿐이다. 맹씨행단은 조선시대에 칸마다 중간 설주를 두지 않는 것, 대청 앞의 창호는 분합문을 사용하는 것, 짝수 창호 및 창호 아래에 머름을 사용하는 것, 띠살문 설치 등에 차이가 있어 고려시대 주택의 특징을 보여준다.

맹씨행단 전경

맹씨행단 전면

문헌으로는 서긍(徐兢)이 저술한 『고려도경(高麗圖經)』[13]이 있다. 이 책은 송나라 사

---

12) 맹씨행단은 조선 전기 청백리로 유명한 고불 맹사성(孟思誠, 1360~1438) 가족이 살던 집으로 충청남도 아산시 배방면 중리에 위치한다. 맹씨행단은 고려 말인 1330년 처음 지어지고 1482년 건물의 방향을 바꾸어 다시 지어진 것으로 알려져 있다. 맹씨행단은 고려 후기에 최영 장군이 지었는데, 어려서부터 맹사성의 총명함을 눈여겨본 최영 장군이 그를 손녀사위로 삼으면서 그에게 집을 물려주게 되었다고 한다. 맹씨행단은 고택, 구괴정, 은행나무 두 그루를 망라해 일컫는 이름이다. ㄷ자형의 맛배집으로 기둥과 도리 사이에는 단구로 봉황의 혀가 장식되었고 내실 천장은 소라반자로 흔히 볼 수 없는 나무반자이다. 안채 뒤편에는 맹사성과 그의 부친인 맹희도의 위패를 모신 사당이 있다. 고관대작의 집이지만 크지 않고 아담하고 소박하다. 본채는 H형의 건물로, 정면 4칸 측면 3칸의 팔작지붕 건물이다. 중앙 2칸은 대청이고 양측칸이 온돌방이다. 맹씨행단은 우리나라 민가(民家) 중에서 가장 오래된 건물의 하나로, 기둥 위의 공포짜임이나 대들보 위의 대공형상 등이 고려 말 조선 초의 목조건물의 특징을 보여주고 있다. 집의 마당에 600년이 된 은행나무 2그루가 서 있어서 행단이라는 이름이 붙여졌다. 은행나무와 관련된 행단은 본래 공자가 은행나무 단 위에서 가르쳤다는 얘기에서 나온 말로 학문을 닦는 곳을 상징한다.

13) 『고려도경』은 송나라 사람인 서긍이 1123년에 지은 책이다. 원제는 『선화봉사고려도경(宣和奉使高麗圖經)』으로 휘종의 명을 받고 사절로 고려에 다녀간 서긍이 고려의 여러 가지 실정을 설명한 책이다. 28문 300여 항으로 나누어 글로 설명하고 그림을 덧붙였다. 고려에 관한 귀중한 기사를 많이 수록하고 있어 사료로서의 가치가 매우 큰 책이다. 원본은 1126년 이른바 정강(靖康)의 난리로 금군(金軍)에게 북송의 수도가 유린되는 분란 속에서 없어져 버리고 말았다.

신을 수행해 온 서긍이 짧은 시간에 본 고려의 기행문으로 중국인으로서의 우월감에서 과장되거나 초라하게 기술한 면도 없지는 않으나 비교적 고려중기의 모습이 잘 나타나 있는 책이다.

『고려도경 민거조(民居條)』에는 송악의 지세는 평평하지 못하고 산 두둑이 많은데 왕성(王城)은 크고 화려하였지만 일반 백성들의 집은 마치 개미굴이나 벌집 모양으로 보였으며 부잣집은 기와를 덮었다고 기록되어 있다. 『와탑조(臥榻條)』에는 침상 앞의 평상에는 삼면에 난간이 둘러져 있고 비단 보료를 깔아 전혀 이풍(夷風)을 느낄 수 없었으며, 일반사람들은 땅을 파 아궁이를 만들어 흙 침상을 만든다고 기록되어 있다. 이 기록으로 보아 고려시대의 서민주택은 고구려의 가난한 사람들이 사용하였다는 온돌바닥을 한 초가집이 그대로 사용되었음을 알 수 있고, 상류주택은 송나라 귀족과 별 차이가 없는 중국풍의 입식생활을 하였음을 알 수 있다.

또한 이인로(李仁老, 1152~1220)의 『공주동정기(公州東亭記)』[14]에는 "동이욱실(冬以燠室) 하이양청(夏以凉廳)"[15]이라는 말이 나오는데, 욱실이란 온돌방을 의미하고 양청이란 대청을 의미한다. 이는 남부 지방에서 발생한 마루구조가 통일된 고려시대에는 전국적으로 널리 분포되었음을 말해 주는 것이다. 온돌과 마루는 칸막이 벽체로 구분하고, 방의 배치는 중앙에 대청을 두고 좌우에 방을 둔 형태로 맹씨행단과 유사한 평면형식일 것으로 유추한다.

고려시대 주택의 또 하나의 특징은 풍수지리설의 영향을 많이 받았다는 점이다. 고

---

14) 『공주동정기』는 고려의 문신 이인로가 작성한 것으로 『동문선(東文選)』 제65권에 기록되어 있다. 『동문선』은 1478년(성종 9) 서거정(徐居正, 1422~92)이 엮은 시문집으로 중국의 문선(文選)을 본떠 만들었다. 본문 130권 42책과 목록 3책으로 구성되어 있다.

15) 『공주동정기』에서 "동이욱실 하이양청"이 나오는 부분을 보면 다음과 같다. ~(전략) 지면의 넓이를 참작하여 지대가 동편으로 치우쳐 있으므로, 거기에 빈루(賓陋)를 세우고 남향으로 주건물을 높이 지었다. 서편의 행랑과 남편의 행랑이 모두 14칸이요, 옷 갈아입는 장소와 음식 차리는 장소며, 겨울에 사용할 온돌방과 여름에 사용할 시원한 대청까지 모두 마련되어 있다. 그러고 나서 곧 축대를 쌓고 벽 바르는 일을 하고 단청을 올렸다. 그 규모는 넓지도 않고 좁지도 않으며 그 설비는 누추하지도 않고 화려하지도 않았다. 평평한 마당과 층층대의 계단과 행랑(行廊)과 보도(步道)들의 위에서는 예절을 행할 수 있으며, 아래에서는 사무를 진행할 수 있었다.

려의 태조 왕건은 자신의 탄생이 도선(道詵)의 비기(秘記)에 힘입었다고 생각하고, 십훈요(十訓要) 중 3가지 훈요가 풍수도참사상에 관계되는 내용일 정도로 풍수에 심취하였으므로, 도읍지의 선정에도 풍수지리에 기반을 두었으며 주택지의 선정에도 풍수의 영향이 강하게 작용하게 되었다.

『고려사 권 28 충렬왕 병신조(丙申條)』에는 다산(多山)은 양(陽)이고 희산(稀山)은 음(陰)이 되고 고루(高樓)는 양(陽)이 되고 평옥(平屋)은 음(陰)이 되기 때문에 한반도와 같이 전국토의 75%가 산악지로 된 다산지역에서는 평옥을 지어야 한다고 하였다.

이러한 사상으로 인해 우리나라의 전통주택은 조선시대까지 단층(單層)으로 일관하게 되었는데, 주택에서 단층의 건물을 선호하는 것은 가사규제의 영향 이전에 음양사상에 기반을 둔 것이었음을 알 수 있다.

『고려사 장순용조(張舜容條)』에 따르면 회회인(回回人) 장순용의 집이 극히 화려하였고 담장에는 화초 무늬로 장식하여 이를 장가장(張家墻)이라고 하였다는 기록이 있다. 이는 장순용과 같은 회회인들이 집을 지을 때 자신들이 살던 고향의 아라베스크문양 같은 것을 담장에 장식하였음을 뜻하며, 이러한 담장은 후에 조선시대의 화초장으로 연결되었다.

또한 고려 말에는 정몽주가 향교를 신설하고 주자가례(朱子家禮)에 따라 사서(士庶)로 하여금 가묘(家廟)를 세우게 하였는데, 이때부터 우리나라의 전통주택에는 사당이라는 새로운 공간이 주택의 구성요소로 자리 잡게 되었다.

4) 조선시대

조선시대의 주택은 구석기시대부터 삼국시대, 통일신라시대, 고려시대를 거쳐 오면서 우리 민족이 이 땅 위에서 여러 가지 환경에 적응하며 끊임없이 시행착오를 거듭한 결과 이루어진 우리 주택의 결정체이다.

이전 시대의 주택들이 문헌 등의 간접적인 자료를 통해서 유추해 볼 수밖에 없었던 것에 비하면 조선시대의 주택은 쉽게 찾아가 체험하고 공부할 수 있는데, 그 속에는 우리의 조상들이 오랜 세월 동안 생활하면서 공감하는 가운데 형성해 온 모든 것이 나타나고 있어 조선시대의 주택이야말로 한국주택의 전통성을 지닌 이른바 한국전통주택이라 할 수 있다.

이러한 조선시대의 주택은 인문사회 환경, 자연환경에 따라 규모나 구조양식 등에 차이를 보이고 있으며, 또 같은 계층의 주택에서도 지역에 따라 평면 배치에 많은 차이를 보이고 있는데 이러한 주택들이 형성된 배경과 특징은 다음과 같다.

(1) 조선시대 주택형성의 요인

① 가사규제

조선시대에는 양반(兩班), 중인(中人), 이교(吏校), 양인(良人), 천인(賤人) 등 5계급으로 신분을 구분하였으며, 신분에 따라서 주택의 규모와 크기 그리고 장식 등을 법으로 명시해서 주택을 함부로 짓는 것을 규제하였다. 『조선왕조실록(朝鮮王朝實錄)』[16]이나 『경국대전(經國大典)』[17], 『대전회통(大典會通)』[18] 등의 문헌기록에 의하면 대군(大君)

---

16) 『조선왕조실록』은 태조에서 철종에 이르는 25대 472년, 17만 2천여 일의 역사 사실을 연월일의 순서에 따라 사서편찬관 3천여 명이 하루도 거르지 않고 정치, 경제, 사회, 문화와 관련된 사실들을 정확히 기록한 세계 최대의 단일 역사서이다. 완질의 분량이 1,707권 1,188책(약 6,400만 자)에 이르는 방대한 기록으로, 일시에 편찬된 것이 아니라 국왕 사후에 임시로 실록청을 설치하고 전왕대의 실록을 편찬한 것이 대대로 축적되어 이루어졌다. 『조선왕조실록』은 1973년 12월 31일에 국보 제151호로 지정되었고, 1997년 10월 1일에는 유네스코 세계기록유산으로 등록되었다.

17) 『경국대전』은 조선의 체계적인 법전으로 1484년(성종 15)에 완성되고 그 이듬해부터 시행된 을사년대전을 가리킨다. 이(吏), 호(戶), 예(禮), 병(兵), 형(刑), 공(工)의 6전으로 구성된 『경국대전』은 조선의 국가조직과 정치·사회·경제 활동에 대한 기본 법전이다. 그 후 시대가 흐름에 따라 수정 보완되었으나 그 기본적인 뼈대는 바뀌지 않았고, 조선왕조 500년의 기본 법전으로서의 자리를 지켰다.

18) 『대전회통』은 1865년(고종 2) 왕명에 따라 조두순(趙斗淳) 등이 편집한 조선시대 마지막 법전으로 6권 5책으로 구성되어 있다. 체제는 주관제도(周官制度)부터 『대명회전』을 모방하여 이, 호, 예, 병, 형, 공전(工典)의 육전(六典)으로 이루어져 있다. 또한 『경국대전』, 『속대전』, 『대전통편』 등을 보완하여 만들어진 것이므로 이들 법전의 내용이 그대로 모두 실려 있다.

은 60칸, 군(君)과 공주(公主)는 50칸, 옹주(翁主)와 종친(宗親) 2품 이상은 40칸, 3품 이하는 30칸, 서인(庶人)은 10칸으로 건물의 규모를 제한하였다. 그러나 이러한 가사규제의 제한에도 불구하고 일부 세력가에서 이를 위반하는 사례가 빈번하여 처음에 단순히 칸수만 제한하던 것을 부재(部材)의 크기와 장식부재의 사용 등도 제한하게 되었다. 그러나 임진왜란 이후 상공업의 발달과 지배체제의 붕괴로 인하여 부를 축적한 지방의 토호세력들이 상류주택에 버금가는 큰 집을 지으면서 조선 후기에는 이러한 가사규제의 효력도 많이 약화되기에 이르렀는데, 이러한 현상으로 인해 현존하는 주택들 중에서도 엄밀하게 중·상류주택을 구분할 수 없게 한 요인이 되기도 하였다.

조선의 가사규제

조선의 가사규제는 주로 집터의 크기, 집 자체의 크기, 장식적인 제한을 하고 있다. 태조 때 개성부(開城府)에서 각품가기(各品家基)를 갱정(更定)하였는데, 정1품은 35부(負)로 하여 이하 5부씩 강쇄(降殺)하고 6품은 10부, 서인은 2부로 하였다(태조실록 권7 태조 4년 정월 기유조(己酉條)). 예종 원년(1469)에 이룩된 『경국대전』 호전(戶典) 급조가지조(給造家地條)에는 "서울 안의 가옥건축지(家屋建築地)는 한성부(漢城府)가 신청인의 신청을 받아서 공지(空地)와 만 2년 동안 건축하지 아니하는 토지를 나누어준다. …… 대군(大君)·공주(公主)에게는 30부를, 왕자군(王子君)·옹주(翁主)에게는 25부를, 1품관(品官)·2품관에게는 15부를, 3품관·4품관에게는 10부를, 5품·6품관에게는 8부를, 7품관 이하의 관원 및 유음자손(有蔭子孫)에게는 4부를, 일반인에게는 2부를 준다. 3등전(等田)에 대한 척수(尺數)에 의한다."로 기록되어 많이 줄어든 것을 알 수 있다. 이 기록에서 3등전척(3等田尺)은 주척(周尺)으로 5척 7촌 3리인 바 3등전 1결(結)이 3,931평이므로 이의 1/100인 1부는 39평이 되는 것이다(서울특별시사편찬위원회, 서울특별시사 고적편(古蹟篇), 1963 p.36).

『대전회통』은 『경국대전』과 그 이후 편찬된 여러 성문 법전의 중복된 입법 내용을 피하여 고종 초기의 정치적·사회적 현실에 맞게 『경국대전』을 기본법으로 삼고 『속대전』과 『대전통편』의 조문 입법규정 내용을 비교 나열하면서 현실적으로 보완해야 할 보충적 입법규정 등을 새 전교(傳敎)의 규정으로서 보완하였다.

집 규모의 제한은 간수(間數)의 제한과 이에 따른 부재(部材)의 척수제한(尺數制限)인데, 처음 논의된 것은 세종 때이다. 세종은 "친자(親子)와 친형제·공주는 50간(間), 대군은 여기서 10간을 가(加)하도록 하고, 2품 이상은 40간, 3품 이하는 30간, 서인(庶人)은 10간을 넘지 않을 것이다. 주초(柱礎)말고는 숙석(熟石)을 쓰지 말고, 또 화공(花栱)과 진채단청(眞彩丹靑)도 하지 말며, 검약을 무(務)하라. 기사당(其祠堂)과 부모상전가사(父母相傳家舍), 무역가사(貿易家舍), 외방식주지가(外方植柱之家)는 차한(此限)에 부재(不在)한다"고 하였다(『세종실록』 권51 세종 13년 정월 정축조(丁丑條)). 그러나 간수(間數) 제정만으로는 실질적인 규제가 될 수 없었기 때문에 세종 22년에 다시 부재(部材)의 치수를 정하게 하였다. 왜냐하면 '간(間)'이라는 것이 기둥과 기둥 사이의 길이, 네 기둥 안의 면적인데 이의 척수(尺數)가 일정한 것이 아니었기 때문이다. 세종 22년 7월 대소신료(大小臣僚)의 가사제도를 다시 정하였는데 루각지수(樓閣之數)와 복주척도를 보면 대군은 60간내, 루(樓) 10간, 친형제·친자·공주는 50간내, 루 8간, 2품 이상은 40간내, 루 6간, 3품 이하는 30간내, 루 5간, 서인 10간내, 루 3간으로 하되, 공주 이상은 정침익랑(正寢翼廊)을 복장 10척, 행장(行長) 11척, 주고(柱高) 13척, 기여간각(其餘間閣)을 복장 9척, 행장 10척, 주고 12척, 루고(樓高) 18척으로 하고, 1품 이하는 정침익랑(正寢翼廊)을 복장 9척, 행장 10척, 주고 12척, 기여간각(其餘間閣)을 복장 8척, 행장 9척, 주고 7척 5촌, 루고 13척으로 하고, 서인은 복장 7척, 행장 8척, 주고 7척, 루고 12척으로 하는데 모두 영조척(營造尺)으로 하였다(『세종실록』 권90 세종 22년 7월 정묘조(丁卯條)). 세종조에서 시작된 가사(家舍)의 척수(尺數) 제한은 그 후 예종조의 『경국대전』, 성종 9년의 개정, 다시 고종 2년의 『대전회통』에서의 새 개정으로 이어졌다.

그리고 장식적인 제한으로, 초석(礎石) 이외에는 숙석(熟石)을 사용할 수 없었고 화공(花栱)·초공(草栱) 등 공포(栱包)를 쓸 수 없었으며 또 단청(丹靑)을 할 수 없었다. 그러나 조선왕조 동안 가사규제는 잘 지켜지지 않았고, 특히 특권층에서 이를 위반함으로써 『왕조실록(王朝實錄)』에서 이를 규탄하는 기록이 보인다. 그리하여 민간에서는 공식적이지는 않으나 99간까지 건축하여 '99간가'라는 대저택의 칭호까지 생겨나게 되었다. 또 단청을 금하였으나 사가에서 단청을 하여 말썽이 난 사례도 있었다(『왕조실록』 권19 중종 8년 10월 임자조(壬子條)).

출처: 서울육백년사 홈페이지

② 숭유배불정책

조선왕조는 유교를 정교(政敎)의 최고 원리로 숭상한 결과 국민정신의 이상이 되었으며, 조선숭배는 민간신앙의 핵심이 되었다. 따라서 사회의 기본단위는 가부장적인 대가족제도가 되었고, 이러한 대가족제도는 장유유서(長幼有序)라는 또 하나의 질서를 낳게 되어 주택건축에도 자연히 그 영향을 미치게 되었다.

숭유정책으로 이루어진 또 하나의 특색은 남녀의 엄격한 구별이었는데, 남녀칠세부동석(男女七歲不同席), 남녀불공식(男女不共食) 등으로 대변되는 이러한 사상 또한 주택 내에서 남녀의 공간을 구분하는 평면 배치에 큰 영향을 미치게 되었다.

③ 풍수지리와 음양오행설

동양의 제 민족들의 중요한 사상적 기반을 이루고 있는 것이 음양오행설(陰陽五行說)이다. 음양오행설은 음양설과 오행설이 하나로 합쳐진 것으로 음양설은 천지간의 사물을 음과 양으로 대별하여 이들이 서로 순환・조화하여 우주와 인생의 생성발전을 이룩한다는 것이고, 오행설은 화(火), 수(水), 목(木), 금(金), 토(土)의 다섯 가지 기본요소에 의해 서로 상생(相生)하거나 상극(相剋)하여 구체화된다고 하는 것이다.

이러한 음양오행설이 뒷받침이 되어 발달한 것이 풍수지리설(風水地理說)인데, 풍수지리설은 소박한 지모적 신앙(地母的 信仰)과 음양오행설이 결부되어 이루어진 것으로 지하의 생기(生氣)가 순환하는 통로가 지맥(地脈)이고 생기가 집중되는 곳이 혈(穴)인데 이곳에 묘 자리나 택지를 정하면 이 생기를 받아들여 부귀영화를 누린다는 것이다.

이러한 이유로 조선시대에는 마을의 입지에서부터 집의 좌향(坐向), 심지어는 문(門), 방(房), 주(廚), 측(廁)을 주택의 사주(四柱)라 하여 각 방의 위치까지도 풍수의 힘을 빌리기도 하였다.

(2) 조선시대 주택의 분류

① 계층적 분류

조선시대의 주택은 사회신분제도에 의하여 서민주택, 중류주택, 상류주택으로 분류할 수 있다. 서민주택은 일반 평민의 주택으로 이들은 농(農), 공(工), 상(商)에 종사하고 조세와 군역의 의무를 지는 계층의 집으로서, 신분상으로는 물론 경제적으로도 빈곤하여 자연히 주택도 다른 계층보다 빈약하였다.

중류주택은 중인계급이 살던 집으로, 서민주택과 상류주택의 성격과 특성을 동시에 지니는 양면성을 갖고 있다. 그러나 중류주택은 현존하는 유구가 많지 않을 뿐 아니라, 후기에 들어서는 부를 축적한 지방의 토호세력들이 상류주택에 버금가는 큰 집들을 짓게 되어 외관만을 보아서는 중상류주택을 구분할 수가 없게 되었다.

상류주택은 양반이나 이에 준하는 신분을 가진 사람들의 주택으로, 서민주택과는 달리 서울 지향적인 주택으로 비교적 지방색이 엷은 것이 특징이다. 전체적인 배치나 평면은 일(日)자형, 월(月)자형, 구(口)자형, 용(用)자형 등의 길상자형(吉祥字形)을 선호하였다.

② 지역적 분류

지역적인 분류는 우리나라의 지형조건과 이에 따른 자연환경을 기준으로 다양하게 분류된다. 산간지역, 평야지역, 해안지역 등으로 구분하기도 하며 함경도, 평안도, 중부, 남부, 제주도 지역 등 지방별로 구분하기도 한다.

지방에 따른 평면의 특징은 남쪽지방으로 내려갈수록 개방공간인 마루나 대청(大廳)의 분포가 많아지는 것을 알 수 있는데, 이는 따뜻하고 습기가 많은 남쪽의 기후조건이 평면구성에 영향을 미친 것으로 이해된다. 지역에 따른 평면적 구분은 특히 서민주택에서 더욱 명확하게 나타나게 되는데, 지역에 따른 서민주택의 분류와 특징은 다음과 같다.

㉠ 함경도 지방형

함경도를 중심으로 강원도 일대까지 분포되어 있는 함경도 지방형은 일명 전(田)자형 주택이라고도 부르는데, 평면은 부엌과 방 사이에 벽체가 없이 바닥에 온돌을 시설한 정주간을 두고 정주간에 연접하여 방 4칸이 전자형으로 배치되어 있다.

함경도 지방형에서 부엌은 방에 군불을 때는 역할만 하고 취사 및 조리작업은 바닥이 따뜻한 정주간에서 이루어지는데 이는 추위에 대비한 건축적인 대응으로 볼 수 있으며, 4개의 방이 서로 벽을 공유하면서 붙어 있는 것 또한 혹독한 추위에 대비하기 위한 것으로 볼 수 있다.

㉡ 평안도 지방형

평안도와 황해도 북부지방에 많이 분포되어 있는 평안도 지방형은 부엌·방·방의 순으로 구성되어 일명 일(一)자형이라 부르기도 한다. 그러나 이러한 형태의 3칸집은 소위 말하는 초가삼간의 형태로 함경도와 제주도를 제외한 전국 대부분의 지역에 분포되어 있으나, 남부 지방형과 다른 점은 대청이 없다는 것이다.

㉢ 중부 지방형

이 형은 개성을 중심으로 한 황해도와 경기도, 충청도 일부 지역에 분포된 것으로 평안도 지방형에 대청과 방이 ㄱ자로 붙은 것이 다르다. 이는 서울 지방형과 흡사한데 대청과 부엌의 위치가 다른 것이 차이점이다.

㉣ 서울지방형

서울은 조선시대의 중심이었던 만큼 중부의 다른 지역과는 다른 특색 있는 평면이 형성되었는데 말기에 접어들면서는 전국 여러 도시에 영향을 주어 조선시대를 지나면서 도시형이라 불러도 좋을 만큼 전파되어 왔다. 배치는 도시주택의 특성 때문에 대지

경계에 따라 대문채 · 안채 그리고 부속건물들이 한 덩어리로 연접되어 있으며, 평면은 중부지방형처럼 ㄱ자형이나 부엌이 꺾인 부분에 오고 대청과 건넌방이 앞쪽에 나오게 된다.

ⓜ 남부 지방형

이 형은 경상도와 전라도 지방에 분포되어 있다. 평면은 부엌 · 방 · 대청 · 방이 일(一)자형으로 구성되어 평안도형과 비슷한 형태이나, 기후적인 요인으로 인해 대청이 발생한 것이 특징이다.

ⓑ 제주도 지방형

제주도에만 나타나는 특색 있는 평면형으로 중앙에 대청인 상방을 두고 좌우에 자녀들 방인 작은 구둘과 부모의 방인 큰 구둘을 두고, 큰 구둘 북쪽에는 물품을 보관하는 고팡을 둔다. 부엌인 정지는 일반적으로 작은 구둘 앞쪽에 두는데 취사용 아궁이가 방과 연결되지 않고 독립되게 만든 것이 특징이다.

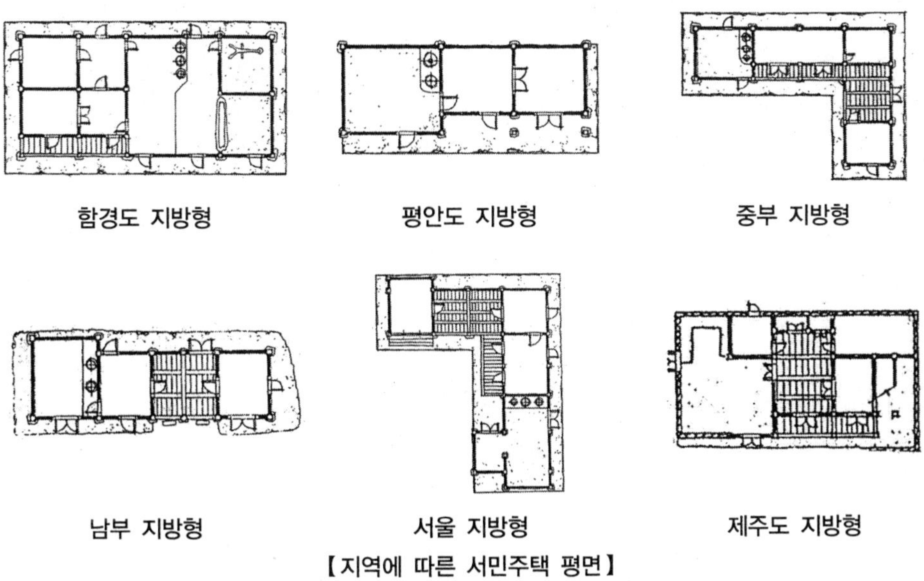

【지역에 따른 서민주택 평면】

③ 형태나 재료에 따른 분류

서민주택은 지붕의 구조와 재료에 따라 초가집·너와집·굴피집·띠집·까치구멍집 등으로, 벽체의 구조와 재료에 따라 귀틀집·투막집·토담집 등으로 구분할 수 있다.

㉠ 초가집

지붕을 볏짚이나 밀짚으로 덮은 집이다. 지붕 얹는 방법은 볏짚을 엮어서 만든 이엉을 밑에서부터 이는데 뿌리 쪽이 밑으로 가게 하고 그 위에 이삭 쪽이 밑으로 가게 차례로 잇는다. 용마루에는 볏짚으로 엮은 용마름을 덮고 바람에 날리지 않도록 새끼로 맨다. 초가는 단열과 보온성이 우수하나 벌레가 생기기 쉽고 화재의 위험이 있으며, 2년에 한 번씩은 다시 이어야 하는 번거로움이 있다.

초가마을

초가지붕 잇기

㉡ 너와집

너와로 지붕을 이은 집으로 주로 강원도 등지의 볏짚을 구하기 어려운 화전민들이 사는 마을에 주로 분포되어 있다. 너와란 나무널로 만든 기와란 뜻으로 원래는 널와로 하였다가 너와로 부르게 되었다. 너와는 소나무나 참나무 송판을 기와 크기 정도로 적당히 잘라서 기와 대신으로 이용하는 것인데, 때에 따라서는 청석판을 이용하기도 하였다. 강원도 지방에서는 청석판으로 지붕을 이은 집을 느에집 또는 능에집이라고 부른다.

너와집

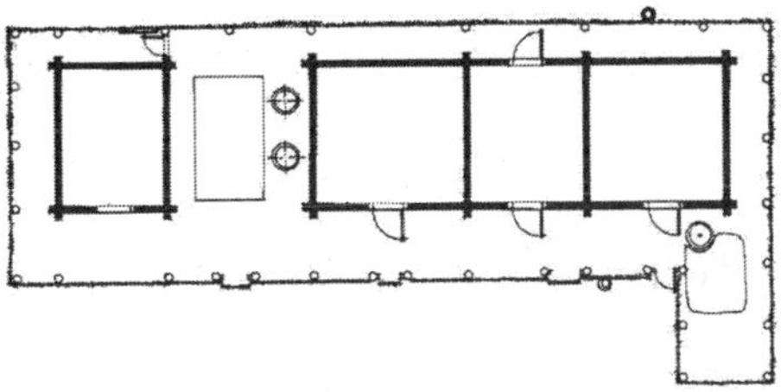

너와집 평면

ⓒ 굴피집

지붕을 너와 대신 참나무(떡갈나무)의 두꺼운 껍질인 굴피로 이은 것을 굴피집이라 한다. 굴피집은 나라에서 너와를 뜨는 소나무의 벌목을 금하면서 생기게 된 것인데, 너와집과 마찬가지로 강원도지역 등지의 화전민들이 사는 마을에 주로 분포되어 있다.

ⓔ 띠집

지붕을 띠(부들, 억새, 갈대 등)로 이은 집으로 주로 선사시대의 수혈주거나 고대주거에서 많이 사용되었으나, 요즈음도 억새나 갈대 등이 많이 나는 강변지역에서는 이러한 집들이 발견된다.

굴피집

띠집

Ⓓ 귀틀집

귀틀집은 통나무를 뿌리와 가지를 제거한 후 통나무를 중첩되게 정(井)자형으로 쌓아 올려 벽체를 만든 후 지붕을 덮은 집인데, 통나무의 모서리 교차부는 서로 아래위를 따서 맞물리게 결구하고 쌓아 올린 나무 사이에 생기는 틈새는 진흙으로 발랐다.

귀틀집은 방틀집 또는 말집이라고도 하는데, 주로 강원도의 태백산・오대산・설악산과 개마고원 일대, 압록강・두만강 유역, 그리고 소백산맥・차령산맥・지리산 등의 화전민들이 사는 산간부락에 분포되어 있다.

귀틀집

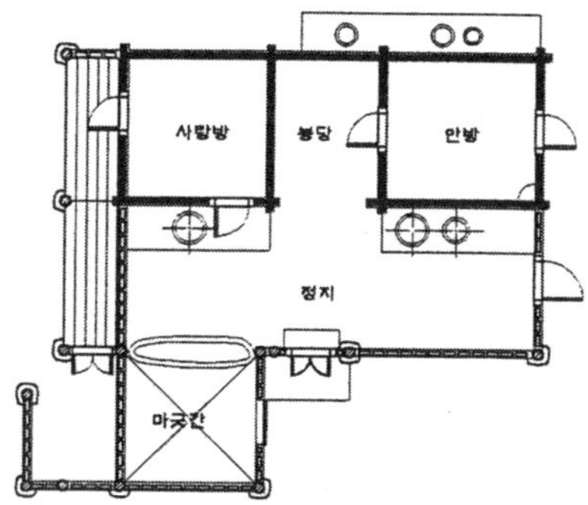

귀틀집 평면도

Ⓑ 투막집

투막집(투망집)은 태백산맥 일대에 살던 사람들이 울릉도에 이주하면서 그들이 살았던 귀틀집을 변형시켜 만든 집인데, 얼마 전까지만 하더라도 울릉도 전역에 분포되어 있었으나 현재는 나리동에 몇 채 남아 있을 뿐이다.

귀틀집이 벽체가 외부에 노출된 개방형인데 비해, 투막집은 귀틀집의 둘레에 축담이라는 공간을 두고 축담의 외부에는 우데기를 둘러 외부와 폐쇄시키고 있다. 축담의 둘레에 우데기를 두른 이유는 겨울철에 추위를 막기 위한 이중벽의 효과와 아울러, 눈이 많이 내려 길이 막혔을 경우에도 집안에서의 활동을 원활하게 하기 위함이다.

투막집

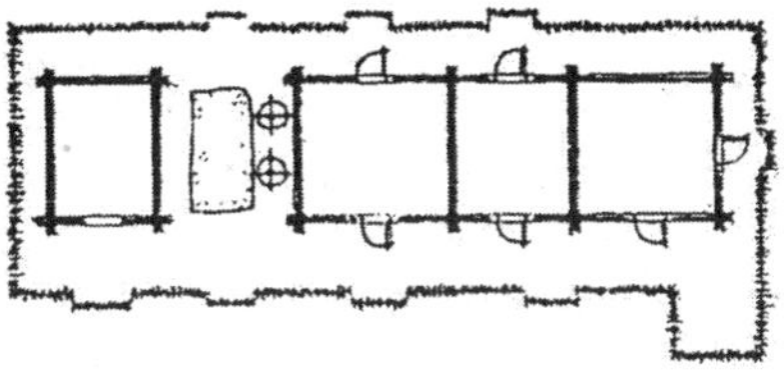

투막집 평면도

㉦ 토담집

토담집이란 글자 그대로 흙으로써 담을 쌓듯이 벽체를 쌓아 올려서 벽체를 만든 집으로, 대부분의 우리나라 농촌마을에서 가장 많이 볼 수 있는 집이다. 벽체는 흙벽돌로 쌓거나 거푸집 속에 흙을 이겨 다져 넣어서 쌓아 올리는데, 보통 벽체의 두께는 30cm가량이 되게 하여 여름에는 시원하고 겨울에는 따뜻하게 하였다.

㉧ 까치구멍집

태백산맥을 중심으로 한 강원도지역과 경북 북부지역에 주로 분포되어 있는 인축동거형(人畜同居形)의 겹집으로, 까치구멍집이란 집 내부에서 발생한 연기·수증기·악취 등을 외부로 배출하기 위하여 지붕 용마루의 양쪽 끝에 구멍이 있다 하여 붙여진 이름이다.

까치구멍집

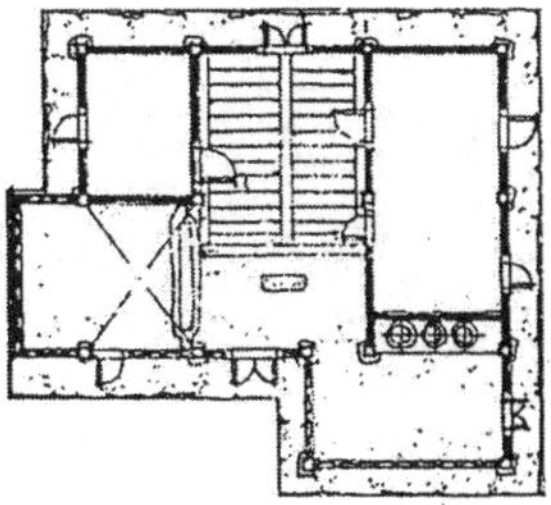

까치구멍집 평면도

(3) 조선시대의 상류주택

상류주택은 양반과 관직에 임용될 자격을 갖춘 사람의 주택을 지칭한다. 상류주택은 대문채, 사랑채, 안채, 사당 등 여러 채의 건물로 구성되어 있으며, 전체적인 배치형식은 구(口)자형의 배치형태를 기본으로 삼고 있다. 그러나 평면이나 배치형태는 기후적인 영향이나 문화성에 따라 지역적인 특색을 보이고 있는데, 각 지역을 대표할 만한 상류주택은 다음과 같다.

① 북촌댁(北村宅)

중요민속자료 제84호로 지정된 주택으로 경북 안동군의 하회마을에 소재하고 있다. 북촌댁은 배치형태나 평면유형 등에서 안동지방의 상류주택을 대표할 수 있는 주택으로, 솟을대문을 한 대문채와 구(口)자형의 몸채, 별당채, 사당으로 구성되어 있다. 원래는 99칸 집이나 지금은 54칸만 남아 있다. 몸채의 평면상 특징은 평면이 폐쇄적인 완전한 구자형으로 이루어져 있다는 점인데, 이러한 평면은 경북지방의 중・북부지역에서 보편적으로 나타나는 유형이다.

북촌댁

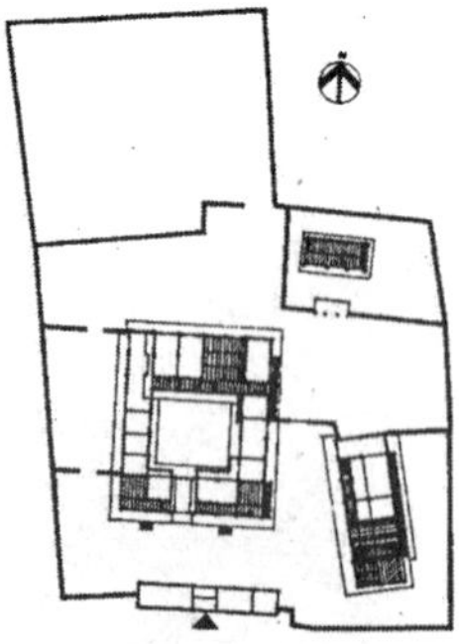

북촌댁 평면도

② 연경당(演慶堂)

이 집은 순조 28년에 사대부의 생활을 알고 싶다는 세자의 청을 들어주기 위해 건립한 것으로, 창덕궁의 후원인 금원에 있는 주택이다. 99칸 집이며 궁궐 안에 있기 때문에 사당이 없다. 장락문(長樂門)이라 편액한 솟을대문을 들어서면 행랑마당이 나타나고, 행랑마당 너머에는 안채와 사랑채로 통하는 2개의 중문이 있는 중문채가 나타난다. 안채와 사랑채는 한 몸으로 이루어져 있으나 안채와 사랑채의 경계부에는 담장을 쌓아 안마당과 사랑마당을 구분하였다. 사랑채의 우측에는 선향재와 농수정이 자리잡고 있으며, 안채 뒤에는 반빗간이 독립해 있다.

연경당은 실제 살림집이라고는 할 수 없으나, 공간의 구성과 기교는 주택건축 중 가장 빼어난 솜씨를 보이고 있다고 인정되는 주택이다.

연경당 사랑채

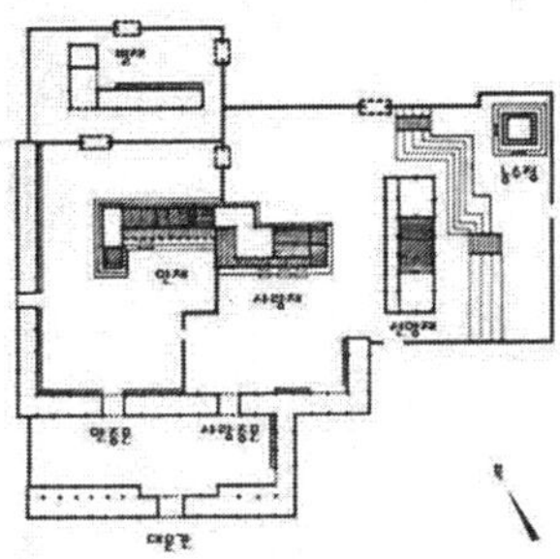

연경당 평면도

③ 윤증고택(尹拯故宅)

충남 유형문화재 제39호로 지정된 주택으로, 충남 논산시에 소재하고 있다. 이 가옥은 사랑채, 중문채, 안채, 사당, 별채 등으로 구성되어 있는데, 전체적인 배치형태는 팔작지붕을 얹은 사랑채와 중문채가 전면에 나란히 연결되어 있고 중문채 뒤로는 ㄇ형의 안채가 자리 잡아 전체적으로는 튼구자형의 배치를 이루고 있다. 안채의 평면적인 특징은 안방 좌측에 비교적 넓은 툇간(退間)을 두어 별채와 함께 여성적인 공간을 이루고 있는 점인데, 이러한 형태는 충청도·전라도지역에서 자주 나타나는 특징 중의 하나로 볼 수 있다.

윤증고택

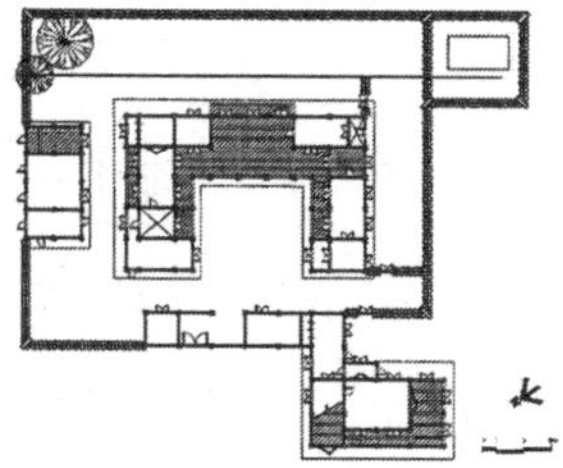

윤증고택 평면도

④ 이금재 가옥(李錦載 家屋)

중요민속자료 제157호로 지정된 주택으로, 전남 보성군의 강골마을에 소재하고 있다. 이 가옥은 대문채와 안채 그리고 2동의 곡간채로 이루어져 있는데, 전체적인 배치 형태는 일자형(一字形)의 건물 4채가 안마당을 사이에 두고 튼구자형(ㄩ)으로 배치되어 있다. 안채의 평면적인 특징은 전체적인 평면이 ㄩ자형으로 이루어져 있는 것과 건물의 전후면과 우측면에 모두 퇴(退)[19]를 설치하여 퇴가 차지하는 비율이 매우 높다는 점을 들 수 있다. 사랑채는 대청 우측칸에 마련되어 있는데 이러한 평면 또한 이 지역에서 자주 볼 수 있는 특징 중의 하나이다.

이금재 가옥 대문채

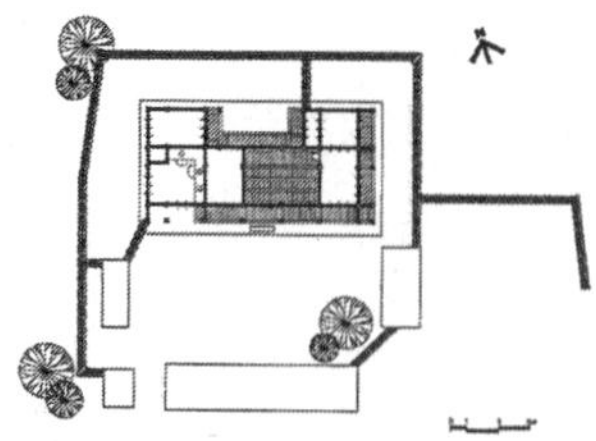

이금재 가옥 평면도

19) 퇴는 집에 벽을 두르고 내부가 아닌 곳에 기둥이나 기타 지지물을 이용해 또 다른 공간을 만들어 낸 것이다. 즉 내부와 외부의 중간개념이다.

⑤ 선교장(船橋莊)

중요민속자료 제5호로 지정된 주택으로, 강릉시 운정동에 소재하고 있다. 집터가 뱃머리를 연상하게 하는 이 주택은 대문채, 사랑채, 안채, 동별당(東別堂), 사당 등으로 구성되어 있는데, 선교장으로 들어가는 입구에는 넓은 방지(方池)가 조성되어 있고 활래정(活來亭)이란 정자가 세워져 있다.

솟을대문이 있는 긴 행랑채를 들어서면 좌측에 별동의 사랑채가 자리 잡고 있고, 사랑채의 우측에는 안채와 별당을 두었는데, 전체적인 배치형태가 일반적인 사대부가와는 달리 일정한 법식 없이 자유스러우면서도 유기적으로 연결된 건물들의 집합으로 이루어진 것이 특징이다.

선교장 전경

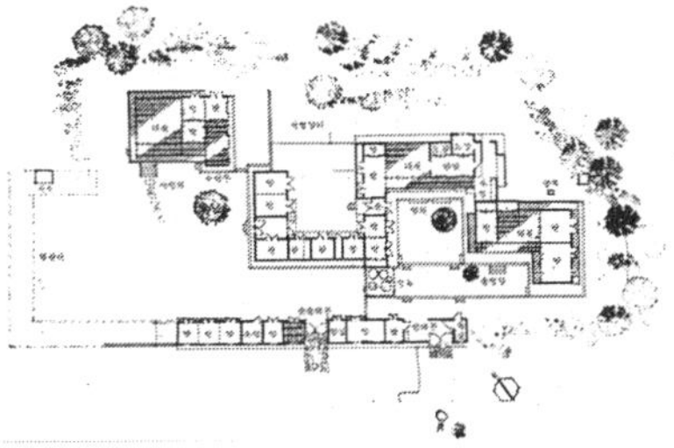

선교장 평면도

5) 개항기와 근대

조선 후기에 접어들면서 수신사, 영선사, 신사유람단 등을 통해 외국의 선진문물을 견학하고 온 개화파를 중심으로 한 갑신정변(1884)과 갑오경장(1894)이라는 사회개혁은 가사제도 철폐, 신분폐지 등 사회전반에 큰 변화를 가져오게 되었다.

개항 이후 전기·전자·교통수단 등과 같은 새로운 문명의 이기가 도입되고, 교육기관·의료·종교시설도 설립되는 등 외형적으로는 근대화의 모습을 띠기도 하였으나 한일합방 이후 일본인들에 의해 외래문화가 유입되면서 우리 나름의 근대문화를 수용하거나 발전시킬 수 있는 기회는 상실되었다.

또한 19세기 말 조선사회는 근대도시들의 출현과 함께 도시로의 인구집중현상과 생산양식 · 가족제도의 변화, 기독교 사상이 보급되면서 나타난 여성의 역할과 지위 변화, 그리고 새로운 기술문명의 보급, 생활개선 의식 등과 같은 사회 변화양상이 나타나게 된다. 이러한 사회적 특징은 전통적 생산양식이 해체되고 일본의 제국주의적 상품시장으로 재편성되면서 근대주거생활에 있어서도 많은 영향을 미치게 되었다.

(1) 개항과 서양식 주거의 유입

1876년 강화도조약의 체결로 부산 · 원산 · 인천 · 마산항 등의 주요 항구도시에는 개항장이라는 것이 설치되었고, 이러한 개항장을 중심으로 일정한 범위의 지역이 외국인들의 거주지구로 지정되었다. 외국인 거류지가 처음 들어선 것은 1876년 부산항에 일본인 전관(專管)거류지가 설치되면서부터였다. 또한 1890년 이후부터 1900년대 초기까지 서양인들이 본격적으로 이주해 오게 되면서 많은 양식(洋式) 주택들도 지어졌다. 즉 이들 거류지는 양식 건축물이 들어온 최초의 유입지로, 이때 지어진 소위 '양옥'이라 불리는 서구식 주택은 주로 상업을 목적으로 들어온 외국인들을 위한 전용 주택으로, 그들 나라의 주택 유형을 그대로 재현해 놓은 것들이었다. 외국인 거류지에는 한국 최초의 서양식 주택으로 알려진 세창양행 사택[20]을 비롯하여 많은 외국인 부호, 외교관, 상인들의 주택이 들어서는 등 이미 있던 한옥과 서양인들의 양식주택, 일본식 주택, 일본을 거쳐 들어온 일본식과 양식이 절충된 주택 등 갖가지 양식의 주택들이 속속 지어져 매우 복잡한 경관을 형성하였다.

---

20) 1884년 인천에 건립된 한국 최초의 서양식 주택으로 독일인 숙소였던 사택은 일부가 2층인 벽돌 조적조의 붉은 기와지붕으로 지었는데 회를 칠한 외벽과 함께 아케이드가 전면에 위치하고 있었다. 그러나 이 건물은 한국전쟁 때 파괴되어 지금은 남아 있지 않다.

또한 기독교를 비롯한 서양의 종교가 들어오면서 서울뿐만 아니라 대구, 청주, 광주 등의 지방 소도시에도 선교사들이 진출하여 종교 건축물과 함께 그들이 거주하는 선교사 주택[21]들이 지어졌으며, 이러한 종류의 주택은 서울 명동성당 주교관(1890), 대구 동산동의 선교사 주택[22](1901~1910) 등이 있다.

일본인 거류지 모습
(동아일보, 1978)

대구 계산동 성당

세창양행 사택

21) 선교사 주택은 개항장에 상업적 목적으로 들어온 서양인들의 화려하고 장엄한 주택에 비하여 비교적 단아하고 소박하였다. 이러한 주택들은 서양식 외관을 도입하였으면서도 한식 기와를 사용하기도 하여 매우 절충적인 외형적 특성을 갖고 있었다.

22) 1910년에 지어진 챔니스주택은 남쪽과 서쪽 정면에는 목조로 된 현관 포치가 있고 동남쪽에는 목조 베란다를 설치한 주택으로, 당시 서구인들이 외국에 집을 지을 때 주로 채택했던 별장풍을 따랐다. 이 주택의 시공은 이름이 알려지지 않은 중국인 벽돌공과 일본인 목수가 했다고 하며, 이 주택에 사용된 문은 시카고에서, 철물과 설비류는 샌프란시스코에서 수입했다고 전해진다. 이 외에도 대구 동산동에는 1910년에 스위처주택, 맥팔랜드주택, 어드맨주택, 블레어주택 등이 한꺼번에 지어져 일순간 서양 동네처럼 변했다. 이들 주택들은 수평 돌림띠, 아치, 박공, 오르내리창, 덧창 등 이국적 요소를 사용하면서도 한편으로는 한식 기와를 혼용해서 절충적 특징을 뚜렷하게 보여주었다. 박공 전면의 굴뚝과 포치 등은 이 주택들이 당시 미국에서 유행했던 다양한 양식이 혼재된 절충적 스타일이라는 것을 말해 준다.

블레어주택

챔니스주택

(2) 일본식 주택의 유입 및 한옥의 변화

1910년대에 나타나는 각국의 공관과 상업용 건축 등 서양식 건축은 우리나라의 주택에 직간접으로 영향을 미치게 된다. 일본식 주택은 주로 일본이 무단정치를 하기 위하여 지은 관사들로 초기에는 일본식보다 서양식이 적절하다는 판단에 서양풍의 외관에 내부에는 다다미방만 한두 개 있는 집을 지었으나, 일본과 다른 한국의 기후 적응에 따른 문제로 인하여 후기에 지어진 관사들은 차츰 다다미방 외에 내부에 온돌방을 설치하고, 벽을 두껍게 하고 창호의 면적을 줄이는 등 한식과 절충된 모습을 보인다.

근대화가 진행되면서 토지를 효율적으로 사용하고자 조선시대 상업중심지였던 종로거리를 중심으로 새로운 주택의 유형인 2층 한옥상가가 나타난다. 2층 한옥상가는 아래는 점포, 위층은 살림집으로 재래의 목구조에 벽돌벽을 쌓고 서양식 창문을 달아 한옥의 특성을 유지하며 외래양식을 채택하였다.

또한 조선인들 중에서도 일본식 주택을 모방하여 전통 한옥의 형태에 부분적으로 일본식 주생활 양식을 적용한 주택이 지어지기 시작한다.

군산 일본인 주택

2층 한옥상가(고창 조양식당)

성주 예산리 만산댁 전경

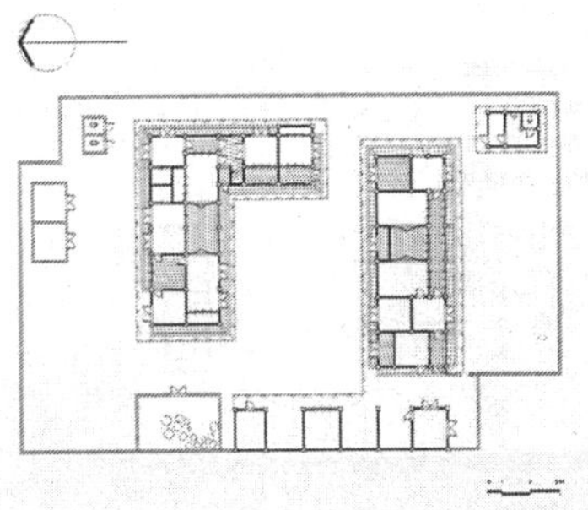

성주 예산리 만산댁 배치평면도

(3) 문화주택

1920년대 초 일본 내에서는 관동대지진 이후 지진에 강한 새로운 구조와 재료에 관한 관심이 날로 높아가는 상황이었는데, 이런 배경 아래 일본에서는 일・양 절충식인 '문화주택'[23]의 건설이 활발해지면서 미국식 방갈로 주택이 퍼지기 시작하였다. 일본

23) 문화주택은 문화적인 생활을 영위할 수 있는 주택으로, 서양식이나 일식이 가미된 1920년대의 주택 유형을 일컫는다. 1920년대부터 일어나기 시작한 신생활의 요구에 부응하는 주택개선 논의는 1920년대 후반에 들어서면서 한국인 건축가들의 작품활동으로 이어지게 되는데, 건축가들의 작품에서 문화주택의 양상이 나타난다. 문화주택은 재래식 주택에 서양식이나 일식을 가미하거나 모방하는 형태로 대별할 수 있다. 이러한 문화주택의 평면은 근대적 생활요구로 인해 식당, 욕실, 변소 등이 내부에 갖추어진 집중식 형태로 나타난다. 또 문화주택의 생활중심 공간은 대청마루에서 거실로 바뀌고 각 공간들은 더 세분화되며 의자식 생활이 도입되었다. 구조와 재료에 있어서도 철근콘크리트, 벽돌, 시멘트몰타르, 유리 등

에서 유행했던 문화주택이 우리나라에도 이입되어 근대식 주택이나 서구식 주택은 물론 전통주택과 다른 주택은 모두 문화주택이라고 불리게 되었다. 그러나 문화주택도 일본식주택과 마찬가지로 초기에는 일식과 서구식이 절충된 것이었으나, 나중에는 한식도 적절히 절충한 새로운 주택 유형으로 자리 잡았다. 이러한 문화주택은 상류계층에서만 확산되고 규모와 시설면에서 경제력이 뒷받침되지 못한 이유로 서민들에게는 광범위하게 전파되지 못하였다.

삼판동(현 후암동) 문화주택
(국사편찬위원회)

박길룡-소위문화주택
(조선일보, 1938)

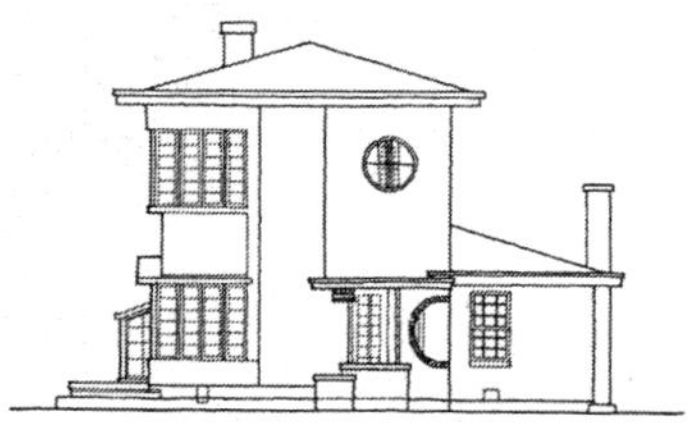

우종관 주택 입면도

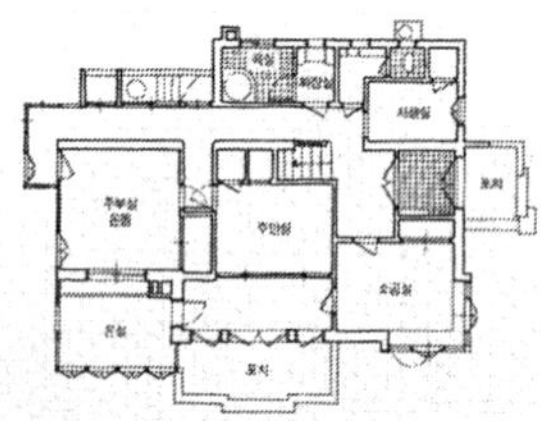

우종관 주택 평면도

을 이용한 새로운 공법이 실현되며, 형태적인 면도 절충주의적인 특성과 근대적 기능주의 특성을 함께 볼 수 있다.

(4) 주택개량운동

1920년대 이후에는 생활개선을 위한 주택개량에 관한 논의가 일어나기 시작하였는데, 이러한 논의는 대중의 근대적 자각으로 인해 사회적으로 일어나기 시작한 문화운동과 더불어 나타나게 되었다. 초기에는 사회의 기풍개선과 신생활의 개척에 초점을 두었으나 점차 주생활에 있어서 비합리성과 기존주택의 결점 등이 지적되고 재래주택 개량의 필요성이 대두되었다. 재래주택의 개량은 주로 위생을 위한 채광과 환기, 가사노동 동선의 편리성을 도모하기 위한 부엌의 개량, 그리고 식당 설치에서부터 서양식의 의자식 생활의 도입 등 여러 가지로 나타났다. 일제초기의 문화주택은 일식과 양식을 절충한 주택을 모방하려는 경향이었으나 중기 이후에는 근대적 교육을 받은 한국인 건축가가 등장하여 새로운 주택개량론을 펼치게 된다. 특히 박길룡[24]은 건축가들 중에서 가장 활발히 주택개량론을 펼친 사람으로 1920년대부터 과학운동에 관여해 온 그는 1930년대에 이르러 과학운동의 일환으로 '생활의 과학화'를 집중적으로 주장했다.

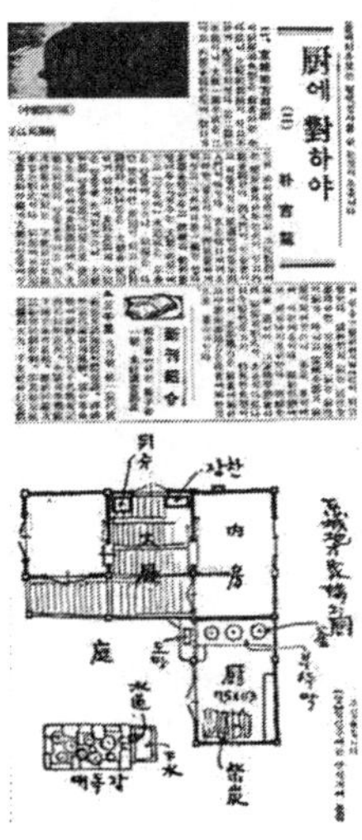
廚에 對하야 (三)

朴吉龍

박길룡–주택개량론
(동아일보, 1932)

生活改善私案

위치와 구조의 개량

朴吉龍

박길룡–생활개선사조
(동아일보, 1938)

(5) 도시형 한옥의 형성

도시형 한옥은 1920년부터 지어지기 시작하여 1960년대까지 지어진 한옥으로 새로운 구조로 서울의 도심부와 도심 주변부에 집단적으로 건설된 주택 유형이다. 1920년대 이후 계속되는 서울의 주택난은 주택을 하나의 재원(財源)으로 바라보게끔 했고, 팔기 위한 하나의 상품으로 주택을 공급하는 도시형 한옥이 등장하게 된다. 도시형 한옥은 주택수요가 급증함에 따라 서울 지방의 민가를 개량하여 집을 지어 파는 '집장사집'으로 민간주택업자들에 의해 대량으로 공급되었다. 이는 이전까지 한 채씩 짓던 한옥과는 다른 개념의 도시주거 형태로, 소주택들이 밀집되는 현상이 나타나게 되자 불량주택을 방지하기 위하여 1934년 6월 조선시가지계획령이 제정・선포된 후 본격적으로 건설되었다. 도시형 한옥들은 도시 인구의 급격한 증가로 인한 주택문제를 해소하기 위하여 새로운 도시 주거지 개발이 필요해짐에 따라 등장하게 되었다.

북촌 한옥마을

가회동 골목길

24) 건축가 박길룡의 한・일・양 절충식 소주택안을 보면 현관을 도입한 집중식 평면에 속복도를 이용하여 내부를 접객 부분과 거주 부분으로 나누었다. 또한 부엌과 변소가 실내공간으로 들어왔다. 아동실과 주부실이 따로 구성되는 등 각 실마다 기능이 뚜렷하게 구분되었으며, 취침공간과 식사공간을 분리하여 사용하자는 식・침 분리개념이 도입되었다. 그는 특히 부엌을 과학적으로 개량해야 할 필요성을 주장하였다. 소주택 안에서 부엌은 안방과 인접하게 하고 식모실과 식사실과도 쉽게 통할 수 있도록 하여 기능성을 살렸다. 화장실은 대・소변기가 분리된 일본식 내 변소, 세면실, 욕실의 세 부분으로 나누어져 있는데, 복도 끝에 부엌과 함께 배치되어 상하수도 배관에 효율적이도록 집중 배치하였다. 대청은 없어지고, 주인실과 사랑이 거실기능을 대신하도록 하였는데, 사랑방은 양식으로 응접기능을 담당하도록 하였다.

(6) 영단주택

문래동 영단주택

조선총독부에 의해 1941년 7월 1일에 설립된 조선주택영단(朝鮮住宅營團)은 외형적으로는 심각한 주택난을 해소한다는 명분이었지만, 실질적으로는 식민지의 주거양식을 일본식으로 재편하여 식민지 국민의 일본문화 동화에 기본적인 목적이 있었다는 점도 지적되고 있다. 영단주택은 조선주택영단의 표준설계에 의해 지어진 주택으로, 대량의 주택을 건설하기 위하여 여러 가지 형의 표준설계도를 만들었으며, 그 설계는 계층을 대상으로 하였다. 근대적 생활을 유도하기 위하여 제정된 표준설계도는 갑(甲), 을(乙), 병(丙), 정(丁), 무(戊) 등 5종류이며, 갑의 건평은 20평, 을은 15평, 병은 10평, 정은 8평, 무는 6평으로 하며, 대지는 건평의 3배 이상으로 하고, 병·정·무는 연립주택으로도 건설할 수 있게 하였다. 영단주택은 계층에 따라 중류상층 주택은 분양주택으로 공급하고, 중류중층 주택은 분양 또는 임대로, 그리고 중류하층 주택과 하류·서민주택, 노무자주택은 임대주택의 형식으로 공급하였다. 영단주택은 그 평면구성에 있어서 일본주택의 중복도형과 유사하며 모든 생활공간을 실내에 집중 배치하였다. 큰 규모 주택의 경우 현관을 들어서면 중앙복도가 있고 그 복도를 통하여 각 실이 연결되도록 구성되어 있다. 이러한 평면구성을 '속복도형 평면'이라고 하는데, 이는 대청을 중심으로 한 우리나라의 전통적인 공간구성과는 상당히 다른 것이다. 각 방 역시 미닫이문으로 서로 연결되어 개방적인 일본식 평면의 특성을 보이는데, 여기에 온돌을 채택한 것은 매우 독특한 시도이다. 영단주택은 당시로서는 근대적 생활상을 염두에 둔 계획이었다는 것을 엿볼 수 있는데, 전통적 마루공간을 없애고 거실을 둔다든지, 욕실과 화장실을 주택 내부에 설치한 것 등이다.

표 1-2 영단주택 표준설계도

형별	도면	평수 및 칸수, 계층 분류
갑	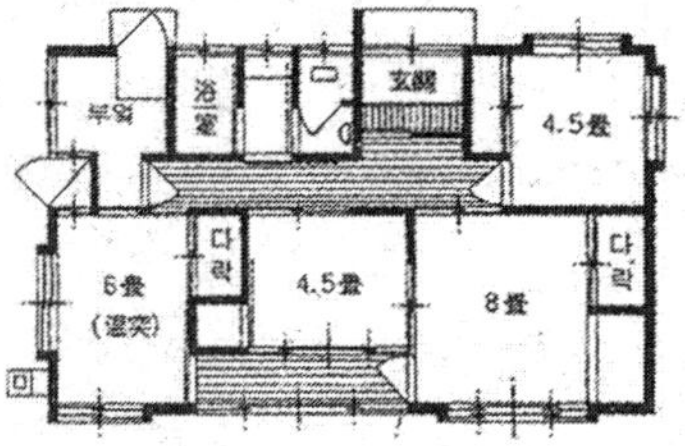	• 건평: 20평 • 중류상층 대상의 분양주택 • 단독주택 형태 • 복도형 마루 설치 • 목욕탕 배치 • 일본인 관리나 사원들에게 주로 분양 • 남쪽에 주거부분, 북쪽에 종속부분 배치
을	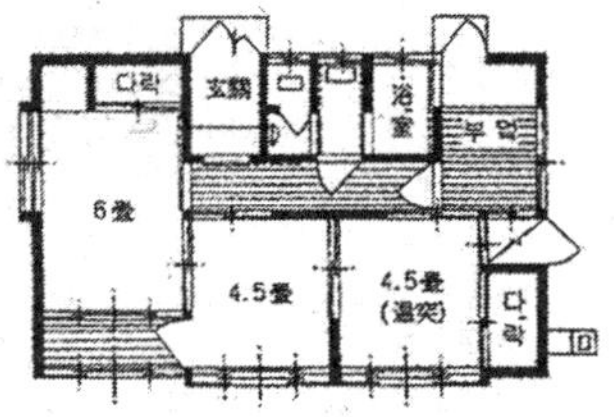	• 건평: 15평 • 중류중층 대상의 분양/ 임대주택 • 단독주택 형태 • 복도형 마루 설치 • 목욕탕 배치 • 일본인/한국인 반반에게 분양 또는 임대 • 남쪽에 주거부분, 북쪽에 종속부분 배치
병	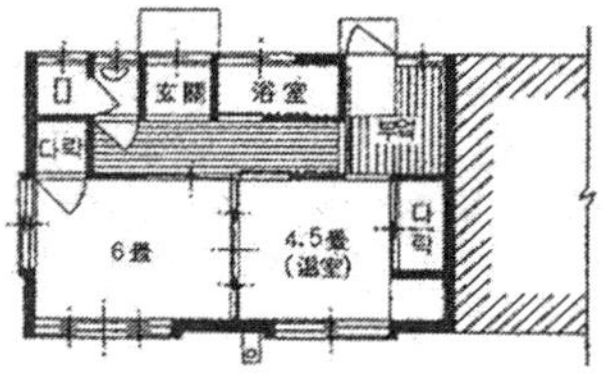	• 건평: 10평 • 중류하층 대상의 임대주택 • 연립주택 형태 • 목욕탕 배치 • 남쪽에 주거부분, 북쪽에 종속부분 배치
정	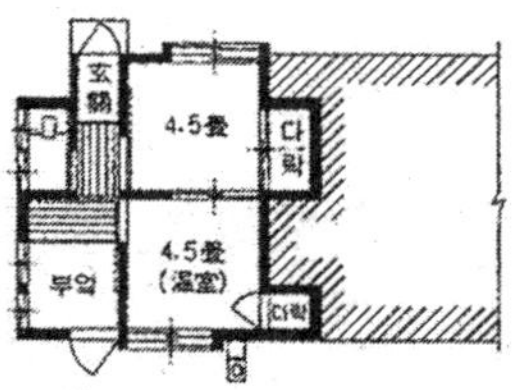	• 건평: 10평 • 중류하층 대상의 임대주택 • 연립주택 형태 • 공중목욕탕 사용 • 주거부분과 종속부분을 동서로 구분
무	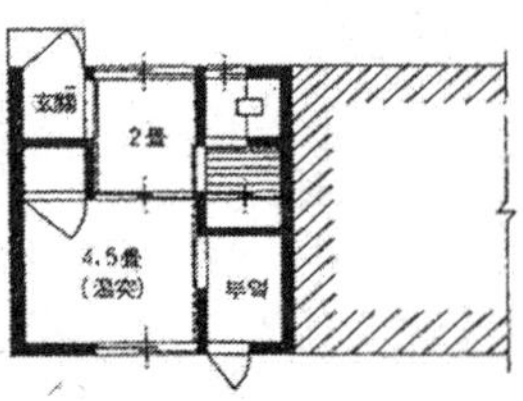	• 건평: 6평 • 노무자 주택 • 연립주택 형태 • 공중목욕탕 사용 • 주거부분과 종속부분을 동서로 구분

출처: 윤정숙 외(2007). 한국주거와 삶.

2 전통주택의 건축의례

우리 조상들은 집을 짓는 일을 단순한 건축 공정상의 작업으로 보지 않고, 터를 잡을 때부터 집이 완공될 때까지의 모든 과정에 상징적인 의미를 부여하여 심혈을 기울여 집을 지었다.

집짓기의 모든 과정에서 행하는 의식을 건축의례(建築儀禮)라고 한다. 즉 건축의례란 터를 잡고 좌향(坐向)을 본 후 터를 다듬어 주춧돌을 놓고 나무를 다듬어 기둥을 세운 후 보를 얹어 집을 완성한 후 집에 들어가서 사는 일련의 과정을 각 단계마다 하나의 의식을 치르는 것으로 각 단계마다의 의식은 다음과 같다.

1) 터잡기와 좌향보기

(1) 터잡기

집을 짓기에 앞서 가장 먼저 해야 할 일은 좋은 터를 잡는 것이다. 집터는 풍수사상에 의해 선정하였는데, 풍수사상이란 땅을 만물의 어머니로 생각하는 지모사상(地母思想)에서 출발한 것이다. 풍수상의 길지(吉地)란 풍부한 생산력과 보육력을 가진 어머니로 간주되었음을 알 수 있다.

집터를 선정하는 것은 양기풍수(陽氣風水)라 하여 무덤자리를 찾는 음기풍수(陰氣風水)와는 구별하였고, 양기풍수에 있어서 특히 집터를 선정하는 일을 복거(卜居)라고 불렀다.

좋은 터란 물이 맑고 풍부하며, 토질이 좋아 생산물이 풍부하며, 좋은 이웃과 더불어 살 수 있고, 좋은 자연경관으로 인간의 심성을 바르게 할 수 있고, 교통의 요지로서

경제적 이익을 취할 수 있는 곳 등인데, 이러한 조건은 현대의 택지선정에 있어서도 똑같이 적용될 수 있는 매우 과학적인 조건이다.

(2) 좌향보기

집터가 마련되면 집터 안에 세워질 건물들의 배치를 생각하여야 한다. 집터 안에서 건물의 위치와 방향을 정하는 일을 좌향(坐向)이라고 한다. 좋은 집터 안에서도 건물의 위치와 방향에 따라 인간의 운명이 영향을 받는다고 믿었기 때문에 건물을 배치하는 방법도 대단히 중요하게 생각되었다.

조선 후기의 양택서인 『민택삼요』, 『택보요건』에는 주인이 기거하는 방, 먹을 것을 장만하는 부엌, 그리고 사람이 출입하는 대문을 주택의 삼요(三要)라고 보고, 이러한 요소를 주역과 음양오행을 해석하여, 주인의 사주에 적합한 위치를 찾는 방법에 대해서 설명하고 있다.

그러나 민가의 풍수사들은 일정한 논리적 체계 위에서 좌향을 결정하였다기보다는 구전되어 오는 속신이나 민간의 점술사에 의해 좌향을 선택하는 경우가 많았다. 즉 재물을 축적하는 창고의 위치를 감시가 용이한 곳으로 배치한다든지, 방앗간과 뒷간의 위생적 측면을 고려한다든지, 잿간에 대해서 화재의 위험성을 고려한 것 등 현실생활의 편리함과 관련된 부분도 포함하고 있음을 알 수 있다.

각 공간이나 건물의 좌향을 보기 위해서 가장 중요한 것은 방위를 보는 기준점인데, 방위를 보는 기준점은 살림채의 중심이다.

집터 안에서 살림채가 먼저 설정되고 이곳을 중심으로 각 공간이나 건물의 위치와 방향이 결정되기 때문에 살림채의 중심은 좌향의 기준점으로서 중요한 의미를 가지고 있다. 즉 살림채의 중심을 설정한다는 것은 살림채가 들어설 자리가 먼저 결정된다는 것을 의미하며, 집터 안에서 주건물이 들어설 자리를 찾는다는 것은 성주를 잉태할 어머니의 자궁을 찾는 것과 같은 의미를 가지게 된다.

2) 개기와 열초

(1) 개기

집터가 결정되고 설계가 되면 공사를 시작하는 첫 단계로서 집터를 정리하는 작업이 시작된다. 터 닦는 날 또는 터 허는 날이라고 하는 개기(開基)는 집이 들어설 자리를 파고 다지는 공정의 시작이다. 집은 지반 위에 세워져야 하기 때문에 지반의 안정성은 집의 구조적 안정성과 불가분의 관계를 갖는다.

개기는 건설공사의 시작인 동시에 의식의 시작으로서 풍수로부터 택일을 하였으며, 집지음을 알리는 고사도 지냈다. 이 고사를 텃고사 또는 개기제라고 부르는데, 집주인이나 대목이 주관하여 지낸다.

텃고사는 집 짓는 의식의 시작인 동시에 토지를 주관하는 신에게 그 땅을 이용한다는 것을 알리는 의식이다. 집터를 선정하는 과정에서 볼 수 있듯이 집터는 성주를 잉태할 어머니로 해석되었다. 이러한 신화적 체계에서 보면 개기는 일종의 혼례의식으로 해석될 수 있다. 즉 텃고사는 형식상 주인이 주관하며, 그 터를 이용한다는 것을 알리는 내용으로 토지신에게 바치는 의식이다.

이러한 텃고사와는 별도로 모탕고사를 지내는 경우도 있는데, 의식의 형태나 의미상으로 상당한 차이가 있다. 모탕이란 대목들이 나무를 다듬을 때 사용하는 일종의 작업대를 말한다. 대목들이 공사를 시작하기에 앞서 모탕 위에 제물을 진설하고 고사를 지내기 때문에 모탕고사라고 부르며, 다른 용어로 공사의 시작을 알린다는 의미로 개공제(開工祭)라는 말도 사용된다. 모탕고사는 대목이 주관하는 의식으로, 공사 중의 안전을 기원하는 내용으로 상량신에게 바치는 의식이다.

(2) 열초

정리된 집터에 기둥을 세우기 위해서는 기둥을 받치는 주춧돌이 설치되어야 하며, 이 주춧돌은 기둥의 뿌리를 썩지 않게 하고, 기둥으로부터 전달되는 건물의 하중을 지반으로 전달하는 역할을 한다.

터다지기가 끝나면 풍수가 정한 건물의 위치에 따라 주춧돌 놓을 자리가 결정되고 주추 놓는 일이 시작된다. 열초라고 부르는 이 작업 또한 풍수가 정한 날짜에 시행된다. 열초에 앞서 풍수는 패철과 망통으로 건물의 좌향을 결정하고, 그에 따라 대목은 땅 위에 주춧돌 놓을 자리를 말뚝으로 표시하게 된다. 주춧돌의 위치로 기둥의 위치가 결정되기 때문에 건물의 평면형태도 열초를 통하여 결정된다.

집짓기 의식의 신화적 맥락으로 보면 어머니인 땅에 성주신의 씨가 심어져 잉태되는 과정으로 해석될 수 있다. 주추를 박는다는 의미는 아버지의 생명의 씨앗이 자궁에 자리하여 잉태되는 것과 같은 상징적 의미를 가지게 된다.

3) 치목과 입주

(1) 치목

공사가 시작되면 대목은 설계대로 목재를 다듬어 기둥과 도리, 보 등 건축부재를 만들게 된다. 쓰임새에 따라 목재를 가공하는 작업을 대목들은 치목(治木)이라 한다. 치목에 의해 만들어지는 부재는 구조재인 동시에 의장재가 되기 때문에 잘못 가공되면 건물의 구조적인 안정성과 의장성에 심각한 피해를 주게 된다. 따라서 대목들은 치목을 중요한 공정으로 인식하고 있다.

집짓기 의식에서 집은 성주신의 신체이며, 목재는 집의 골격을 형성하는 부재로서 성주신의 뼈대를 의미한다고 해석하였다. 아버지인 하늘로부터 받은 신체의 뼈대이기에 신성하게 여겨졌던 것이다. 목재는 신격체의 일부로서 신성하게 다루어지는데, 인체의 용모가 골격에 따라 결정되듯이 신체의 뼈대를 선택하는 일은 좋은 신체를 만들어 내기 위한 신성한 의식의 일부로 인식되었다.

(2) 입주

각종 부재가 완성되면 주추 위에 기둥을 세우는 작업이 시작된다. 입주(立柱)는 주춧돌 위에 기둥을 세우는 작업이다. 입주는 기둥을 세우는 작업에서 끝나지 않고 주두에 보와 도리를 결합시켜 건물의 뼈대를 형성하는 작업이 포함되어 있다. 때문에 목수들은 이 날을 집 세우는 날이라고도 하며, 이 역시 풍수로부터 택일을 해 시행된다. 기둥이나 서까래, 문설주와 같이 세워 사용되는 목재는 가지 쪽이 위를 향하도록 배치하며, 도리나 보와 같이 뉘어 사용되는 나무는 가지 쪽이 안을 향하도록 배치한다. 이러한 원칙에서 목재사용에 있어서 위로의 지향성과 안으로의 지향성을 알 수 있다. 나무의 성장방향이 뿌리에서 가지 쪽이라는 것을 고려해 볼 때 목재에 있어서 가지 쪽은 성장, 발전, 번영의 의미를 가지게 된다.

입주라는 공정은 건물의 구조체를 형성하는 작업의 단계인 동시에 인격체로서 성주신의 골격을 형성하는 단계이며 통과의례로서 중요하게 인식되었던 것이다.

4) 상량제와 입택

(1) 상량제

기둥이 세워지고 기둥머리에서 보와 도리가 결구되면 구조틀의 상부에 마룻대를 얹는 작업이 남게 된다. 건설에 있어서 상량이란 목재를 구조체로 하는 집을 지을 때 가장 높은 곳에 올라가는 마룻대를 얹는 작업을 말한다. 상량은 단순히 구조틀의 완성이나 지붕의 경사 결정과 같은 현상적 의미보다는 대단히 상징적인 의미를 지니고 있다.

상량은 풍수로부터 반드시 택일을 해야 하는 공정이며, 집짓기 의식 중에서 가장 성대한 의례가 치러진다. 의례가 시작되기에 앞서 상량문이 작성되는데, 그 내용은 개기시기나 상량시기, 건물의 좌향, 기타 재난을 피하고 복을 비는 기원이 포함된다. 개기나 열초, 입주, 상량의 시기는 연, 월, 일, 시 등의 사주로 표현되고, 상량문의 앞뒤에는 구(龜)와 용(龍), 또는 청룡과 백호 등을 첨가하기도 한다.

마룻대에 집을 지켜주는 성주신이 좌정한다고 여겨 집의 안녕과 집주인의 덕을 기리는 의식이 이루어진다. 상량일은 인격체로서 성주가 탄생하는 날이며, 상량제(上樑祭)는 탄생에 대한 통과의례적 성격을 갖는 것이다.

(2) 입택

상량이 끝나고 부수적인 작업으로서 지붕이기와 벽바르기, 구들놓기, 문짝달기 등이 완료되면 풍수가 정한 날에 건축주가 집에 들어가 생활을 시작하게 되는데, 집에 들어가는 날을 입택(入宅)이라고 한다. 입택의 절차는 집들이 고사가 먼저 수행되고, 아궁이에 불을 지피며, 짐을 옮기고, 잔치를 베푸는 과정으로 수행된다.

입택은 현상적으로 사람이 건물로서의 집을 이용하기 시작하는 것이다. 집을 이용하기에 앞서 건물의 각 부위를 깨끗이 정화시켜 신성하게 하고 이로써 복된 생활이 이루어지기를 축원하는 것이 입택의례인 것이다. 우리는 입택고사 중에 성주나 조왕신, 문신 등 가택신들이 배례의 대상으로 등장하고 있는 것을 볼 수 있다. 이들의 등장은 입택의례를 통하여 가택신의 활동이 시작되고 있음을 의미하고 있다.

입택은 마치 사람의 백일(百日)과 같은 통과의례적 성격으로 비유될 수 있으며, 집으로서 탄생한 성주가 무궁한 발복을 이루어 낼 수 있도록 축원이 담겨지는 것이다. 이러한 과정을 통하여 사람과 가택신의 만남이 이루어지고 일체화되는 것이다.

3 주거의 구성 요소

한국의 고건축(古建築)은 내・외부공간이 가구재(架構材)와 공포재(栱包材) 등의 여러 요소에 의해서 형성되는 목조가구식(木造架構式)으로 그 내용이 매우 복잡하다. 또한 각 구성부재(構成部材) 및 요소들의 형태는 시대에 따라 다를 뿐만 아니라 건물의 용도, 규모, 위계(位階) 등에 따라서도 다르다. 따라서 우리의 전통건축을 이해하기 위해서는 각 구성부재 및 요소들을 건물의 하부에서 상부로, 그리고 외부에서 내부로 순차적으로 관찰하는 것이 바람직하다. 전통주택을 구성하는 주요 요소들은 다음과 같다.

1) 기단

기단(基壇)은 건물이나 탑 등을 세우기 위하여 지면(地面)을 주변보다 높게 올려 쌓은 시설을 말한다. 기단은 구조적으로 기둥과 초석(礎石)을 통해 내려오는 건축물의 모든 하중을 지반에 전달하고 건물의 형태를 시각적으로 부각시켜 안정감을 느끼게 하며, 주건물과 부속건물 간에 위계질서를 부여해 주기도 한다. 또 습기방지와 통풍의 기능과 함께 건축의 내외공간을 연결하는 매개체 역할도 한다.

기단은 단(壇)을 쌓는 재료, 단의 수(數), 마감석재의 형태와 층의 형태, 쌓는 방법에 따라 토단, 막돌 기단, 장대석 기단, 막돌허튼층쌓기 기단 등 여러 종류로 구분한다.

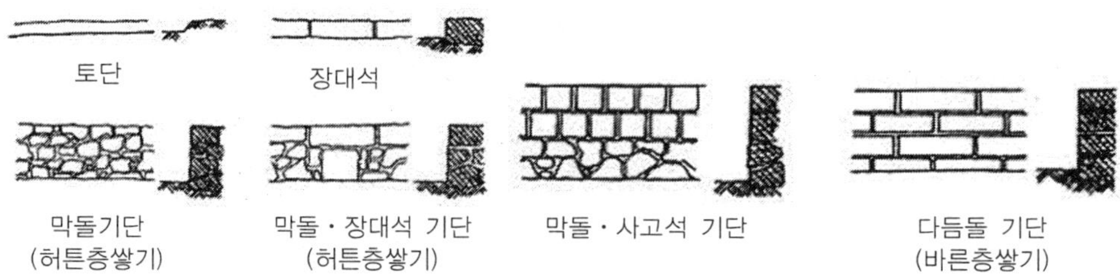

장대석 기단

허튼층 기단

【기단의 종류】

2) 초석

초석(礎石)은 기단 위에 놓아 기둥을 받치며 상부로부터 전달되는 하중을 받아 지면에 전달시키는 기초석재(基礎石材)로 주춧돌이라고도 부른다.

초석은 막돌을 그대로 이용한 덤벙주초(막돌초석)과 막돌을 가공한 정평주초(正平礎石: 다듬돌초석)로 크게 구분할 수 있으며, 형상에 따라 원형, 방형 등 여러 종류로 구분하기도 한다. 초석의 상면이 울퉁불퉁할 경우에는 기둥 밑부분을 그랭이질하여 기둥을 세우는데, 그랭이질이란 기둥이 놓일 자리의 초석 표면의 굴곡과 똑같이 기둥뿌리를 다듬는 일을 말한다.

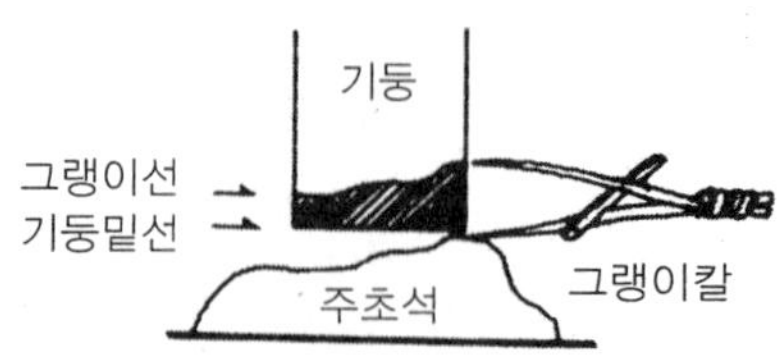

그랭이질

방형주초

원형주초

연화주초

막돌주초(덤벙주초)

3) 기둥

기둥[柱]은 가구식(架構式) 구조물의 축부(軸部)이고 공간형성의 기본부재이다. 기둥은 상부에 걸린 보와 도리로부터 오는 모든 상부하중을 부담하고 벽을 지지하면서 하중을 지반에 전달하는 매개체가 된다.

기둥은 단면에 따라 두리기둥(원주), 방주, 다각형 기둥 등으로 구분하고, 위치에 따라 외진주(外陣柱), 내진주(內陣柱), 동자주(童子柱), 활주(活柱), 우주(隅柱)[25], 퇴주(退柱) 등으로 구분된다. 이들 중 원형기둥은 권위 있는 건축과 규모가 큰 건물에 사용되거나 건물의 주요위치에 많이 사용되며, 활주는 팔작지붕의 건물 추녀뿌리를 받치는 기둥으로서 추녀 길이가 길 때 설치된다. 또한 기둥은 한국 고건축의 조형의장에 있어서 매우 중요한 역할을 하는데, 기둥의 의장적인 수법들은 다음과 같다.

① 민흘림

원형기둥을 기둥 아래쪽부터 위로 올라가면서 서서히 두께가 좁아지는 기둥으로서, 사다리꼴과 같이 일정한 비율로 좁아지는 것이 아니라 각 지점마다 체감되는 비율을 달리하여 좁아지는 기둥을 말한다.

---

25) 입면의 양끝 기둥을 우주라고 하는데, 일반 평주보다 약간 높게 치솟음을 두고 처마선과 용마루선의 조화를 이루어 안정된 입면을 형성한다. 또 우주는 약간 안으로 쏠리게 세워 건물이 좌우로 쓰러지게 보이는 것을 미리 교정하는 역할도 한다.

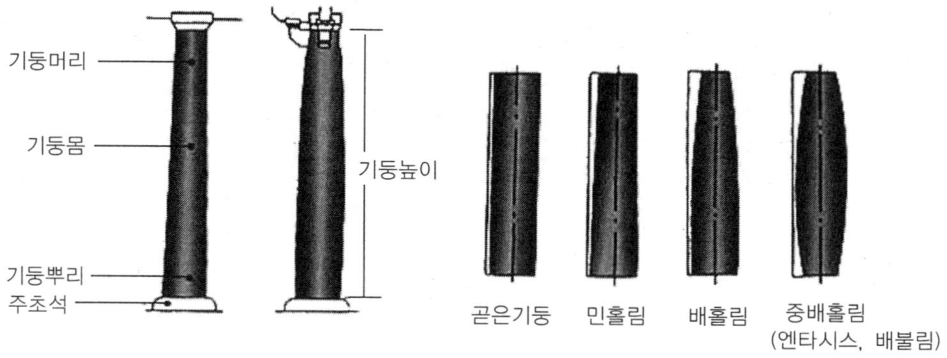

기둥의 종류

② 배흘림

원형기둥의 중간부가 굵고 밑과 위로 가면서 곡선으로 가늘게 한 것으로, 소위 엔타시스(entasis)라고 부른다. 아랫부분에서 1/3가량의 높이까지는 기둥의 굵기가 점점 커지다가 그 위로부터는 서서히 줍아져 항아리와 같은 형태를 가진 기둥을 말하는데, 시기적으로 고대의 건축에 쓰이거나 격식이 높은 건물에 많이 사용되고 있다. 민흘림과 배흘림은 착시(錯視)에 의해 기둥이 가늘게 보이는 현상을 교정하기 위한 기법으로 건물에 안정감을 더해주는 의장적인 효과이다.

배흘림기둥

③ 귀솟음

건물의 모서리에 세우는 귓기둥[隅柱]의 주고(柱高)를 평주(平柱)보다 약간 높게 하여 귓기둥에 쏠리는 상부의 무게로 인한 침하에 대비할 뿐만 아니라 건물의 입면상 양쪽 끝이 쳐져 보이는 시각적인 착시현상을 교정하고 처마곡선과 조화를 이룰 수 있도록 한 것이다.

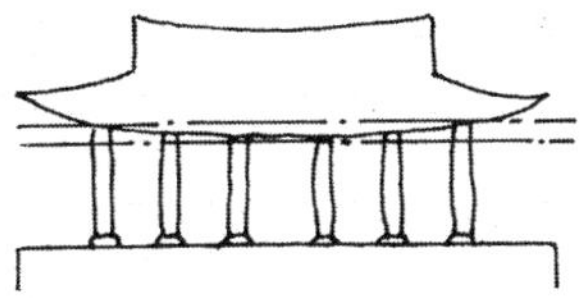
귀솟음

④ 안쏠림

건물의 바깥쪽에 세워진 기둥을 수직으로 바로 세우지 않고, 기둥머리를 건물의 안쪽으로 약간 기울여 세우는 방법을 말하는 것으로 오금이라고도 한다. 이것은 정면에서 바라볼 때 건물의 윗부분이 밖으로 나와 역사다리꼴의 형태로 상부가 벌어져 보이는 착시현상을 교정하여 건물전체의 안정감을 갖게 한 것이다.

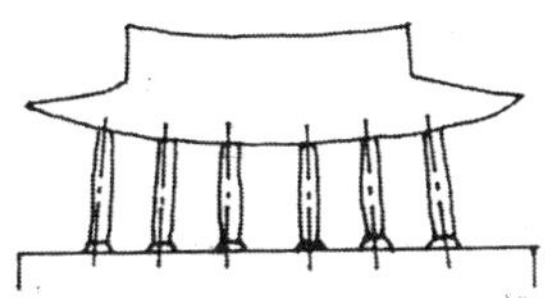
안쏠림

4) 보와 도리

보와 도리는 지붕 또는 상층(上層)에서 오는 하중을 수평으로 받는 부재로, 기둥과 벽체 위에 수평으로 걸친 구조부재이다. 보(褓 또는 梁)는 지붕의 앞뒤 기둥을 연결하여 지붕의 하중을 기둥으로 전달한다. 보는 위치, 건물규모, 평면구성과 지붕모양에 따라 여러 종류가 있는데, 주택에서 대청 위에 보이는 보를 대들보라고 한다.

도리(道里)는 보의 직각방향으로 놓이는 기다란 횡가구재(横架構材)로서, 기둥 위에 놓이는 각종 가구의 부재 중 가장 위에 놓여 서까래를 포함한 상부의 지붕무게를 직접 받는 부재이다. 위치에 따라 종도리(宗道里), 중도리(中道里), 주심도리(柱心道里), 외목도리(外目道里), 내목도리(內目道里) 등이 있다.

보와 도리

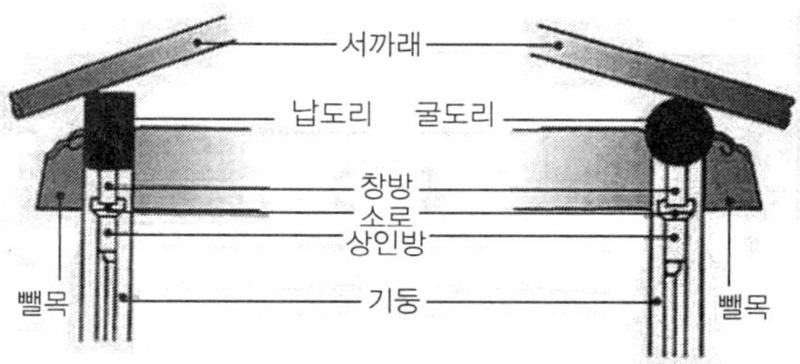

보와 도리의 상세

5) 대공

대공(臺工)은 대들보나 종보 위에 얹어 그 위의 보나 도리를 받쳐주는 부재인데, 형태에 따라 판대공(板臺工), 동자주대공(童子柱臺工), 파련대공(波蓮臺工), 포대공(包臺工), 인자형대공(人字形臺工) 등이 있다.

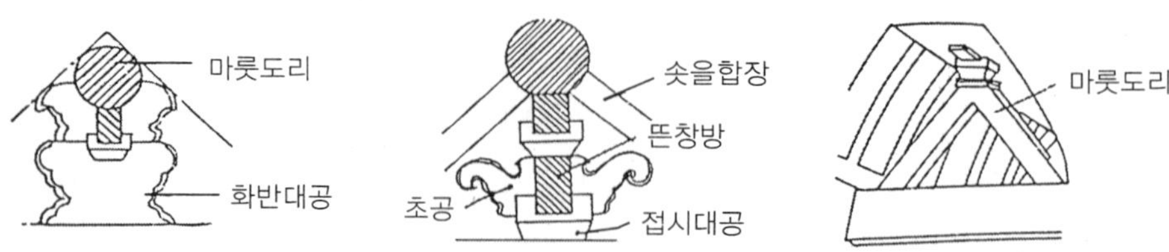

화반대공 **접시대공** **인자대공**

【대공의 종류】

6) 처마

처마란 서까래가 주심도리에 걸렸을 때 도리의 바깥부분을 구성하고 있는 것을 말한다. 처마의 구성요소는 서까래, 부연, 평고대, 연함, 추녀, 사래 등이 있다.

처마는 크게 홑처마와 겹처마로 구분할 수 있다. 홑처마는 서까래만으로 구성된 것이고 겹처마는 홑처마에 부연이 첨가되어 있는 것을 말한다. 대개의 경우 겹처마는 권위 있는 건축과 격이 높은 주요건물에 사용된다.

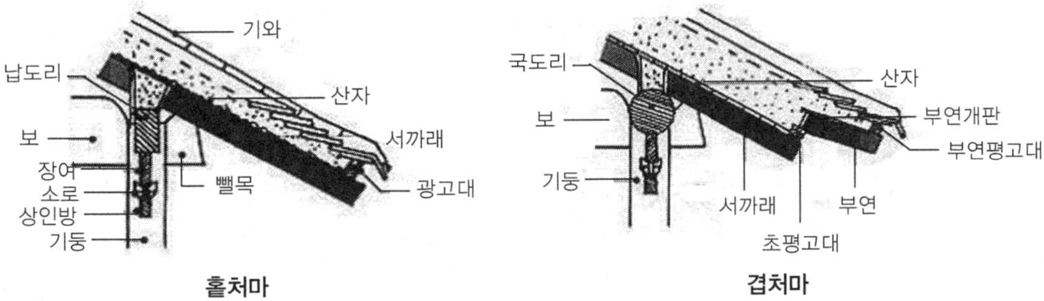

【처마의 종류】

7) 가구형식

가구형식(架構形式)은 기둥 위나 공포 위에 얹어 지붕의 틀을 구성하는 부재들로 지붕의 무게를 고루 분산시키면서 내부공간을 형성하는 역할을 하는 구조나 구조물을 총칭한다. 가구를 구성하는 요소들은 일정한 형식을 갖추고 있고 가구가 아무리 복잡해도 일정한 형식에 부합되기 마련이다. 지붕가구는 보, 도리, 대공 등의 기본부재로 이루어지며 이들 가구를 구성하고 있는 부재는 서로간의 맞춤이나 형태 등에서 일정한 형식을 갖추고 있다. 일반적으로 지붕을 받치고 있는 도리의 수에 따라 3량가(三樑架), 5량가(五樑架), 7량가(七樑架), 9량가(九樑架) 등으로 가구의 형식을 구분한다.

3량가

5량가

【가구의 형식】

8) 지붕

벽체 위에 설치하여 건물의 최상부를 이루는 구조체를 총칭하는 것으로, 빗물을 막고 햇빛을 피하며 실내온도를 조절하여 주는 기능을 갖고 있다. 또 지붕은 외관상 의장효과를 더해 주기도 하는데, 고건축의 지붕은 네 귀의 처마 끝이 치솟기 때문에 독특한 형태미를 갖게 된다. 특히 팔작지붕에 적용한 후림과 조로는 착시현상을 교정하는데 중요한 역할을 하는데, 후림은 지붕을 수평으로 네 귀를 뻗게 하고 안으로 선을 후린 것이고 조로는 수직면 위로 휘어 오르도록 한 것이다. 이 후림과 조로는 처마선이 쳐져 보이는 것을 미연에 방지하며, 또한 용마루선까지도 양끝이 휘어 오르게 하여 면적이 커서 무겁고 쳐져 보이기 쉬운 지붕을 경쾌하게 처리하고 있다.

우리나라 전통주택의 지붕 종류는 맞배지붕, 팔작지붕, 우진각지붕, 초가지붕 등이 있다. 맞배지붕은 지붕이 서로 팔자형(八)으로 배를 맞대 삼각형을 이루게 되는 형태로 옆에서 보았을 때 지붕면을 볼 수 없는 형태로, 중・상류주택의 행랑채에 많이 사용되었다. 팔작지붕은 중・상류주택의 몸채에서 가장 일반적으로 사용되는 지붕형태로, 네 귀의 처마 끝이 치솟기 때문에 독특한 형태미를 이루게 된다. 우진각지붕은 용마루를 형성하면서 사면으로 지붕골을 형성한 형태로, 작은 규모로는 상류주택의 일각대문을 들 수 있다. 초가지붕은 가장 흔히 쓰인 서민주택의 지붕형태이다.

맞배지붕

팔작지붕

우진각지붕

【지붕의 종류】

표 1-3 전통주택 지붕의 형태별 특성

 맞배지붕	가장 간단한 형식으로 주심포 양식에 많이 쓰이며 처마 양끝이 조금씩 올라가고 측면은 대부분 노출되는 구조미를 이룬다. 건축물의 앞과 뒤에서만 지붕면을 볼 수 있는 맞배지붕은 기와지붕 중에서 구조가 가장 간결하면서도 널리 쓰이는 형태이다. 건축물의 측면에서 보았을 때는 지붕이 여덟 팔(八)자 또는 사람 인(人)자형으로 모여 삼각형을 이루고 있는데 이 삼각벽면을 박공면이라고 하기 때문에 박공지붕이라고도 한다.
 우진각지붕	지붕면이 전후좌우로 물매를 갖게 된 지붕양식으로 지붕면 높이가 팔작지붕보다 높게 되어 있다. 맞배지붕에서 측면을 삼각형 모양으로 살짝 끌어내려 지붕면을 구성한 듯한 느낌을 주는 동서남북 네 면에서 모두 지붕면을 볼 수 있는 지붕 형태이다. 이 지붕은 앞뒤에서 볼 때는 지붕면이 사다리꼴이고, 측면에서 볼 때는 삼각형의 지붕면을 나타내므로 팔작지붕처럼 합각을 두지 않고 용마루에서 바로 기와골이 시작되는 형태이다. 용마루와 추녀마루는 있지만 내림마루(귀마루)는 없다.
 팔작지붕	전통 건축물의 기와지붕 중에서는 가장 아름다운 구성미를 보여준다고 평가받는 지붕 형태이다. 우진각지붕의 삼각형 측면에 다시 여덟 팔(八)자의 모양을 덧붙여 마치 부채살이 펴지는 듯한 형상이 되었다고 해서 합각(合閣)지붕이라고도 한다. 장중하고 용마루 곡면이 특이하고 네 귀의 처마 끝이 치솟기 때문에 독특한 구성미를 나타낸다. 주로 건물의 규모가 크거나 격식을 차릴 때 사용하는 지붕의 형태이다. 팔작지붕은 외관상 위엄이 있어 중심이 되는 건축에 즐겨 쓰인다.

9) 기와

기와는 지붕을 이는 재료로 서까래 위에 산자를 깔고 알매흙을 깐 뒤 암키와를 얹고 홍두깨흙과 함께 수키와를 얹는다. 수키와 잇기가 끝나면 용마루, 내림마루, 귀마루 등을 만들고 장식기와를 얹어 마감한다. 장식기와는 마루에 얹는 것과 지붕면 끝에 올리는 것이 있다.

마루에 얹는 기와는 용마루에 치미(鴟尾), 취두(鷲頭), 용두(龍頭) 등이 있고, 귀마루와 내림마루에는 잡상(雜像), 수상(獸像), 귀면(鬼面) 등이 사용된다. 처마 끝에는 막새기와가 장식기와로 쓰이는데 이들 무늬의 종류는 다양하며 제작수법도 시대에 따라 약간씩 차이를 보인다.

암키와

수키와

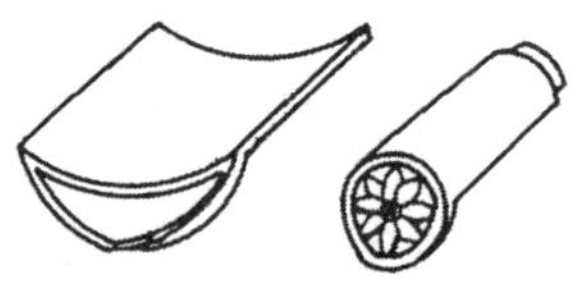
막새

10) 벽체

벽체는 건물 또는 방의 주위에 수직으로 돌려 막은 실체를 말하는 것으로, 재료, 구조, 공법에 따라 여러 종류가 있다. 우리나라의 고건축은 대부분 심벽(心壁: 기둥의 중심부를 흙과 널 등을 쳐서 기둥이 벽면보다 두드러져 보이게 한 것)으로 구성되어 있는데 그중 널을 사용한 벽을 판벽(板壁)이라 한다.

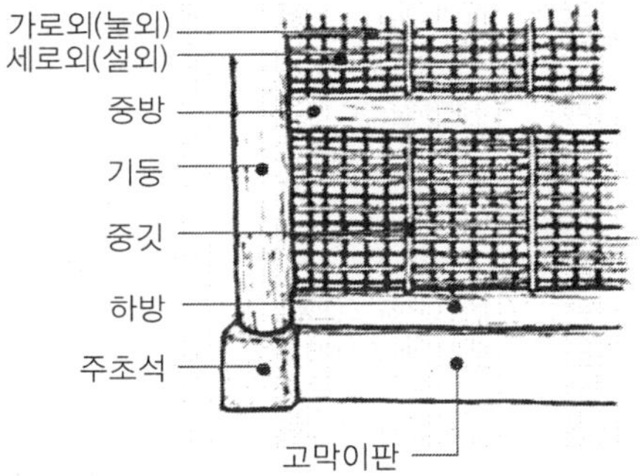

벽체 내부

벽체

11) 바닥

고건축의 바닥은 흙바닥, 전바닥, 온돌바닥, 마루바닥의 네 종류로 구분할 수 있다.

① 흙바닥

흙바닥은 가장 오래된 바닥구조로, 세계 각지의 선사시대 집자리와 우리나라에서 발굴되는 집자리의 내부 바닥도 모두 흙바닥이다. 전통주택에서는 일반적으로 부엌, 봉당, 고방, 헛간 등의 바닥을 흙바닥으로 한다.

② 전바닥

전(塼)바닥은 삼국시대부터 사용된 것으로 궁전의 정전과 묘우, 불사의 중요 전각 및 유교건축의 사당 등 권위를 나타내는 건축에 주로 사용되었다.

③ 마루바닥

고구려의 고분벽화나 기타 자료 등을 통하여 우리나라에서는 일찍부터 마루구조가 사용되었을 것으로 추측되는데, 학자에 따라서는 남방계통(南方系統)의 고상식(高床式)

건축양식으로 보는 견해도 많다. 상류주택에서는 안채와 사랑채를 막론하고 평면의 중요한 위치에 마루가 반드시 배치되어 있으나, 서민주택에서 북쪽으로 갈수록 부수적인 위치로 전락되어 함경도와 평북지방에서는 전혀 사용되지 않는 예들을 많이 볼 수 있다.

한국 고건축에서 가장 널리 사용되고 있는 우물마루는 기둥과 기둥에 장귀틀을 건너지르고 거기에 직각으로 동귀틀을 걸은 사이에 짧고 넓은 널을 끼워댄 것으로, 귀틀마루 또는 고물마루라고도 한다.

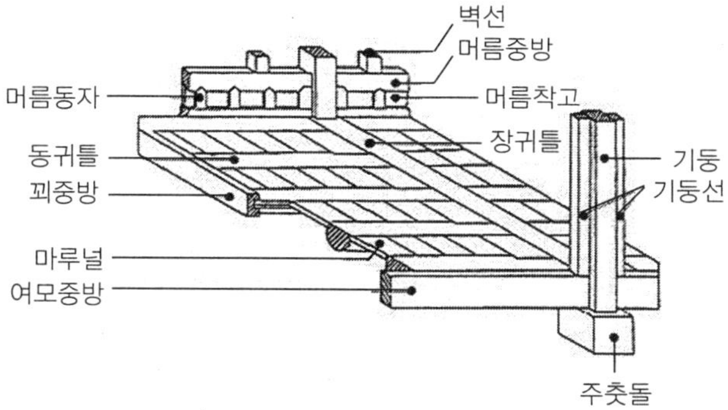

마루구조

④ 온돌바닥

온돌[26]은 열의 전도, 복사, 대류를 이용한 우리나라의 가장 독창적인 바닥구조이다. 온돌은 기원전부터 압록강유역의 추운 북쪽지방에서 원시적인 형태의 온돌구조가 보이는데, 이는 온돌의 기원이 기원전 1세기 이전으로 거슬러 올려볼 수 있는 것으로 판

---

26) 용도에 따라 분리·발전되었던 '로'와 '부뚜막'은 시대의 흐름과 생활의 변화에 따라 또다시 하나로 합쳐지는데, 이것은 청동기시대 이후에 나타나는 '구들고래'의 발생에서 시작된다. 즉 이 시대에는 난방과 취사를 겸한 외줄의 긴 고래를 두고 방안에 있는 고래 끝에서 솥을 걸고 취사를 겸하였고, 한쪽 끝은 방밖으로 연통을 뽑아내어 연기가 방밖으로 빠지게 계획한 것이었다. 이 경우 긴 구들이 一자로 놓이는 경우와 벽을 따라 ㄱ자로 꺾여 놓이는 경우가 있는데, ㄱ자로 꺾여 놓이는 경우가 좀더 발전된 형식으로, 후에 고구려에서 온돌로 발전시켜 사용한 우리나라의 시원형 구들시설이다.
이와 같은 부분 온돌을 사용하다가 이후 아궁이가 방 밖으로 나가고 방 전체를 온돌로 만들게 되었다. 그 시기는 정확히 알 수 없으나 대체로 고려 중기 이후 12세기 말이나 13세기 초부터로 추정된다.

단된다. 그러나 문헌상으로는 7세기경에 처음으로 고구려의 하류 계층에서 초보적 형태의 온돌구조가 사용된 사실이 중국기록에 나타나고 있으며, 그 후 고려시대의 서민 주택에 온돌구조가 널리 일반화된 것으로 생각된다. 상류주택과 왕실에는 조선시대에 들어와서 온돌이 보급된 것으로 생각되며(15세기 말~16세기 초), 제주도에는 조선 후기(18세기 초)에 온돌이 전파된 것으로 보인다.

아궁이에 불을 때면 그 열기로 인해서 음식이 조리되며 경사진 부넘기를 넘은 열과 연기는 아궁이로 바로 가지 않고 개자리에 이른다. 열과 연기는 개자리에서 머물다가 굴뚝을 통해 빠져나가므로 구들은 오랫동안 온기를 유지할 수 있다.

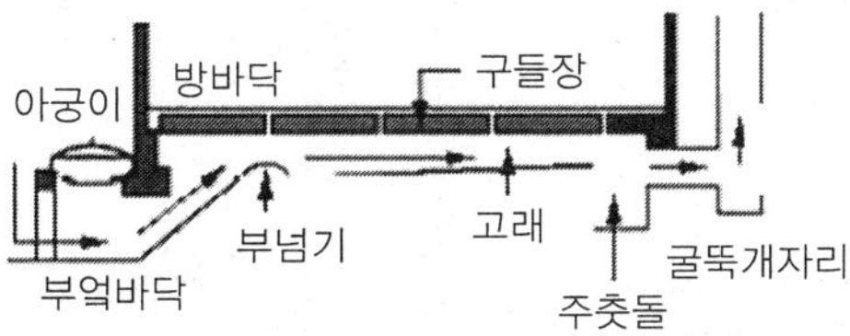

온돌의 구조

12) 창호

창호(窓戶)는 창(窓)과 호(戶)의 복합어로서 고건축에서는 대문을 제외한 모든 창과 문을 창호라 한다.

창호는 여닫는 방법에 따라 여닫이, 미닫이, 들어열개 등으로 구분된다. 그리고 구성 재료에 따라 세살문, 널문 등으로 나뉘며, 또 세살문은 띠살, 정자살, 아자살, 완자살, 용자살, 빗살, 꽃살 등으로 다양하다. 한편, 호지법(糊紙法: 문 바르는 방법)에 따라 명장지(明障子), 맹장지(盲障子), 갑창(匣窓), 도듬문 등으로 분류되는데, 갑창과 도듬문에는 시문(時文)이나 묵화(墨畵)를 그려 넣어 실내의 아름다움을 살리기도 하였다.

아자살

띠살

용자살

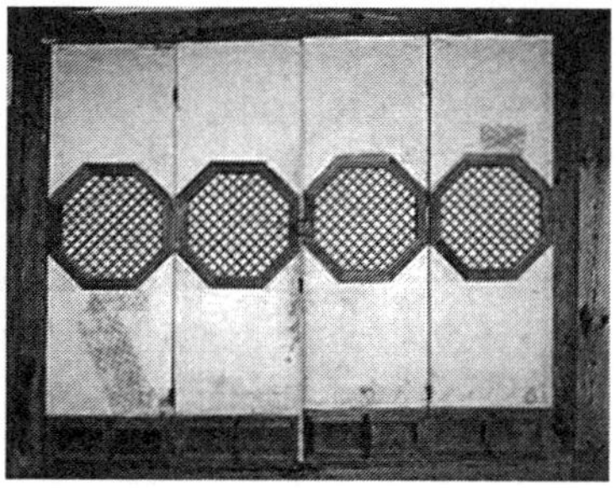

불발기

【창호의 종류】

13) 천장

천장은 건물 내부기둥의 윗부분을 총칭하는 것으로 가구가 드러나는 경우와 감추어지는 경우가 있다. 천장의 종류로는 연등천장, 우물천장, 보개천장, 귀접이천장, 빗천장 등이 있다.

① 연등천장

건물 내부에서 위로 쳐다볼 때 서까래의 바닥면이 보이게 된 천장으로, 제고물반자라고도 한다.

② 우물천장

장귀틀과 동귀틀을 정(井)자형으로 조립하여 그 사이에 천장널을 덮어 구성한 것이다.

③ 보개천장

사찰의 본전(本殿)과 궁전의 정전(正殿) 등에서 볼 수 있는 것으로, 건물내부에서 부처님과 천자(天子)의 공간을 다시 강조하기 위하여 설치한 천장이다.

④ 귀접이천장

주로 4모정・6모정・8모정과 같은 모임지붕의 형식에서 볼 수 있는 것으로, 지붕의 물매를 만들기 위해 귀접이하여 층층이 보와 도리를 45° 각도로 짜 올린 천장이다.

⑤ 빗천장

건물의 내부 언저리와 상부구조를 감추기 위한 것으로 내목도리와 중도리 사이에 시설한다.

연등천장

우물천장

【천장의 종류】

14) 대문

대문(大門)은 건물과 마당에 출입하기 위하여 설치된 큰 문으로 건축물의 종류에 따라 양식을 달리하며, 주택의 경우에는 집주인의 신분계급에 따라 양식을 달리하고 있다.

대문은 크게 평대문과 솟을대문으로 구분할 수 있는데, 평대문은 기와지붕을 한 일반서민주택과 중류주택의 몸채 또는 행랑채에 설치되며 상류주택에서도 주로 안채에 출입하는 중문간채에 주로 설치된다. 솟을대문은 대문이 설치되는 행랑채보다 한 층 높게 지붕을 솟게 한 것인데 이렇게 지붕을 한 층 더 높게 한 것은 종2품 이상의 대감들이 타고 다니던 초헌(軺軒)이라는 외바퀴 수레가 드나들 수 있게 문지방에 홈을 판 것이 있고, 다른 하나는 지붕만 높인 것도 있다.

솟을대문

평대문

【대문의 종류】

02 CHAPTER 주거와 문화

1. 주거문화와 사상
2. 가족과 주거문화
3. 주생활양식과 문화
4. 주거공간 이용과 문화
5. 공동체의 주거문화

2장 주거와 문화

문화(culture)란 한 사회와 집단의 신념이나 인지, 가치나 규범, 관습이나 행동을 말하는데, 이러한 문화는 특정집단 사이에 일치된 방법으로 개념을 형성하며, 전파의 특성을 가진다. 또한 한 사회의 가치나 신념, 행동은 사물이나 물리적인 환경으로 구체화된다. Tylor(1958)는 "사회의 성원으로서 획득한 지식, 신앙, 예술, 도덕, 법률, 풍습 및 기타의 기능, 관습 등을 포함하는 복합적 전체"가 문화라고 정의하였다. 즉 문화란 특정 공동체의 특성을 나타내는 것이다. 라틴어의 *cultura*에서 파생된 문화의 본래의 뜻은 경작, 재배이다. 이와 같이 문화의 사전적 의미는 인류에서만 볼 수 있는 사유, 행동양식 중에서 유전에 의한 것이 아니라 학습에 의해서 소속하는 사회로부터 습득하고 전달받는 것을 가리킨다. 문화에 대한 정의는 문화를 보는 관점, 학자들의 사상 등에 따라 다양하게 정의 내릴 수 있으나 시간을 통하여 학습에 의해 전승하는 생활양식, 생활규범과 생태적응이며, 일련의 인간의 학습된 행동양식이다.

즉 주거의 측면에서 본 문화란 주거의 측면에서 나타난 생활문화의 총칭으로, 주거공간과 관련된 생활양식이다. 주거문화는 어떤 민족, 지역, 사회, 집단에서 공통적인 형태를 가진 주생활의 방법으로써, 그 문화 속에서 자연발생적으로 얻어지는 것이다. 같은 공간이 주어지더라도 그것을 어떻게 사용하느냐는 그 사람이 익혀 온 생활양식에 의해 다르며, 일정 형태를 유지하고 있는 동일 사회의 주거공간은 그 사회에서 장기간에 걸쳐 변화하면서 정착한 것이다. 즉 현재의 주거공간 형태를 형성하게 한 기본이 그 사회의 주거문화인 것이다. 온도, 습도, 바람, 비, 복사량, 일광 등의 기후적 요소나 자원의 유용성, 건축

자재의 개발 등의 기술적 요소는 주거의 수정요소이며, 세계관, 종교, 가족과 사회적 구조 등의 문화적 요소는 주택이나 마을의 형태에 직접적인 영향을 미치는 결정요소로 본다. 즉 주거문화는 여러 관점에 따라 다양하게 분류 · 해석할 수 있으며, 주거의 존재에 직접적인 영향을 미치는 요소이다.

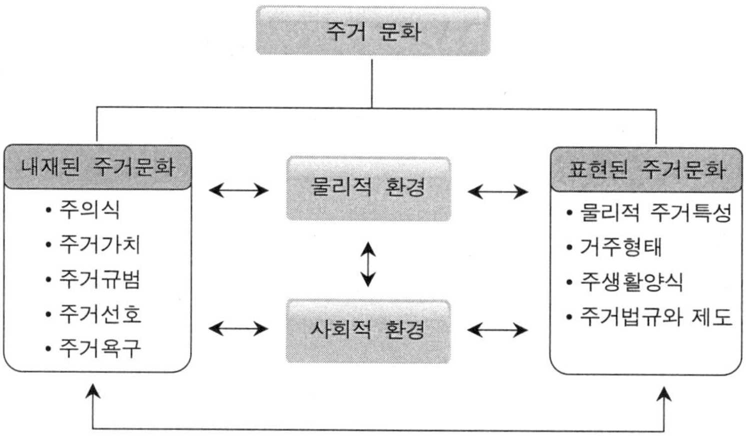

【주거문화와 물리적 환경 및 사회적 환경과의 관계】

출처: 양세화 외(2007). 울산시 거주 가구의 주의식.

여기에서는 주거문화에 관련된 사상, 주거문화를 형성하는 인적 요소인 가족, 주거공간 내에서의 생활로 형성되는 문화를 알아보기 위한 주생활양식과 주거공간 이용, 그리고 보다 넓은 의미에서의 주거문화를 살펴보기 위한 공동체의 주거문화를 살펴보기로 한다.

1 주거문화와 사상

1) 주거문화와 민간신앙

민간신앙은 민간에서 대대로 전승하는 자연적 신앙으로, 오랜 경험을 통해 터득한 자연현상을 극복하기 위한 종교이다. 민간신앙이 우리나라에 등장한 것은 부여, 마한, 예시대에 천신과 귀신을 제사하는 의식이 거행되었다고 전해지며, 삼국사기, 삼국유사, 고려사 등의 사서에도 점복, 무곳, 동신제 등에 관한 기록이 있으므로 삼국시대 이전부터 전승되어 왔음을 알 수 있다.

주거문화와 관련된 민간신앙으로 대표되는 것은 마을신앙[洞神]과 한 집안을 대상으로 하는 가택신(家宅神)에 대한 의례라고 할 수 있다. 마을신앙은 한 지역에서 생활환경이 같은 마을사람들이 그들의 삶을 위협하는 재앙을 멀리하고 마을의 화합과 번창을 기원하는 공동의 믿음행위이다. 대표적인 것이 동제이다. 우리나라 동제의 시초는 국가적 행사였던 제의들, 예를 들어 12월에 하늘에 제사한 부여의 영고(迎鼓), 10월에 제사한 고구려의 동맹(東盟), 예의 무천(舞天) 등으로 볼 수 있다. 불교의식인 연등회와 고려의 국가적 행사인 팔관회(八關會)는 신라 진흥왕 때 시작된 산천제를 계승한 것이며, 이러한 큰 행사를 본받은 마을의 공동체 신앙행위가 동제이다. 동제로서 대표적인

울주군 동제준비

울주군 동제

제의는 서낭신, 산신, 용신, 당산신, 장승 및 솟대 등이다. 대체로 마을 뒷산 산정에 국사당, 산 중턱에 산신당, 동구 옆에 서낭당이나 장승, 솟대가 서 있는 것이 민속신앙의 전형이다.

가택신은 집에 사는 사람을 지켜주는 신으로 집안 밖의 일정 영역에 거처하면서 정해진 역할을 하는데, 주로 가족과 가문으로서의 집을 보호하고 그들의 길흉화복을 관장한다. 가택신은 지역에 따라 그 명칭이 조금씩 차이가 있지만 대청의 성주신을 우두머리로 하여, 안방의 삼신, 부엌의 조왕신, 외양간의 마대지신, 도장의 도장지신, 변소의 측신, 대문의 구틀지신, 마당의 노적지신, 장독대의 장독지신, 우물의 용왕신 등이 있다.

이와 같이 민간신앙에 등장하는 여러 가택신은 특정한 공간이나 건물을 주관하고 있어 아마도 공간이 분화되기 시작한 이후(청동기시대 이후)에 신앙의 대상이 되었을 것으로 보인다. 주택 내의 각 공간과 이를 관장하는 가택신을 함께 살펴보기로 하자.

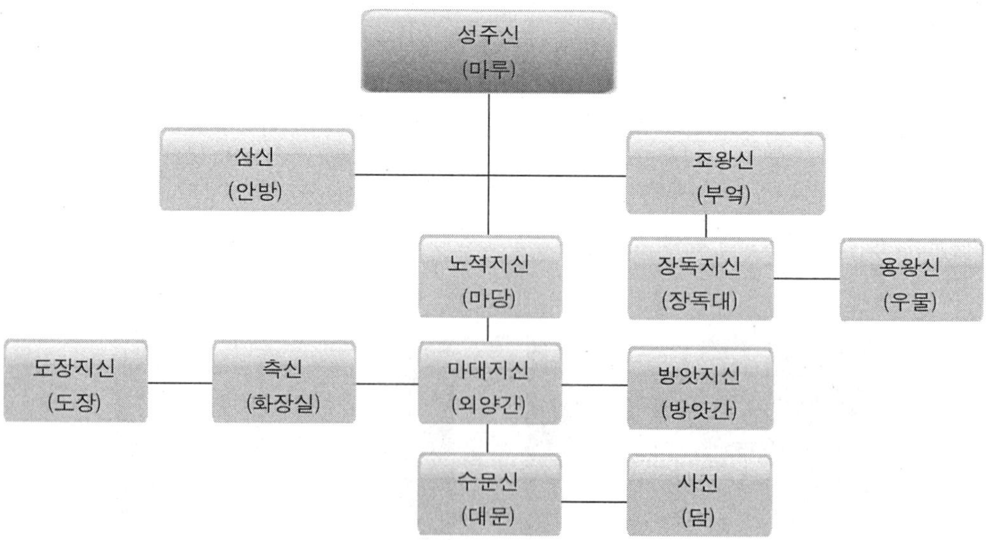

【가택신의 종류】

(1) 성주신과 마루

① 성주신

성주(成主)는 성조(成造) · 성주(城主) · 성주(星主) 등으로 표현되기도 하는데, 가택신 중에서 가장 어른 신으로서 제신(諸神)을 통솔하고 있다. 성주신은 집의 건물 자체를 신체(神体)로 하는 가옥신이다. 따라서 건물의 주요 부재를 성주신의 일부(성주기둥, 성주보, 성주도리 등)라고 보거나, 건물 자체를 성주라고 보며, 성주신의 상징물을 대청 또는 주침실(主寢室)과 같은 건물의 중심에 모신다.

성주를 거는 자리는 가옥의 정중앙인 대들보 위나 밑, 상기둥의 윗부분이며, 신체로는 백지를 오려서 달아 놓거나, 백지(한지)를 접어서 실타래로 묶거나, 백지를 막걸리로 추겨서 반구형(半球形)으로 만들어 붙인다. 직사각형의 한지를 실타래 외에 띠풀로 매기도 한다. 또는 이러한 신체와 함께 대청 한편에는 성주단지나 성주독을 놓기도 하고 성주단지나 성주독만을 신체로 봉안하기도 한다. 때로는 아무 표시를 하지 않는 경우도 있다. 경상도 지방에서는 대부분 대청에서 보아 안방 쪽의 벽기둥에 모신다. 즉 성주를 모시는 곳은 대체로 마루이다.

성주신을 모실 때는 보통 남자 주인이 대주가 되어 성주신과 밀접한 관계를 가지게 된다. 그것은 성주신이 가택신 가운데 대표적인 신이고, 대주도 가족 가운데 대표이기 때문이다. 호주가 세상을 떠나면 성주 신체도 태워서 없애고, 새 호주를 맞아 성

성주단지

주도 새로 만들어 섬긴다. 즉 성주는 그 집의 대주와 운명을 같이한다. 그리고 다른 가신에 대한 제의는 대부분 주부가 주재하지만, 성주신에 대한 제의는 대주가 직접 참석하여 부부가 함께 지내는 경우가 많다.

성주에 대한 신앙은 매우 보편적인데 10월 말일[27]에 제사 지내는 것이 일반적인 관습이다. 이는 삼국시대 이전부터 전해지는 의식으로 보인다. 가을이 되면 농가는 물론이고 도시의 상가와 일반 시민의 가정에서도 떡을 만들어 성주를 제사 지내는데, 성대하게 할 때에는 무당을 불러서 풍악에 맞추어 무가와 더불어 춤추기도 하고 대청에 굿상을 차리고 밤새도록 굿을 하기도 하지만, 대개는 주부나 할머니가 축언(祝言)을 외고 소원을 빌며 떡을 이웃과 나누어 먹는다.

성주신이 임재(臨齋)해 있는 대들보 외에도 사랑채, 안채, 행랑채, 변소, 창고, 헛간 등에 성주가 있어서 건물을 지키는 역할을 하고 있는 것으로 생각하며, "와가(瓦家)에도 성주요, 초가(草家)에도 성주요, 가지막에도 성주라……"고 하는 말에서도 알 수 있

27) 제사가 돌아가신 조상에 대한 추념을 중심으로 하는 의식이라면 고사는 천지신명(천신, 지신, 곡신, 가신)께 액을 막고 복을 비는 의식이라는 점에서 차이가 있다. 또 제사의식이 정통유교의 엄격한 형식을 지키면서 계승되어 온 반면, 고사는 다양한 민간신앙에 바탕을 두어 그 형식이 한층 자유롭고 주술적 성격이 강하다. 최남선은 『조선상식(朝鮮常識)』에서 '고시레·고사·굿'을 같은 어원으로 보고 있다. 비교적 규모가 작은 의례를 '고시레'라 하고, '고사'는 굿의 규모는 아닌 중간 정도의 의례를 말하며, 장구를 울리고 무악(巫樂)을 갖추어 춤을 추는 등 규모가 가장 큰 의례를 '굿'이라고 하였다.
상달고사란 음력 10월에 집안의 안녕을 위하여 가신(家神)들에게 올리는 의례이다. 상달고사는 추수에 대한 감사의 의미가 강하다. 최남선은 『조선상식문답(朝鮮常識問答)』에서 "상달은 10월을 말하며, 이 시기는 일 년 내 농사가 마무리되고 신곡신과(新穀新果)를 수확하여 하늘과 조상께 감사의 예를 올리는 기간이다. 따라서 10월은 풍성한 수확과 더불어 신과 인간이 함께 즐기게 되는 달로서 열두 달 가운데 으뜸가는 달로 생각하여 상달이라 하였다."라고 풀이하고 있다. 이러한 상달에는 예로부터 무수한 종교적 행사가 전승되어 왔다. 고구려 때는 동맹, 예의 무천, 부여는 영고 등 추수감사의 의미를 내포하는 제천의식을 거행하였으며, 고려 때에는 팔관회가 그 맥을 이은 것으로 보이며, 조선시대에는 민가에서 고사 혹은 안택으로 전승되었을 것으로 추측된다. 따라서 상달고사의 유래는 고대 국가행사인 제천의식에서 가정의례로 변모하여 전승되었으리라 짐작된다.
상달고사를 지낼 때는 좋은 날을 가려서 금줄을 치고 황토를 깔아서 집안으로 부정이 들지 않도록 금기를 지킨다. 제물로는 시루떡과 술을 준비하는데, 떡은 떡의 켜를 만든 시루떡과 켜가 없는 백설기를 만든다. 백설기는 산신(産神)인 안방의 제석신에게 바치는 것이다. 제물은 안방을 비롯하여 사랑방, 머슴방, 나락가리, 쌀뒤지, 장광 등 집안의 곳곳에 조금씩 차려 놓는다. 의례는 대개 주부가 담당하는데, 제물을 차린 후 배례를 하고 손을 모아서 빌거나 축원을 하며 기원한다. 기원하는 대상신은 집안의 풍요와 안녕을 지켜준다고 믿는 가신들이다.

듯이 부잣집이든 가난한 집이든 어떤 형태의 집이든지 건물이 있으면 거기에는 꼭 성주가 있다고 생각하였다. 가정집뿐만 아니라 공공건물인 관청이나, 독립 가옥인 신당에도 성주가 있고, 배 안에도 성주가 있다고 생각하였는데 이는 어부에게는 배가 집과 같은 것이기 때문이다.

그러나 하나의 집에는 하나의 성주만 있다고 생각하여, 한집에 주인은 하나로 보고 있다. 예를 들면 부모자식 또는 형제 세대가 한집에 같이 사는 경우에 각 가구마다 성주가 따로 있는 것이 아니고 한 성주의 보호 아래 모든 사람들이 사는 것으로 생각하는 것이다. 그러나 이들 가족이 집을 따로 마련해서 독립된 주택을 가지는 경우나 분가해서 따로 독립된 집을 마련하면 그 집의 성주를 별도로 모실 수 있다. 또 주인집에서는 성주를 모시지 않는데 세 든 사람만이 단독으로 성주를 모시는 경우는 주인집과 세 든 사람은 조상이 다르므로 한집에 살아도 다른 집으로 간주되기 때문으로, 그 성주는 주인집과는 관계가 없는 성주이고 세 든 사람만 도와주는 성주가 된다.

일반적인 제사 이외에도 주로 신축, 이사, 분가 등으로 집을 새로 마련하였을 때 성주신에 대한 의례가 치러지며, 집을 짓는 행위를 성주한다고도 한다. 성주신에게 어려움을 고하는 과정은 제사를 드리는 형태로 진행되며 비는 행위와 굿판이 벌어지는데, 이를 '성주풀이'[28] 또는 '성주풀이 굿', 줄여서 '성주굿'이라 한다. 경상도 등지에서는 집주인의 나이가 37세, 43세, 47세 등, 3과 7의 수가 되는 해 10월에 좋은 날을 가려 성주받이를 행한다. 그리고 성주를 모신 집에서는 성주를 모신 날(성주 생일)이나 정

28) 성주풀이란 성주신에게 지내는 제사인 성주받이 때 부르는 노래이다. 사람은 누구나 근본이 있듯이 성주신을 모시려면 그가 누구인지 알아야 한다. 그래서 하늘과 땅, 신과 인간의 뜻을 이어 전해 주는 존재인 무당이 성주란 어떤 신인가 그 내력을 사람들에게 들려주게 된다. 이렇게 무당이 성주의 본을 풀어 주는 것이 성주풀이인 것이다. 예를 들어 집주인 김 아무개는 어느 땅에서 어떻게 살아왔으며, 그렇게 살다가 여기 와 살게 되었다고 집주인의 살아온 내력을 이야기하면서 그의 근본을 대략 설명하는 것이다. 이 성주풀이는 무가뿐 아니라 민요로 변하여 정착한 것도 있으며, 그 내용 또한 지방마다 조금씩 다르다. 그러나 대체로 성주풀이의 줄거리는 성주신이 생긴 내력이나, 집을 짓는 과정과 그에 대한 정성과 기원을 이야기하는 것이다. 흔히 성주의 근본은 안동이라고 한다. 그 이유는 안동의 제비원이라는 곳에 제비가 솔씨를 물어다 주어, 그 솔씨를 성주가 던져 소나무를 자라게 하였고, 후에 성주가 그 소나무로 집을 지어, 집 짓는 법을 마련하였기 때문에 성주신이 되었다고 생각하기 때문이다.

월, 또는 시월상달에 성주상을 차리며, 성주대접이라 하여 설날과 추석에 차례상과 함께 성주상을 차리기도 한다. 이때 집안의 평안, 농사의 풍년을 기원하며 가족의 무병장수를 빌게 된다.

성주신 중에서도 특별히 집주인의 운명을 다스리는 신이 제석신(帝釋神)이다. 신체로 정한 단지 안에 쌀 또는 콩을 1되 3홉과 옷감 7척을 넣고 다락이나 창고 안에 모셔둔다. 평소에는 손대지 않고, 매년 음력 2월 1일[29]에 집 안팎을 대청소한 다음 새 곡식으로 갈아 넣는다. 이렇게 하면 주인의 운세가 길하고 만사가 뜻대로 되며 번창할 것으로 믿었다.

② 성주신이 관장하는 마루

마루는 지역이나 계층에 따라 대청(중부 지방), 안청(동부 영남지방), 마래(남부 호남지방), 안마루(북부 영남지방, 강원도) 등으로 불리기도 한다. 이 공간은 명칭으로도 알 수 있듯이 기능에 있어서 차이가 있다. 마래, 안청, 마루 등이 벽과 문으로 구획되는 데 비해 대청은 마당과 방을 연결하는 전이공간(轉移空間)이며 제사를 비롯한 의례가 행해지는 곳이다. 안청, 안마루 등은 주로 곡물을 수장하는 도장의 역할을 하며 동선을 연결하는 데 사용되지 않는다. 안마루는 주로 집중형 주거에서 나타나고 있는데, 봉당과 각 방을 연결하는 전이공간이면서 여름철에 취침과 식사가 이루어지기도 한다. 마루는 주로 여름철에 유용한 생활장소로 곡물의 수장공간이다. 남부 지방의 안청, 청방, 마래, 제주도의 고팡은 대부분 마루널이 깔린 공간으로 주로 곡물수장 용도로 사용된다. 또한 상류주택의 대청은 제사나 혼례, 접객 등 의례적 행위에 주로 사용된다. 즉 마루는 상류주택에서는 의례행위 공간으로, 서민주택에서는 소중한 재산인 곡물을 보관하는 공간으로 사용하면서 계층에 관계없이 중요하며 신성한 공간으로 인식되고 있다.

---

29) 음력 2월 1일은 농사철의 시작을 기념하는 날로 중화절, 노비일, 일꾼날 등으로 불리며, 경상도 지방에서는 성인식을 의미하기도 한다. 20세 되는 청년들은 이날 동네 어른과 일꾼에게 술과 음식으로 한턱내고 비로소 성인취급을 받고 그해부터 어른들과 같이 품앗이를 할 수 있게 된다.

표 2-1 마루의 구분

명칭	특징 및 기능
마루	• 전국적으로 사용하는 명칭 • 벽과 문으로 구획 • 여름철 생활공간
대청	• 중부 지방에서 사용하는 명칭 • 전면 또는 사방이 트임 • 마당과 방을 연결하는 전이공간 • 제사 등을 지내는 의례공간
안마루	• 북부 영남 지방, 강원도 지방에서 사용하는 명칭 • 집중형 주거에서 나타남 • 봉당과 각 방을 연결하는 전이공간 • 곡물을 수장하는 도장의 역할 • 동선연결에는 사용하지 않음 • 여름에는 취침과 식사를 하기도 함
안청	• 동부 영남 지방에서 사용하는 명칭 • 벽과 문으로 구획 • 마루널이 깔려 있음 • 곡물을 수장하는 도장의 역할 • 동선연결에는 사용하지 않음
청방	• 남부 지방에서 사용하는 명칭 • 마루널이 깔려 있음 • 곡물수장 공간
마래	• 남부 호남 지방에서 사용하는 명칭 • 마루널이 깔려 있음 • 벽과 문으로 구획
고팡	• 제주도 지방에서 사용하는 명칭 • 마루널이 깔려 있음 • 곡물수장 공간
툇마루	• 툇기둥이 나와 있어야 형성되며 툇기둥과 안기둥 사이에 놓이는 폭이 좁은 마루 • 처마 안쪽에 위치하여 실내에 속함
쪽마루와 뜰마루	• 쪽마루와 뜰마루가 놓이는 위치는 같다 • 마루가 기둥에 끼게 되어 고정된 것이 쪽마루 • 기둥에 고정됨 없이 이동이 자유로운 것이 뜰마루

마루의 어원[30]을 보면 그 신성성(神聖性)을 잘 알 수 있다. 원래 신성한 장소를 의미하던 마루는 종(宗), 곧 조상이나 신령을 지칭하는 의미로 사용되다가 다시 산마루처럼 맞닿는 정상의 뜻으로 분화해 갔다. 또한 옛날에는 관청을 마루라고 불렀는데, 이는 신성한 장소에서 제정(祭政)을 베풀었기 때문이다. 고대 신라의 임금을 마립간이라 불렀던 것은 마루에서 제정을 주관했기 때문에 마루에서 전화한 것으로 고증되고 있다. 또 용마루 등에서 알 수 있듯이 마루는 높다는 의미를 가지고 있다. 한반도의 북방지역에는 주거내부에 '말루(malu)' 또는 '마로(maro)'라고 부르는 장소가 있는 경우가 있는데 이러한 장소는 위계가 높은 장소로서 여성이 접근할 수 없는 신성한 공간이라고 한다.

즉 주거공간 중에서 마루를 가장 신성한 공간으로 생각하여 가택신 중 가장 중요한 성주신을 그곳에 모시는 것으로 보인다. 그러나 마루가 없는 주택에서는 안방이나 중앙에 위치한 방에 성주가 자리한다. 다른 가택신이 고유영역을 가지는 것과는 달리 성주신은 집 전체를 통괄하는 신으로 주택에서 가장 신성한 곳이나 중심이 되는 공간에 거처한다.

마루의 발생에 대해서는 자연발생설, 남방기원설, 북방기원설 등이 있다. 조원석(1997)의 연구에 따르면, 조선조 가사규제 변화를 통하여 고찰하여 보면 대략 15세기경부터 판자를 깐 오늘날과 같은 대청마루가 형성되기 시작하여, 16세기경 이전에 이미 주거 내부공간의 일부로 정착했다고 볼 수 있다.

이렇게 전통주택에서 중요한 의미와 역할을 한 마루는 현대주택에서 그 의미가 많

30) 마루의 어원에 대해 최남선은 머리, 앞, 시초[首]를 의미하는 【MA-RI】가 산꼭대기 또는 지상(至上)을 의미하는 【MA-RU(宗)】 등으로 된다고 지적하였다.
양주동은 【MAL, MA-RI, MA-AL】은 머리, 맨 앞, 시초, 우두머리를 뜻하는 두(頭), 상관(上官)의 훈이고, 【MA-RI】는 마루, 일의 근원, 근본을 뜻하는 종(宗)의 훈이며, 【MA-RO, MA-RU】는 관청, 마을, 대청, 마루, 건물을 뜻하는 청(廳), 다락, 다락집, 망루를 뜻하는 루(樓), 재, 산봉우리, 연산을 뜻하는 령(嶺)의 훈이며, 【MO-RO】는 산(山)의 고어지만, 전체적으로는 머리[頭], 위, 하늘, 임금[上]을 의미한다고 지적하고 있다.

단일레벨의 바닥구조에서 중층적 레벨의 바닥구조로 변용된 시기인 공존기

- 12세기 이전에는 상류계층 및 서민계층의 주택내부에서는 공통적으로 흙 또는 회바닥 바탕 위에 자리를 깔아 신발을 벗고 생활하였다.
- 상류계층 주택내부에서는 자리 위에 좌탑 등의 실내가구를 놓고 그 위에서 무릎을 꿇고 생활하는 좌식생활을 영위해 온 반면, 서민계층 주택에서는 배연 및 축열난방, 취사 등의 목적으로 성립된 온돌이 12세기경 이전에 기거용 바닥[土榻]으로 변용되어, 단일레벨의 바닥구조에서 토탑과 자리를 깐 바닥에서 앉아 생활하는 생활양식으로 바뀌어 왔다.
- 즉 12세기경까지는 주택내부의 바닥이 단일레벨에서 바탕레벨과 그 위의 탑(榻) 또는 상(床), 토탑(土榻)이라는 중층적인 구조로 변용된 시기이다.

⬇

마루와 온돌이라는 이질적 요소가 단일레벨의 바닥구조로 융합된 시기인 융합기

- 15세기 이전에는 상류계층이 서민계층 주거에서 발달된 온돌을 단위공간의 바닥난방 전용시스템으로 주거에 도입하여 온돌방이 성립된 결과, 이전 탑 또는 상을 중심으로 생활한 상류계층 주거의 의전(儀典)적 공간 바닥이 판자를 깐 마루[大廳]라는 바닥구조로 변용되어, 온돌과 마루라는 이질적 요소가 단일 레벨의 바닥구조로 융합된 시기이다.
- 특히 상류계층 주거에 도입된 초기 온돌은 난방전용이었으나, 점차 취사기능이 부활되어 왔다.

⬇

융합된 형태가 서민주거로 보급된 시기인 보급기

- 15세기 이후에 남녀유별(男女有別), 장유유서(長幼有序) 등의 유교적 가치관에 바탕을 둔 상류계층 거주양식을 서민계층에게 강요함으로써 서민계층 주거에 온돌방이 성립되어 주거내부가 단일레벨의 바닥구조로 변용된 시기이나, 지역에 따라 온돌방의 성립시기는 다르다.
- 마루는 지역의 기후적 특성 또는 개인의 경제적 형편에 따라 선별적으로 수용되어 정착되어 왔다.

【우리나라 전통주택 내부의 바닥구조 변용과정】

이 퇴색되었다. 특히 아파트에서는 마루라고 지칭되는 공간이 사라졌으며, 단독주택에서도 거실의 역할을 하는 마루가 남아 있을 뿐이다. 이는 마루의 성립 배경과 관련이 있는 것으로 보인다. 즉 주생활 속에서 좌식생활과 입식생활의 혼용이 자연스럽게 이루어지고 있어 기거양식의 변화에 따른 불편을 느끼지 못하며, 주거공간 사용에 있어 신분, 성 등에 의한 차별이 거의 사라졌기 때문에 마루의 기능이 약화되었다고 생각된다. 또한 설비기술의 발달로 바닥난방에만 의존하지 않고 있으므로 마루공간이 현대 주택에서 위치하는 의미가 작아졌다고 생각된다.

전통주택의 마루

(2) 조왕신과 부엌

① 조왕신

부엌의 부뚜막 신인 조왕신(竈王神)은 아직도 그 잔재가 많이 남아 있는 가택신 중의 하나이다. 조왕신은 여신(女神)으로 조왕각씨, 조왕할망, 조왕대감, 부뚜막신 등으로 불린다. 조왕은 아궁이를 맡아 불을 주관하는 신으로 그 역할은 주로 풍부한 식량의 공급, 좋은 취사도구의 설비, 왕성한 화력 공급 등으로 볼 수 있다. 아궁이에 불을 땐다는 것은 밥을 짓고 난방을 할 수 있는 경제력을 나타내는 것이므로 조왕은 재산신이기도 하다. 또한 조왕신은 이사를 갈 때 불을 꺼뜨리지 않고 가지고 가는 풍습이나, 이사 간 집에 성냥을 가지고 가는 풍습처럼 불을 신성시하며 숭배하던 신앙에서 유래된 것이라 할 수 있을 것이다. 조왕신에게 물을 바치는 것은 부엌에서 물과 불을 동시에 다루기 때문이라고 생각된다. 또한 부엌은 물과 불을 다루는 곳이므로 정화하는 힘도 있다고 믿는다. 그리고 가족의 무사태평을 빌 때 정화수를 길러 놓고 비는데 이도 조왕신에게 비는 것이다. 어린 나이의 자식은 삼신이 돌보아 주고 장성한 자식은 조왕신이 돌보아 준다고 생각하고, 군에 간 아들이나 객지에 돈 벌러 간 아들의 안녕(安寧)

을 기원할 때는 조왕신에게 기도를 드린다. 터가 센 집은 까만 정화수 그릇을 쓰고 터가 순한 집은 흰색의 정화수 그릇을 쓰는 등 집의 운세에 따라 조왕신을 모시는 방법이 다르다. 조왕신의 풍습은 우리나라 전역에 퍼져 있으나, 남부와 충청도에서 비교적 잘 발달하였다.

조왕신의 신체는 부뚜막 뒷벽 한가운데의 작은 턱에 올려놓은 그릇에 담긴 물이다. 주부는 날마다 새벽에 우물에서 길어 온 깨끗한 물을 올리고 그날 하루 가족 모두의 안녕과 행복을 빈다. 새벽에 남보다 먼저 물을 길어 와서 조왕을 모시면 집안 운세가 좋다고 하였다. 이는 물을 일찍 길어 오기 위해서는 주부가 부지런하여야 하므로 부지런한 주부가 있는 가정은 부유해진다는 것을 일깨워 주는 것이라고 생각할 수 있다. 또는 작은 오지 뚝배기에 물을 담아 솥의 뒤쪽에 두거나 부적을 붙일 때도 있다. 물이 아닌 다른 물체를 신체로 삼는 경우도 많은데, 경기도에서는 부엌 선반에 삼베 조각을 담은 바가지를 얹어 두거나, 한쪽 벽에 백지나 헝겊 조각을 붙여 놓고 조왕으로 섬긴다. 또 강원도에서는 방석 모양으로 접은 종이와 함께 명태를 걸어 두며 쌀을 담은 작은 단지를 솥 뒤에 놓는다. 강원도 화전민 촌에서는 부뚜막에 불씨를 보호하는 곳을 만들어 두는데, 이곳을 '화투' 또는 '화티'라 부르며 여기에 불을 꺼뜨리지 않도록 하는 습관이 있다.

조왕신을 모시는 모습

출처: 신영훈(1986). 한국의 살림집.

조왕은 음력 12월 23일에 승천하여 1년 동안 주인집에서 있었던 크고 작은 일들을 옥황상제께 낱낱이 보고하고 설날 새벽에 지상에 내려와 제자리로 돌아간다고[31] 한다. 그래서 1년 동안 나쁜 일을 많이 한 사람은 조왕이 옥황상제께 그 사실을 보고하지 못하도록 조왕이 승천하는 전날 밤에 아궁이에 엿을 많이 발라 둔다. 이는 중국의 설화에서 유래되었는데, 아궁이는 출입문이면서 입을 상징하는 곳이기 때문에 입에 엿을 많이 발라 두면 입이 잘 열리지가 않아서 옥황상제 앞에서 말을 하지 못하도록 하기 위한 수단이다.

아궁이나 부뚜막은 불을 담는 시설인데, 불은 식품 조리, 채광, 난방에 사용되고, 정화력(淨化力)을 갖는 종교적 상징체로서 숭배의 대상이 되기도 한다. 선사시대의 움집에서 화덕자리가 집의 중심에 위치한 것은 불을 중심으로 원초적인 주거생활이 이루어졌음을 시사하는 것으로, 입택의례에서 무엇보다도 먼저 불씨가 안치되는 것을 볼 때도 불은 주거생활이 시작되고 유지되는 필수적 요건으로 여겨져 왔다. 즉 불은 조리나 채광, 난방 등 기능적 측면만이 아니라 종교적 상징성도 가지고 있기 때문에 불을 담는 부뚜막도 신성하게 여겼다. 특히 주부들은 부뚜막을 주택 내에서 가장 신성한 곳으로 여기며, 부뚜막의 청결 정도가 그 집 주부의 부지런함을 보는 잣대였다. 따라서 부뚜막에 걸터앉거나 올라앉는 것을 대단히 꺼리고, 평소에도 조왕신의 심기를 건드리지 않기 위해 솥뚜껑을 열고 닫을 때 소리가 나지 않도록 조심한다. 또한 함부로 아궁이를 수리하지 않으며, 아궁이에서 자극성 있는 악취가 나는 것을 금기하고 있는데, 이는 아궁이에서 악취가 나면 조왕의 노여움을 사서 가난해진다고 믿었기 때문이다.

부엌에서는 불을 다루므로 화재 예방에도 각별한 주의를 하였다. 그 중 하나가 부엌 문지방이나 부뚜막에 바다 해(海)자나 물 수(水)자를 쓴 종이를 거꾸로 붙이는 방법이다. 이는 물이 위에서 쏟아지는 형상이므로 만약 불이 나더라도 바로 불을 끌 수 있다고 여긴 것이다. 그리고 부엌 바닥은 평평하지 않고 우툴두툴해야 먹을 복이 많다

31) 조왕은 섣달 그믐날 승천한다는 설도 있고, 그믐날 밤에 다시 제자리로 돌아온다는 설도 있다.

고 여겨, 부엌 바닥에 어린아이 주먹 크기의 단단하게 굳어진 흙덩어리를 촘촘하게 깔고 이사 때 이것까지 거두어 가는 집도 있다.

② 조왕신이 관장하는 부엌

조왕신의 거처인 부엌은 정지라고도 한다. 영남지방에서는 아궁이, 또는 부뚜막을 지칭하여 부엌이라고 하고, 부엌을 포함하는 공간은 정지라고 부르고 있다. 부뚜막이 있는 부엌과 취침공간으로 사용되는 방은 칸막이로 구획되지 않은 채 오랫동안 하나의 공간으로 존재해 왔다. 일부 지역에서는 오늘날까지도 부엌 안에 취침공간을 두는 있는데, 북부지역의 겹집에서 볼 수 있는 정주간[32]의 모습은 벽체로 구획되기 이전의 부엌과 방의 관계를 잘 보여주고 있다.

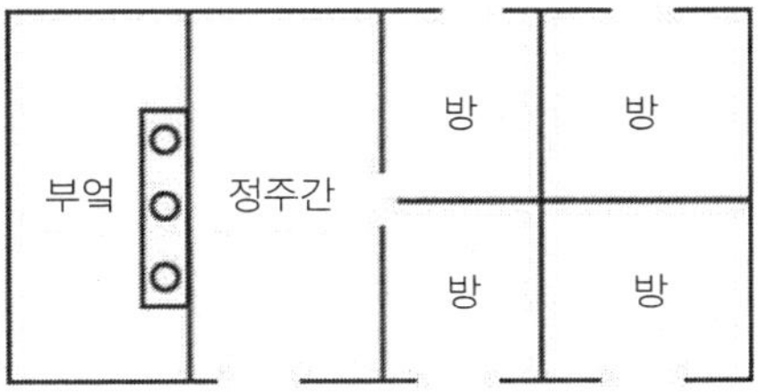

정주간

정지는 주로 먹을 것과 관련되어 있는 공간이다. 먹을 것이 풍부하게 지속적으로 공급된다는 것은 생존과 관련된 복으로 여겨졌다. 부엌을 지칭하는 조(竈)는 먹을 것이 있는 곳을 표현하는 것으로, 반드시 풍수로부터 그 위치를 지정 받아야 하는 중요한 곳이다. 또한 『산림경제(山林經濟)』[33]에서는 아궁이를 만드는 데 좋은 날을 기술하

32) 정주간은 함경도에 분포하는 겹집의 내부 구조에서 부엌과 田자형 방 사이에 있는 다용도로 쓰이는 공간이다. 정주간과 부엌 사이에는 벽이 없으므로 부엌의 취사용 열기로 난방이 되기 때문에 식당, 응접실 등 다용도로 활용된다.

33) 홍만선(洪萬選, 1642~1715)의 『산림경제』는 전원생활에서의 보건위생과 경제와 정서생활을 위한 전문적인 지식을 수록한 책으로서 박물지(博物志)의 성격을 띠고 있다. 특히 조선 전반에 걸쳐 사농공상(士

고 있어 아궁이를 만드는 날을 특별히 받을 정도로 정지 안에서 아궁이는 중요하게 인식되었다.

정지는 취사, 난방, 조리와 관련된 행위가 이루어지는 공간이며, 이러한 행위를 통틀어 부엌살림이라고 한다. 부엌살림은 여성에게 맡겨진 행위이므로 남성이 부엌에 출입하는 것이 금지되기도 한다. 부엌을 여성의 공간으로 인식하는 태도는 방위의 개념에서도 보이고 있다. 동쪽은 남성을 상징하고 서쪽은 여성을 상징하고 있어 주거영역 또한 동쪽의 남성영역과 서쪽의 여성영역으로 구분되기도 한다. 창덕궁 대조전(大造殿)에는 대청을 중심으로 좌우에 큰방이 딸려 있는데, 임금의 방을 동쪽에 배치하여 이를 '동온돌'이라 하였으며, 서쪽의 왕비의 방을 '서온돌'이라 불렀다. 『삼국지 위지 동이전 변진조』에는 "집에 부엌을 설치하는데 대부분 집의 서쪽에 시설된다"는 기록이 있다. 이로써 이미 상고시대부터 부엌[34]의 위치가 특정한 방위, 즉 서쪽으로 결정되었음을 알 수 있다. 그리고 부엌을 서쪽에 두는 또 다른 이유는 서쪽에 부엌을 두면 밥을 풀 때 주걱을 자연히 집안 쪽을 향하게 되는데, 주걱질을 집안 쪽으로 하면 복을 불러들인다고 여겼기 때문이다.

그러나 현대주택을 계획할 때 서쪽은 부엌의 위치로 가장 나쁘다고 생각한다. 부엌은 작업시간, 작업의 능률과 위생적인 측면인 실의 건조, 소독, 채광, 환기를 고려할 때 남쪽이 좋으나 남쪽에는 거실, 침실, 아동실 등이 개실이나 공동공간이 주로 배치되므로 일반적으로 동쪽이나 동북쪽에 위치하며, 여름철 오후에 강한 일사(日射)를 받

農工商)이라 하여 경제 면을 경시하여 왔던 시대에 농가(農家)를 위한 경제서가 나왔음은 중요한 의미를 지니고 있다.

이 4권 4책을 1767년(영조 43)에 유중임(柳重臨)이 16권 12책으로 증보(『증보산림경제』)하였다. 1책, 권1이 복거(卜居)편이다. 복거는 32항목으로 되어 있는데, 집의 위치와 택지의 조건 및 환경 등에 대한 논의, 풍수설과 도참사상에 많은 근거를 두고 있다.

34) 우리나라에서 부엌이라는 말이 처음 나타난 문헌은 1481년에 나온 『두시언해』 초간본으로 여기에는 '브억(ㆆ)'으로 표기되어 있다. 이 말은 1632년에 발간된 중간본에서 '브쉭'으로 바뀌었고 이보다 60년쯤 뒤에 나온 1690년의 『역어유해』에서는 '부억'이 되었다. 따라서 브억(ㆆ) → 브쉭 → 부얶 → 부엌으로 변화한 것으로 보인다.

는 서쪽은 음식물 부패의 우려가 있으므로 부엌의 위치로는 반드시 피해야 하는 위치이다. 이는 주택계획에서 정신적 의미를 강조하느냐, 실용성과 환경을 강조하느냐에 따라 바람직하게 여기는 방위가 전혀 다를 수 있음을 보여주는 것이다.

전통한옥의 부엌은 바닥을 방바닥보다 75~90cm 정도 낮게 하여 아궁이에서 땐 불길을 방고래로 빨아들이도록 하였다. 부엌에는 2~4개의 아궁이가 있으며 불을 때는 아궁이 위 부뚜막에 솥을 걸어 두었다. 부엌은 주택의 규모에 따라 안방과 건넌방에 각각 위치하는데 안방과 접한 부엌이 주된 조리공간이며 건넌방에 붙은 부엌은 물을 데우는 데 쓰이는 등 보조적인 공간으로 이용되었다. 이 외 제사나 잔치 등 많은 인원을 위한 식사준비를 할 때에는 방과 별도로 떨어져 있는 한데부엌을 이용하고, 난방이 필요한 방을 위해서는 아궁이만 설치하였다.

주택설비가 발달하면서 현대주택에서는 취사와 난방을 분리하게 된다. 따라서 부엌은 반드시 방과 붙어 있어야 할 필요가 없어지고, 부엌 바닥도 방과 같은 높이가 된다. 그리고 주택에서 작업공간의 대표적인 공간으로서 부엌공간은 효율성이 강조된 계획을 하게 되면서 규모나 위치의 선정에 제한을 두지 않게 되고, 적극적으로 입식 부엌가구를 도입하게 되었다.

안악 3호분 부엌

전통주택의 부엌

부엌의 태동기인 구석기시대

- 구석기시대에는 주택 내에 독립된 부엌은 없었으며, 부엌의 역할을 한 불자리[爐]만 있었다.
- 부엌의 기능을 한 불자리는 깊이 약 20cm, 지름 50cm 정도로 바닥을 우묵하게 파낸 자리에 냇돌을 둥글게 둘러놓고 불이 번져 나가지 않도록 다른 돌이나 진흙을 낮게 쌓아 놓은 형태였다.

⬇

원시부엌의 형성기인 신석기시대

- 신석기시대에는 기능이 완전히 분화되지 못한 원초적 형태의 노가 생겨났다.
- 이때는 속이 깊은 단지를 묻어서 화덕으로 이용하였는데, 이것은 불을 일으키거나 불씨나 숯 등을 모아 두는 데에도 큰 도움이 되었을 것으로 보인다.

⬇

부엌영역의 형성기인 청동기시대

- 청동기시대에는 취사기능이 분화되어 거주영역과는 별도의 부엌영역이 생겨났다.

⬇

부엌영역의 확대기인 철기시대

- 철기시대에는 부엌의 부속공간으로 저장시설이 생겨나는 등 부엌영역이 확장되었다.
- 청동기시대와 초기 철기시대에 이르러 집의 평면이 원형에서 네모 내지 긴 네모꼴로 바뀌었고, 부엌은 한가운데에서 벽 쪽으로 이동하였다. 따라서 이 무렵에 부엌의 기능이 난방을 위한 중앙의 화덕과 조리를 위한 벽 쪽의 부뚜막으로 나누어진 것으로 보인다.
- 부뚜막의 연기는 벽에 쌓아 올린 진흙 굴을 통해 밖으로 내보냈는데, 근래까지 강원도 산간지대 가옥에 남아 있던 고콜(고콜은 순수한 우리말로 두메에서 밤에 불을 켤 때 불붙은 관솔을 올려놓기 위해 벽에 뚫어 놓은 구멍을 말한다)이 바로 그것이다.

⬇

부엌영역의 독립기인 삼국시대와 통일신라시대

- 삼국시대에는 부엌이 독립된 채로 분리되어 부엌영역으로서 거의 완전한 모양을 갖추게 되었다.
- 이러한 독채 부엌은 조선시대까지 이어져 내려왔는데 창덕궁 연경당의 '반빗간'이 대표적이다.

⬇

전통형 부엌의 발달기인 고려시대

- 고려시대에는 전통부엌의 전형인 취사와 난방 겸용의 부뚜막이 형성되기 시작하였다.

⬇

전통형 부엌의 완성기인 조선시대
• 조선시대에는 상류주택의 경우, 부엌이 두 곳에 있는 경우가 많은데 하나는 조리를 하는 주된 부엌이고 다른 하나는 방에 불을 때기 위한 아궁이의 성격이 강한 부엌이다. 안방 쪽에 부뚜막을 만들고 부뚜막 위 마당 쪽으로 살창을 달아 환기를 한다. 부엌 옆은 찬간으로 여기에 식탁을 두고 찬장을 놓아 반찬을 보관하며, 소반은 벽에 걸거나 선반에 매단다. 부엌바닥은 흙바닥이고 찬간은 마루나 온돌로 되어 있다. • 조선시대 서민주택의 부엌은 안방에 연속되어 있는데 바닥은 흙바닥이고 벽은 회반죽마감이다. 천장은 부뚜막 상부가 다락이고 나머지 부분은 연등천장이다. 부뚜막은 안방 쪽으로 있고 부뚜막 반대편에 선반을 매어 식기류를 얹어 둔다.

⬇

입식부엌의 보급기인 1970년대
• 1970년대 이후 아파트가 본격적으로 보급되면서 서구형의 입식부엌이 주택에 등장하였다.

【부엌의 발전과정】

(3) 삼신과 안방

① 삼신

삼신[35]은 '삼기는(生의 고어) 신', 즉 생(生)을 관장하는 신으로, 아기를 낳게 해 주고 키워 주는 신으로서 산아와 산모를 돌봐주고 성장하도록 도와주며 자손을 번성시키는 역할을 하는 것으로 믿었다. 조상신이라고 알려져 있는 산신(産神)은 조상할매, 제석, 삼신할머니, 삼승할망, 세준할머니, 지앙(전라도지역), 세존할매(경상도와 강원도 일부 지역) 등으로 불린다. 삼신은 일반적으로 '삼신할머니'로 통칭되고 있으며, 삼신할머니 한 분만을, 때로는 삼신할머니와 삼신할아버지 두 분 모두를 지칭하기도 하고, 환인·환웅·단군의 세 신을 지칭한다는 설도 있다.

수태와 출산, 육아는 여성 고유의 필수적인 역할인데, 이러한 어머니의 능력을 보호

35) 삼신은 산신(産神)이 삼신으로 음운이 변화하였다는 설도 있다. 그러나 태(胎)의 우리말이 '삼'이며 여기서 파생된 '삼기다(生)'로부터 유래했다는 설이 가장 유력하다.

하는 여성 신으로 삼신을 모시고 있다. 삼신은 그 가계의 여자조상이 좌정(坐定)한 것이라고 믿기도 한다. 이 경우 대개 작고하신 시어머니 혹은 바로 윗대 할머니가 삼신으로 모셔진다. 만일 시어머니가 삼신일 경우, 이를 모셨던 며느리가 작고하면 먼저 모셨던 삼신(시어머니)은 나가고 작고한 며느리가 삼신으로 좌정하게 된다. 삼신은 보통 장손에게로 이어지지만 간혹 차남이 삼신을 모시는 경우가 있는데, 이는 대체로 현몽(現夢)에 의해서 삼신을 모시는 경우이다.

삼신은 임신한 부인이 거처하는 방에 좌정하고, 임신했을 때부터 아이가 일곱 살이 될 때까지의 생활을 관장하는 것으로 생각하였다. 먼저 수태하기 위해서는 삼신께 빌어야 한다. 삼신이 아기를 점지하고 잉태시켜 준다고 믿기 때문이다. 임신한 부인이 출산할 기미가 있으면 쌀과 미역, 또는 물을 삼신 앞에 놓고 안산(安産)을 기원한다. 해산 때에는 아기의 안전한 탄생을 빌며 삼신할멈을 위한 삼신상[36]을 차려 놓는다. 며느리의 삼신상은 방 안쪽에 차리고, 출가한 딸이 친정에서 해산할 때에는 방문 옆에 차리며, 출산 직후에는 삼신상에 놓았던 미역과 쌀로 첫국밥을 지어 산모에게 먹인다. 갓 태어난 아기의 엉덩이에 파란 멍이 있는 것은 삼신할멈이 얼른 세상에 나가라고 엉덩이를 밀어내서 그렇다고 믿었다. 그리고 출산 후 부정이 들면 삼신이 크게 노하여 산아가 평생 불길하다고 여기기 때문에 문전에 금줄을 치고 삼칠일간 타인의 출입을 금한다. 이 기간이 끝나면 금줄을 불사르고 단지는 깨끗이 씻어서 다시 쓴다. 출산 후에는 고마움의 표시로 흰쌀밥과 미역국을 올리는데 이는 21일(삼칠일) 동안 계속된다. 출산 후 3일, 7일, 14일, 21일에는 쌀밥과 미역국을 차려 놓고 아기의 무병성장과 다복장수를 기원하고, 일곱이레까지는 이렛날 아침마다 정화수를 바치고 빈다. 백일과 돌 때에는 떡과 밥, 미역국을 올리고 비는데, 열 살까지 생일 때마다 삼신께 비는 사람도

---

36) 삼신상을 차리는 사람은 대개 시어머니로 해산한 방 머리맡에 짚을 깔고 상의 앞쪽으로 밥, 뒤쪽으로 미역국과 물을 각기 세 그릇씩 차려 놓고 아기가 탈 없이 잘 크도록 빈다. "젖 잘 먹고, 잘 놀고 잘 자고, 긴 명을 서리 담고 짧은 명은 이어대서 수명 장수하게 점지하고, 장마 때 물 붇듯이 초생달에 달 붇듯이 아무 탈 없이 무럭무럭 자라게 해 주십시오." 하고 기원하고 절을 두 번 한다.(출처: 한국정신문화연구소, 『한국민족문화대백과사전 11』, 1991, p.352).

있다. 우리가 생일날 미역국을 먹는 것은 삼신 신앙의 흔적이라 할 수 있다. 삼신의 점지를 받아 아이가 태어나면 7살 때까지 보호를 받고, 그 후부터의 수명은 칠성신(七星神)[37] 또는 조왕신이 관장한다고 믿었다. 또 설·정월 대보름·추석·동지 등 주요 명절에도 삼신의례를 지낸다. 다른 가신과 마찬가지로 새 밥을 올리는데, 특히 삼신에게는 비린 음식을 올리지 않는다.

삼신바가지

삼신은 자녀의 수태, 출생, 육아, 성장 등을 관장하는 신으로 그 자리는 안방 아랫목이다. 신체는 삼신자루라 하여 한지로 만든 자루 속에 쌀을 넣어 아랫목 높이 달아놓는다. 또는 쌀을 바가지나 동이에 담고 시렁에 얹어 놓기도 하고, 새 바가지에 쌀을 넣고 한지로 덮어서 실타래로 둘러맨 다음 안방의 천장 모서리 시렁 위에 얹거나, 나무 가름대를 설치하여 그 위에 고정시켜 모시기도 하고, 단지를 안방구석에 놓아두기도 한다. 이를 각각 삼신바가지, 삼신동이라고 한다. 바가지에는 쌀 대신 옷감을 넣어두기도 하고, 버들고리에 흰 명주로 만든 치마저고리를 넣어 두기도 하는데, 삼신할머니를 상징하는 것이다. 삼신자루는 그 형상이나 쌀의 양을 나타내는 숫자가 모두 아기보인 '삼', 즉 '태'를 나타낸다. 삼신바가지 혹은 삼신단지에 담긴 쌀은 일 년에 한 번씩 햇곡이 나면 갈아 둔다. 묵은쌀은 집안 식구끼리만 먹으며 절대 남에게 주지 않는데, 이는 다른 가신의 경우도 마찬가지이다. 신체가 실·종이·헝겊 등일 경우에는 안방 문호(門戶) 마주 보이는 곳에 높이 단다. 특히 실은 수명(壽命) 장수(長壽)를 상징하는 것이며, 종이는 문재(文才)를 뜻한다. 삼신의 형상을 모시지 않은 채 믿고 섬기는 경우를 '건궁삼신'이라고 한다.

37) 칠성신은 북두칠성의 일곱 별을 인격화한 신으로, 사람의 수명과 부귀, 농사와 생사 그리고 화복 등을 관장하는 신이다. 우리나라의 사찰에 칠성각이 많이 있는데, 이는 칠성신앙이 불교에 녹아든 것이다.

② 삼신이 관장하는 안방

안방은 큰방, 윗방 등의 명칭으로도 불리는데, 이는 주인부부의 거처로서 주인의 격을 의미하고 있는 것이다. 전통주택에서의 큰방은 사랑방을 지칭하나, 사랑채가 분리되어 있지 않은 서민계층의 주택에서 안주인과 바깥주인을 구별하지 않고 다만 주인이 사는 방을 말한다. 큰방은 취침, 식사, 휴식, 접객, 교육, 단란한 대화 등이 이루어지는 복합기능의 공간인 동시에 대청이 없는 주택에서는 장례나 제사, 큰 잔치 등이 행해지는 의례공간이기도 하다. 즉 큰방은 모든 가족원의 공동공간이며 주거 내의 모든 공간을 대표하는 중심공간으로 반드시 공간의 크기를 나타내는 것이 아니라 주인으로서의 격을 의미하고 있는 것이다. 안방은 특히 안주인의 거처로서 안주인의 격을 의미하고 있다. 이는 바깥주인이 거처하는 사랑방이 있는 계층에서 사용되는 명칭이며, 주부인 안주인의 상징이다. 안방은 주부가 집안 살림을 꾸려 나가는 데 중심이 되는 곳이므로 부엌 천장 쪽으로 다락을 만들고 살림에 귀중한 물건을 두어 아무나 손대지 못하게 한다. 따라서 안방의 아랫목 차지는 모든 살림을 통괄할 수 있는 능력을 갖춘 주부권(主婦權)의 상징이라 할 수 있다.

주부는 주생활을 총괄하는 가사운영의 권한과 역할을 가지고 있다. 시어머니가 며느리에게 그 권한을 이양하는 것을 안방물림 또는 큰방물림이라고 하는데, 이때 시어머니는 가산의 상징인 고방 열쇠를 물려주고 동시에 며느리에게 안방을 물려주게 된다. 주부의 안살림은 주로 먹을 것을 장만하는 일과 관련되어 있는데, 먹을 것을 저장하고 가공하며 조리하는 행위는 주부의 일상적 행위이다. 따라서 부엌과 고방, 장독대 등은 주부가 일상적으로 사용하는 공간이며 시설이다. 안방은 주부의 거처로서 이러한 공간들과 밀접한 관계를 가지나 반드시 기능적 이유가 아니라 가족 내에서 중심이며 주택의 내부를 나타내는 안(內)의 위치를 갖는 어머니와 주부의 격과 밀접한 관계가 있다.

전통주택에서 안방은 출산과 임종 그리고 결혼 때 신부를 맞아들이는 공간이었는데, 이는 모두가 물을 상징한다. 물은 역학에서 북쪽을 상징하므로 안방의 위치는 대문으로부터 멀리 떨어진 뒤편 구석진 북쪽에 두는 것이 일반적이었다. 그러나 현대주택에서 안방은 부부침실, 가족실의 역할을 하며, 소규모 주택에서는 거실의 역할까지 하고 있다. 즉 전통주택에서와 마찬가지로 주택에서 가장 중요한 개실로서의 역할을 하고 있으나, 보다 개방된 공간으로 활용하고 있는 것이다. 안방을 부부침실로 주로 사용할 경우에는 침대를 배치하고 부부전용 욕실을 인접하여 계획함으로써 부부의 프라이버시를 확보하여야 한다. 그러나 다용도로 안방을 사용할 경우에는 침대는 배치하지 않는 것이 좋다. 그리고 안방은 충분한 수납공간을 확보하여야 한다. 이는 안방이 주택에서 가장 대표적인 개실이기 때문이며, 부부가 함께 사용하는 공간이므로 많은 물품을 수납해야 하기 때문이다.

전통주택의 방

(4) 측신과 변소

① 측신

변소는 신체가 노출되는 개인공간으로서 가능한 한 회피하여야 할 곳으로 인식된다. 이곳에 측신(厠神)이 기거한다고 믿었다. 측신은 측간신, 치귀, 변소귀신, 주당, 변소각시(전남, 경북), 칙간 조신(전남), 정낭각시(전남, 경북), 변소장군(경북), 칙시부인(제주도), 칙도부인(제주도) 등으로 불린다. 변소에 거처하는 측신은 늙지 않는 여신으로 신경질적이고 노여움을 잘 타니 건드리지 않는 것이 좋다고 생각하였다. 악취 나는 곳을 맡고 있는 만큼 성격이 흉악하고 악귀로 표현되어 있으며, 성주신의 지시에 따르며 형벌 집행을 책임진다. 집안에 있는 가택신들은 대개 무병장수와 복을 가져다주는 착한 신인데, 측신은 성품이 별나서 잘 받들지 않으면 화를 입히는 못된 신이라고 믿었다.

신체는 뒷간 천장에 헝겊 또는 백지 조각을 붙여 두거나 매단다. 또는 헝겊조각이나 백지에 목왕(木王)이라 써서 붙여둔다.

측신은 늘 변소에 있는 것이 아니라 매월 6일, 16일, 26일 등 6자가 있는 날만 변소에 있고, 그 외의 날에는 외출하고 없다고 생각한다. 따라서 6자가 들어 있는 날은 근신하고 금기하며, 뒷간에서 때로 졸도하고 급사하는 사고가 생기는 것은 모두 측신의 짓으로 생각하였다. 강원도에서는 뒷간을 지은 뒤에 반드시 길일을 받아 제물과 부적을 갖추고 탈이 없도록 해달라고 고사를 올리는 풍습이 있으며, 시월 상달고사 때는 반드시 뒷간에 떡을 바쳤다. 또 아이들이 똥구덩이에 신발을 빠뜨리거나 사람이 빠졌을 때에도 떡을 해 놓고 액땜을 빌었다. 이 뒷간 귀신은 긴 머리칼을 발에 걸고 헤아리는 버릇이 있어 사람이 갑자기 나타나면 놀라서 머리카락을 뒤집어씌우는데 귀신을 만난 사람들은 이때부터 앓다가 결국 죽게 된다고 믿었다. 변소에 갈 때 세 걸음 내지 다섯 걸음 정도 앞에서 두서너 번 기침 소리를 내면 귀신이 피한다는 기록도 있고, 제주도의 칙시부인은 원래 문신(門神)이었던 남(南)선비의 첩이었으나 본처를 죽였다가 그 아들에게 복수를 당해 뒷간 귀신이 되었다는 이야기도 전해진다.

② 측신이 관장하는 변소

변소를 옛날에는 '뒷간'이라고 불렀다. '뒤를 본다'라는 말은 '똥을 눈다'라는 순 우리말이다. 뒷간[38]이라는 말 이외에는 칙간(厠間, 강원도와 전라도 지방의 사투리), 정낭

(함경도 지방의 사투리), 통숫간, 똥 통싯간, 똥구당, 변소 등 여러 명칭이 있다.

『한국민족문화백과사전』[39]에 기록된 한국 측간의 유형을 보면 측간이란 대소변을 배설하는 장소로 이용하려는 목적으로 만든 집이나 시설, 뒷간, 헛간, 복수간, 통시를 뜻한다고 되어 있다. 또한 이 중에는 혼자 사용하는 것과 여럿이 동시에 사용하는 것, 남녀가 따로 사용하는 것 또는 다른 시설과 함께 있는 것 등 그 용도에 따라 내측(內厠), 외측(外厠), 중측(重厠), 북수(北水), 목방(沐房), 세답방(洗踏房) 등으로 달리 이름 지어 부른다고 되어 있다. 측간은 몸속을 깨끗이 해주는 공간이며, 북수간은 뒷물을 하는 공간, 변소는 대소변을 보는 공간, 해우소는 생리적 걱정뿐만 아니라 마음의 근심까지 소멸시키는 공간, 뒷간은 건물 뒤쪽에 있는 공간이라는 의미이다.

변소는 대소변을 보는 인간의 생리공간으로서 필수적이기는 하나 주거공간 중에 가장 더러운 곳으로 인식되어 있다. 『후한서 읍조루』에 "집들이 있는 중앙에 변소를 만들었다"고 기록된 것으로 보아 움집의 형태였던 선사시대에도 이미 변소가 독립적으로 만들어졌음을 알 수 있으며, 모두에게 필요한 공간이므로 그 위치를 접근의 용이성을 고려하여 중앙에 둔 것이라 추측된다. 변소는 위생상 청결해야 할 것이 요구되었다. 전통주택의 경우, 서민계층에서는 대부분 집주인 스스로가 짓기 때문에 법식을 따질 여유가 없었지만 대목이 지어 줄 정도로 여유 있는 집에서는 환기와 청결이 중요한 조건으로 요구되었다. 또한 인분이 중요한 비료로서 사용되었기 때문에 잿간(재를 모아 두는 곳의 한 모퉁이에 돌멩이 2개를 얹어 놓고, 돌 위에 변을 본 다음 재와 함께 잿더미 속으로 던져 넣어 거름으로 활용했다. 화장실의 일종이라 할 수 있다)과 함께 있기도 하며,

---

38) 뒷간의 유래를 민속학자 김광언은 『민속지』에서 다음과 같이 밝히고 있다. "찬바람을 등에 지고 북쪽에서 내려온 우리 민족은 언제나 앞이 남쪽이고 뒤가 북쪽이었다. 똥오줌 누는 공간을 '뒷간'이라 이르게 된 것은 1459년 『월인석보』에서 처음 나타난다."

39) 한국의 민족·역사·자연·생활·사회 등 한민족의 문화유산을 집대성한 백과사전으로 1979년 9월 25일 대통령령 제9268호로 '한국민족문화대백과사전 편찬사업추진위원회 규정'이 공포되면서 사업수행을 위해 추진위원회가 구성되었다. 추진위원회는 한국정신문화연구원에 업무를 위탁, 1980년 4월 15일 민족문화대백과사전 편찬부가 발족하였다. 한국정신문화연구원이 1988~1991년에 순차적으로 본책 25권, 부록 2권을 발간하였다.

인분을 저장하고 운반할 수 있는 시설이 요구되기도 하였다. 조선시대 농가 화장실은 대부분 본체와는 떨어진 사랑채 옆이나 대문에 가까운 마당의 한쪽 구석에 위치해 있었다. 내부는 큰항아리를 땅에 묻고 그 위에 두 개의 나무판을 걸쳐 가운데에 변을 볼 수 있도록 공간을 띄워 놓은 것이었다. 때로는 앞에 소변의 흩어짐을 막는 나무판을 대어 놓은 것도 있다. 농가에 따라서는 항아리 위에 통나무 여러 개를 새끼로 묶어 걸치고 가운데만 대소변이 떨어질 수 있도록 비워 놓은 형태도 많았다. 용변 후에는 짚이나 나뭇잎, 채소, 옥수수수염 등으로 뒤를 닦고 이들도 함께 변기 속에 버려서 분뇨와 함께 퇴비로 사용했다. 우리나라 농촌의 뒷간은 지붕이 없는 것이 많으며, 부잣집에도 뒷간은 지붕 없이 그냥 흙담에 에워싸여 있는 경우가 많았다. 그래서 장마철 빗물에 넘쳐 분뇨가 흘러나와도 예사롭게 생각했는데, 이는 농사에 소용되는 귀중한 비료인 분뇨량이 불어나는 것을 묵과했다는 점과 뒷간의 자연 청소라는 의식 때문으로 보인다.

신진대사를 원활히 해야 한다는 생리적 요구는 생명이 지속되는 한 반복되므로 변소는 필수적인 주거 내의 시설물이다. 원활한 신진대사는 건강과 직결되기 때문에 변소는 풍수로부터 위치가 결정되어야 하며, 좋은 날을 받아 지어야 하는 것으로 여겼다.

허술한 구조로 변소를 만드는 제주도에서도 무속의 '문전(門前)본풀이'에서 문전신의 부인은 부엌의 조왕이며, 변소를 주관하는 측간신은 그의 첩으로 묘사되리만큼 중요하게 인식되었다. 그래서 지금도 부엌과 변소는 멀리 떨어져 있어야 한다고 믿는데, 이는 위생관념에 의한 것으로도 보인다. 또한 『산림경제』에서도 변소 짓는데 좋은 날과 특정한 방위에 따른 길흉이 설명되어 있다. 『임원경제지(林園經濟志)』[40]에서는 변소가 갖추어야 할 조건이 다음과 같이 기록되어 있다.

"측실은 마땅히 높고 밝게 해야 하고 낮고 어둡거나 음침해서는 안 된다. 인가에는

40) 서유구(徐有榘, 1764~1845)가 1842~1845년에 저술한 종합농업기술서로 일명 임원십육지라고도 한다.

마땅히 측간을 세 개 설치해야 한다. 하나는 안채에 두고 하나는 바깥채에 두며, 하나는 담장 밖의 밭두둑 곁에 둔다. 안채와 바깥채에 있는 측간은 나무로 기둥을 삼고, 나무널로 벽을 만들며, 회를 설치한다. 그 앞에 나무 사다리를 가설하여 오르내리게 한다. 마루널의 가운데에 타원형의 구멍을 뚫는다. 구멍의 아래에는 긴 자루의 나무가래를 놓아두는데 가래짝을 네 변에 현처럼 일으켜서 그 안에다 모래와 흙을 담아 변을 받게 한다. 매일 흙덩이처럼 뭉쳐진 변을 들어내서 담장 밖에 있는 측간으로 옮겨간다."

전통주택의 변소

변소는 신체가 노출되어 대소변을 보는 행위가 이루어지는 곳이기 때문에 서로 회피해야 할 개인적인 공간이며, 특히 엄격한 내외관계가 생활화되었던 유교사회에서는 변소사용에 있어 남녀의 구별이 철저하게 요구되었다. 따라서 안채에는 여자들 전용인 '내측(內厠)'이 있고 바깥채에는 남자들 전용인 '외측(外厠)'이 별도로 있어 분리되어야 했다. 지금도 농촌에서는 시아버지와 며느리가 같은 변소를 사용하는 것을 한방에서 취침하는 것과 같은 정도로 꺼리고 있으며, 안변소와 바깥변소를 분리하는 것을 당연하게 생각하고 있다. 이와 같이 조선시대에는 변소조차 신분의 차이, 유교의 가르침에 따라 구분하여 사용하였음을 알 수 있다.

지금은 중소규모의 아파트에도 화장실을 2개 이상 계획하고 있는데, 이는 유교의 영향이 아니라 생리위생공간의 중요성이 확대되어 편안한 휴식공간을 주택 안에 많이 확보하고자 하는 욕구가 반영된 것이라고 사료된다. 우리나라에 수세식 변기가 보급되기 시작한 것은 일제 강점기에 조선총독부, 특급호텔, 백화점 등에 설치하면서부터이며, 해방과 더불어 미군이 주둔하게 되면서 본격화되었으며, 일반화된 것은 경제 개발로 국민소득이 상승하던 1970년대이다. 음식점과 유흥업소 등 접객업소에 수세식

화장실의 설치를 허가 조건으로 한 것은 1977년부터이므로 수세식 화장실의 역사는 그리 길지 않다. 한편, 요즘 화장실은 나라의 얼굴이자 문화의 척도라는 생각으로 전국적으로 아름다운 화장실문화 만들기 운동이 한창이다. 국제화 · 세계화를 지향하면서 화장실 사용과 문화에 대한 인식이 높아지고 있는 것이다. 우리나라에서 유일하게 문화재로 지정된 화장실은 순천 선암사의 화장실(전라남도 문화재 자료 제214호)이다. 선암사 화장실은 정(丁)자형 건물로 앞으로 돌출된 캐노피(canopy)를 지나 안으로 들어가면 왼쪽은 남자용, 오른쪽은 여자용이다.

표 2-2 공중화장실의 변화

1950년대 이전	• 화장실은 남녀공용으로 사용하며, 주로 가건축 시설물이었다. • 수거요령은 지게로 퍼 운반하여 농사에 거름으로 사용했다. 서울 근교의 농민들은 시내에 들어와서 돈을 주고 변을 퍼가고, 그 대가로 취사용 땔감이나 채소, 과일, 김장거리들을 사례하기도 하였다. • 화장지는 신문지, 짚, 풀잎 등이었고, 공중화장실은 없었다.
1960년대	• 남녀를 구분표기한 건물형 시설이었다. • 수거요령은 초기에는 똥지게로 퍼 운반하다가 나중에는 리어카, 분뇨차 등으로 운반하여 분뇨의 일부를 거름으로 사용했다. • 화장지는 신문지, 마분지, 휴지 등이고 공동변소(다세대 변소)가 일부 설치되었다.
1970년대	• 남녀를 그림도식으로 구분 표기한 독립 건물 공중화장실이 정착하였다. 장애인용이 일부 설치되었다. • 수거요령은 수세식으로 정화조를 매설하여 하수처리 또는 분뇨처리를 하였다. • 화장지는 휴지를 사용하였다.
1980년대 이후	• 남녀를 그림과 영문으로 구분 표기하였다. 장애인용, 어린이용 변기를 설치하고, 자동밸브(수도, 소변기, 양변기)사용, 기저귀 교환대, 유아 보호의자 등 편의설비와 방향제, 방취제, 비데, 크린시트 시설 등 위생환경설비, 꽃 그림 장식 등 실내장식 소품 등을 갖추고 있다. • 공원, 등산로, 녹지대, 상수원지에 깨끗한 실내 환경을 갖춘 소멸식 간이 화장실도 등장하였다.

(5) 지신과 마당

① 지신

지신(地神)은 터주, 토주(土主), 대주(垈主), 기주(基主), 터줏대감, 후토주임(后土主任), 토주택신(土主宅神)이라고 부르기도 한다. 토지에는 제각기 토지신이 있지만 택지만을 담당하는 신을 터주라고 부른다. 흔히 한곳에 오랫동안 살아온 사람을 터줏대감이라고 부르는 것은 지신의 명칭에서 유래한 것이다. 터주는 집터를 지키는 일을 맡은 지신(地神)으로, 집안의 액운을 걷어 주고 재복(財福)을 점지하는 신이다. 그러나 재물을 불려 주는 대신, 많은 재물을 바쳐 먹고 마시며 놀 수 있도록 하여줄 것을 원하는 자만심이 강하고 놀기 좋아하는 성격을 지니고 있다.

터주의 신체는 옹기나 질그릇 단지에 벼를 담고 뚜껑을 덮은 다음 그 위에 짚으로 엮어서 원추형 모양을 만들어 집의 뒤뜰 장독대 옆에 모신다. 이를 터줏가리라 하는데, 이 터줏가리는 매년 햇벼가 날 때마다 갈아 넣는다. 이때 갈아 낸 묵은 벼는 남을 주지 않고 반드시 가족들이 먹는데, 남을 주면 복이 달아난다고 해서 엄격하게 금했다. 뒷마당 중앙에 곡물을 넣은 독을 안치하고 짚을 씌워 신체로 삼으면서 택지를 관장하는 지신으로 여기기도 하는데 노적지신과 유사한 역할을 하는 것으로 보인다.

터줏가리

터주에게 올리는 제의는 특별히 지신제를 올리는 경우도 있고, 다례 때 떡을 한 접시 받치는 경우도 있다. 민간에서 가옥을 지을 때에 제일 먼저 지신제 터굿[41]을 지내는 것은 택지를 맡고 있는 터주에 대하여 집을 지을 것을 신고하는 의식인 것이다. 그 가옥에 거주하는 사람의 복은 터주의 뜻에 달려 있는 것으로 믿으므로 터주를 공경하고 제사하며 정초에 지신밟기[42]를 하는 것은 터주를 위안하고 복록(福祿)을 누리려는 옛날부터의 관습이다. 전통놀이문화를 계승하려는 노력의 일환으로 요즘도 정월 대보름을 전후하여 지신밟기를 하는 곳이 많다.

② 지신이 관장하는 마당

벽체나 건물에 의해서 집 둘레에 부분적으로 또는 전체적으로 둘러싸인 편평하게 닦아 놓은 빈 땅을 마당이라고 한다. 마당의 어원에서 '마'는 맛·만·묻과 관련되어서 땅의 의미로 사용되고, '당'은 장(場), 즉 장소의 의미를 포함하고 있다. 따라서 마당은 땅에 있는 장소인 외부공간의 의미를 가지고 있으면서 장소적 개념뿐만 아니라 활동, 생활을 담는 기능의 의미로도 해석된다. 이북에서는 안마당과 바깥마당으로 나누어 구분하여 쓰고 있으며, 차령산맥 이남에서는 주로 마당이라고 통합하여 사용한다.

마당은 크게 형성 원인에 따라 건축물에 의해 형성되는 마당과 의식이나 특수기능을 위해 독자적으로 만든 마당으로 구분된다. 기능 면에서는 외부공간에서 내부공간으로 동선을 연결하는 통로, 채광이나 통풍(中庭: court), 추수기의 작업, 생산(채마밭),

41) 집터를 닦기 위해 처음 땅을 파는 개토는 택일하여 지신에게 고사를 지낸 후 일을 시작해야 지신의 노여움으로 인한 재앙이 생기지 않는다고 한다. 고사는 지방에 따라 약간씩 다르지만 대주는 목욕재계하고 정성들여 제상을 준비한다.

42) 지신밟기는 음력 정초에 지신을 진압함으로써 악귀와 잡신을 물리치고 마을의 평안과 풍작 및 가정의 다복을 축원하는 신앙적 마을 행사로 정월 초이틀부터 대보름 전후까지 하는 것이 통례이다. 지방에 따라서는 마당밟기, 매구, 걸립, 걸궁 등으로 부르기도 한다. 지신밟기는 기본적으로 마을의 지신을 대상으로 하는 의례지만, 그 절차가 다양하여 마을의 우물·당(堂) 등에서도 풍물을 치며 마을굿을 벌인다. 또 마을굿에 이어 각 가정을 돌며 지신을 밟아 주기 때문에 집안의 지신을 비롯하여 성주·조왕 등 각 가신(家神)을 대상으로 하는 의례를 행한다. 지신놀이패가 자기 집에 당도하면 주인은 술, 과일, 포로 고사상을 차려 접대하며 돈과 곡식을 성의껏 희사하면 그것을 모아 마을의 공동비용으로 사용한다.

공간 구분, 정서 조성(정원), 행정·의식 수행 등으로 구분할 수 있으나 여러 기능이 복합적으로 작용하는 것이 보통이다. 조선시대 사대부 주택이나 대농(大農), 중농(中農)의 주택들은 여러 채로 구성되기 때문에 마당의 명칭도 살림채 앞에 있는 앞마당, 살림채 뒤에 있는 뒷마당 또는 뒤안, 살림채 안에 있는 안마당 또는 뜰, 바깥마당, 행랑마당, 사랑마당, 중문간마당 등 다양하다. 조선시대 상류계층의 주택에는 사랑채 앞에 사랑마당이 있고 행랑채로 둘러싸인 행랑마당이 있었다. 그러나 일반적으로 마당이란 살림채 앞의 외부공간을 말하며, 건물과 더불어 주거공간으로서 집이라는 격을 갖추기 위해서 반드시 갖추어야 할 요소로 인식되었다.

마당은 양기를 받아들이는 곳이다. 『산림경제』에서는 "양거(陽居)는 다만 좌하(坐下: 집터의 판국)가 평탄하고 좌우가 긴박하지 아니하며 명당이 넓고 앞이 트였으며, 흙은 기름지고 물맛은 감미로워야 한다. 무릇 사람의 거주지는 땅이 윤기가 있고 기름지며 양명한 곳은 길하고 건조하여 윤택하지 아니한 곳은 흉하다"고 하였으며, 『임원경제지』에서는 "사는 집의 방실(房室)은 반드시 남향하여 양기를 받아야 한다"고 하였다. 이렇게 사람이 사는 공간에 양기를 수용하는 것은 필수적인 일이며 따라서 건물이나 공간이 양기를 받기 위해서는 마당의 존재가 필수적인 것으로 인식되었던 것이다.

많은 양기를 받아들이기 위해서 마당은 반드시 비워져 있어야 한다. 나무가 심어져 있어도 그것은 관상용이 아니라 혈과 명당을 둘러싸는 사신의 의미로 인식된다. 따라서 나무가 마당을 둘러싸더라도 마당을 채우는 일은 없다. 『산림경제』에서도 수목으로 마당을 채우는 일을 다음과 같이 금하고 있다.

"큰 나무가 마루 앞에 있으면 질병이 끊이질 않는다. 큰 나무는 마루에 가까우면 좋지 않다. 뜰 가운데에 나무를 심는 것은 좋지 않다. 집 뜰 가운데 나무를 심으면 한 달에 천금의 재물이 흩어진다. 뜰 가운데 있는 나무를 한곤(閑困)이라 하는데, 뜰 가운데 오래 심어 놓으면 재앙이 생긴다."

마당은 양기를 받아들이는 장소로서만이 아니라 수장공간이나 작업공간의 역할을 하므로 그 역할을 잘 수행하기 위해서도 비워져야 한다. 또한 농사규모가 큰 집에서는 탈곡한 겉곡을 넣어두는 곡물창고로서 뒤지나 장석을 마당에 설치하기도 한다. 즉 수확된 농산물을 감시가 용이한 장소에 보관하여야 하는데, 그 양이 많기 때문에 내부공간에 수용하기는 어려워 마당을 이용한다. 민가에서는 마당을 곡물의 수장이나 건조작업과 관련된 곳으로 인식하고 있다. 마당은 곡물을 널어 말리고 탈곡하는 곳이며, 노적가리를 쌓아 두는 곳이다. 곡물의 건조 또한 마당의 중요한 기능으로 인식된다. 『임원경제지』에서는 "ㅁ자형 집의 안은 안마당인데 마당이 협착한데다가 지붕의 그늘이 서로 드리워진 까닭에 곡식이나 과실을 말리는 데 모두 불편하다"고 하여 건조장소로서 채광의 중요성을 강조하고 있다. 농가에서 농산물을 건조시키기 위해서는 규모가 크고 습기가 없으며, 햇빛이 잘 들고 바람이 잘 통하며, 평탄한 외부공간이 필요하다. 곡물의 건조 및 그와 관련된 작업장소로서 마당은 이러한 조건들을 갖추어야 한다. 『임원경제지』에는 이러한 조건과 관련하여 다음과 같은 내용이 실려 있다.

"무릇 뜰을 만듦에 있어서 세 가지 좋은 점과 세 가지 피해야 할 점이 있다. 높낮이가 평탄하여 울퉁불퉁함이 없고 비스듬해서 물이 잘 빠지기 쉬운 것이 첫째 좋은 점이요, 담과 집의 사이가 비좁지 않아서 햇빛을 받고, 화분을 늘어놓을 수 있는 것이 두 번째 좋은 점이요, 네 모퉁이가 평탄하고 반듯하여 비틀어짐이나 구부러짐이 없는 것이 세 번째 좋은 점이다. 이러한 것과 반대되는 것이 세 가지 피해야 할 점이다."

뒷마당도 수장공간으로서의 의미를 가지고 있다. 집중형의 주거에서의 뒤안은 살림채 뒤에 있는 뒷마당인데 곡물뿐만 아니라 농사도구, 식료품 등을 보관하는 곳이어서 주인의 허락 없이 마음대로 드나들 수 없는 곳이다. 집중형 주거에서는 살림채 앞으로 담과 대문이 발달되어 있지 않으며, 집의 바깥으로 인식하고 있는 살림채 앞의 마당을 바깥마당이라고 부른다. 살림채의 부엌문을 대문이라고 부르는 데에서 볼 수 있듯이 집중형 주거에서 살림채의 앞은 주거영역의 외부로 인식되는 것이다. 남의 눈에 쉽게 노출되는 집밖에 중요한 재산을 놓아둘 수 없기 때문에 '뒤안에 감추어 둔다'고 한다.

따라서 곡물이나 농사도구, 식료품 등 규모가 크고, 통풍과 채광이 필요한 물건들은 주로 뒷마당에 보관하여 외부에 노출되지 않도록 하였던 것이다. 분산형 주거에서의 뒷마당과 달리 집중형 주거에서의 뒤안이 높은 담과 널문으로 폐쇄되는 것은 방어가 요구되는 수장공간으로서의 기능이 반영된 것이다.

현대 도시주택의 마당은 도시 속의 자연이 되며 프라이버시를 보호해 주는 완충 장치이기도 하므로 더욱 필요한 공간이다. 그러나 전통주택에서와 같은 마당을 만들기는 매우 어려우므로 도시주택에서는 옥상 마당, 선큰 가든(sunken garden), 공용 마당(여러 세대가 사는 집합주택의 경우 주민들이 모일 수 있는 커뮤니티 공간으로서의 공용 마당), 샛마당(중정의 또 다른 형태로 세 면은 감싸고 한 면만 틔워진 마당), 중정(中庭) 등을 도입할 수 있으며, 베란다 등을 이용한 실내정원을 꾸며 마당의 역할을 부여할 수도 있다.

전통주택의 마당

(6) 그 외 가택신

① 마대장군

마대장군은 마구에서 사육되는 소나 말들이 왕성한 번식력으로 증식되고, 도둑으로부터 지켜 주는 가택신이다.

마구(외양간)는 소나 말을 사육하는 공간이다. 한반도에서는 농경, 정착생활이 이루어진 철기시대부터 이미 소나 말은 가축으로 길들여져 인간의 주거생활권에 포함되어 있었던 것으로 보인다. 안악 제3호 고분벽화에서도 주거 내에 가축 사육공간을 둔 모습을 볼 수 있고, 신라의 가사규제에서도 계층별로 마구의 규모를 제한하는 내용을 볼 수 있다. 한편, 농경사회에서 소는 농사일의 중요한 생산도구일 뿐만 아니라 식량원이 되기도 하고 번식을 통해 재산증식의 수단이기도 하다. 따라서 소나 말은 매우 중요한 존재라는 것을 짐작할 수 있다.

안악 3호 고분의 마굿간

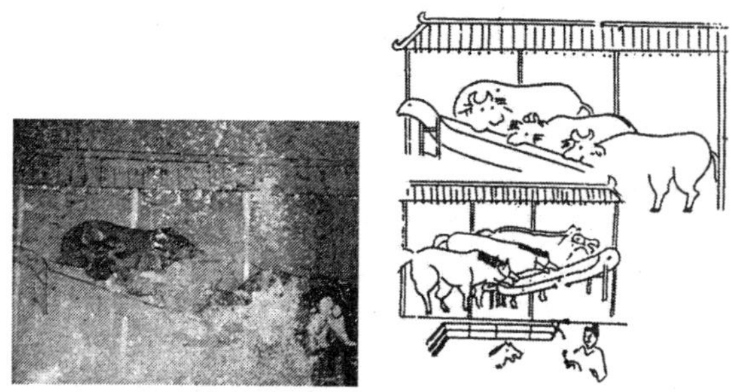

안악 3호 고분의 외양간

마구(외양간)는 가축으로서의 소나 말을 사육하는 공간이기에 인간이 거주하는 공간과는 다르게 만들어져야 한다. 소나 말의 활동에 적합하고 사육하기에 편리한 시설, 도난을 방지하기 위한 시설 등 특수한 공간의 규모와 형태가 요구되기 때문이다. 마구(외양간)의 규모는 소의 크기와 활동에 맞추어 인간의 거주공간보다 크며, 토벽은 소뿔이나 충격에 약하기 때문에 벽체의 하부는 널벽(나무판자를 세로로 세워 만든 벽)으로 설치된다. 널벽은 내구성뿐만 아니라 통기성도 좋기 때문에 악취를 내보내는 기능도 있다. 여닫이문은 고삐 풀린 소가 쉽게 빠져나갈 수 있기 때문에 특히 마구에서 소가 드나드는 문은 반드시 미닫이의 널문이어야 한다. 『임원경제지』에는 이러한 마구의 설치에 관하여 다음과 같이 설명되어 있다.

"무릇 마소의 마굿간을 만들 때는 그 간가(間架)를 크게 함이 마땅하고 작게 하는 것은 옳지 아니하다. 기둥과 기둥 사이의 길이가 영조척(營造尺)[43]으로 열자 정도 되게 하며, 깊이도 그와 맞추어서 장대한 재목을 만드는데 앞면의 두 기둥 사이에 주춧돌로부터 들보까지의 길이를 5등분하여 그 하나마다 하나씩의 인방을 가로로 설치한다. 그리고 양끝은 기둥에 박아서 고정시킨다. 다시 팔뚝 크기의 큰 나무의 네 모서리를 깎아서 다듬고 세로로 설치하여 목책(木柵)을 만든다. 이 목책에는 모두 네 개의 인방을 꿰뚫도록 한다. 위로는 보에 박고 아래로는 지면에 박는다. 인방은 견고하게 설치하도록 하고, 목책은 듬성듬성 설치하도록 하는데 그 이유는 견고하게 세운 인방은 도둑을 방지하고, 듬성듬성 세운 목책은 통풍을 위한 것이며, 동시에 바깥에서 사료의 정도가 어떠한지 살펴보기 위한 것이다. 뒷면의 담벽 아래에는 하나의 구멍을 아래로 내리 뚫어서 똥을 쳐내고 오줌을 빼내도록 한다."

마구는 가장 중요한 재산으로서의 도난에 유의해야 하고 겨울철에는 난방이 필요한 공간이기에 방범과 난방이 중요시되는 집중형 주거에서는 살림채 안에 마구를 두는 방법이 오랫동안 지속되어 왔다. 그러나 마구에서 나는 악취와 해충 때문에 점차 부속채로 분리되는 모습이 보이며, 분산형 주거에서는 이미 오래전부터 분리되어 왔다. 따라서 살림채로부터 마구가 분리되는지의 여부는 주거유형의 지역성이나 시대성을 보여주는 중요한 요소라고 생각할 수 있다.

소의 사료로 사용되는 여물은 건초를 삶아 만들기 때문에 별도의 부뚜막 시설이 요

---

43) 영조척은 무기와 형구(形具)의 제조, 성곽의 축조, 교량과 도로의 축조, 건축, 선박제조, 차량제조 등에 사용하는 자이다. 목수들이 쓰는 자로서 구리로 주조하기도 하고 상아로 만들기도 한다.
중국 당나라에서는 목수들이 직각으로 구부러진 직각자를 많이 썼는데 '대척(大尺)'이라고도 불렀다. 또 '차공척(車工尺)'이라고도 불렀는데 조선시대에는 주로 궁실을 건조하는 데 사용하였다. 또한 말이나 되와 같은 부피를 재는 기기를 만드는 기준척으로 사용하기도 하였다.
『경국대전』에 의해서 영조척을 황종척에 비교하면 영조척 1척의 길이는 황종척으로 8촌 9분 9리였다. 박흥수가 추정한 세종 때의 영조척의 길이는 1척이 31.24cm이었으며, 영조 때의 영조척은 1척이 31.22cm이었다고 한다.

구되었다. 살림채의 작은방 앞에 함실아궁이[44]를 두어 사용하는 경우도 있지만, 마구의 난방도 필요하였기 때문에 마구와 인접한 곳에 마구정지(함실부엌)라고 하는 시설을 두는 것이 보통이다. 이때 마구정지에서 여물을 삶을 때 생기는 열기를 효율적으로 사용하기 위해 주거공간이 붙어 있는 경우가 많으므로 자연스럽게 마구와 마구정지, 그리고 방으로 구성된 부속채가 만들어졌다. 이 부속채의 방은 사랑방이 되기도 하고, 일꾼의 거주공간이 되기도 한다.

전통주택의 마구정지

② 도장지신

도장지신은 광이나 곳간을 지키는 가신으로, 업신(業神)이라고도 한다. 업신은 업왕신, 업왕, 업위신이라고도 부른다. 다른 가택신과 달리 업신은 대체로 동물이 그 대상이라는 점에서 색다르다. 업신의 대상은 구체적으로 '현재 존재하는 동물'이지만 신체를 달리 봉안하기도 한다. 업신의 대상으로 구렁이 · 족제비 · 두꺼비 그리고 사람을 들고 있다. 업이 그 집을 나가면 패가망신한다던가 또는 커다란 변화가 생긴다고 한다.

---

44) 함실아궁이는 부뚜막이 없는 아궁이이다. 이는 구들 밑으로 불을 땔 수 있도록 방의 한쪽을 다른 곳보다 깊이 파고 구들장을 두꺼운 것을 놓아 불길이 구들 밑으로 바로 들어가도록 만들었다. 즉 함실아궁이는 취사 목적이 아니라 난방 목적으로 사용한 아궁이로 '군불 아궁이'라고도 한다.

업신은 대체로 신체가 봉안되지 않고 건궁업으로 모시지만 간혹 업가리라 하여 옹기에 쌀을 넣고 그 위에 짚주저리를 씌운 터주와 흡사한 신체를 갖춘 사례가 드물게 나타난다. 비록 건궁업이지만 다른 가신과는 달리 업구렁이라든가 업족제비・업두꺼비와 같은 동물을 업신으로 상정하고, 또 사람에게 붙어 다닌다는 인업을 업신으로 삼고 있다. 인업은 사람에게 붙어 다니면서 그 사람에게 복을 주는 신으로, 그 형상은 그 사람과 같다고 한다. 그래서 인업과 인업을 달고 있는 사람과는 별개의 존재인데도 그 사람 자신이 인업으로 인식되기도 한다.

업의 자리는 광・곳간과 같이 재물을 보관하는 곳이다. 이는 업신이 재복신임을 나타내는 것이다. 업신을 대접하는 의례는 정기적으로 지내거나 필요에 따라서 수시로 지낸다. 정기의례는 설날・추석・동지 등 주로 큰 명절에 다른 가신과 함께 올리고, 그밖에 사람 눈에 띄었을 때에는 단독으로 올리기도 한다. 업신이 눈에 띄는 것을 예사롭게 생각하지 않기 때문이다.

도장 또는 고방, 곳간이라고 불리는 공간들은 주로 곡물을 저장하는 공간이다. 흔히 창고라고 하지만 농사도구를 넣어두는 헛간과는 기능이나 형태상으로 큰 차이가 있다. 곡물창고는 정착형 농업사회가 형성되면서부터 주거공간과 분리되었던 것으로 보인다. 선사시대의 움집에서 화덕자리 근처에 자리하였던 저장공이 청동기시대부터 점차 없어지고 별도의 저장시설이 나타나는 것은 주거공간으로부터 저장시설의 분리를 의미하고 있다. 농사를 짓게 되면 씨앗을 뿌려 수확하기까지 오랜 기간이 걸리고 생산량 또한 많기 때문에 그동안 먹을 수 있는 양의 곡물이 오랫동안 저장되어야 했던 것이다. 『삼국지 위지 동이전』의 고구려에 대한 기록 중에는 "큰 창고 없이 집집마다 작은 창고를 두었는데 이를 부경이라 하였다"라는 내용이 있는데, 이는 저장시설의 분리・독립을 의미하고 있다.

곡물창고는 경제력에 따라 그 규모가 다르기 때문에 규모로서 경제력을 반영하게 된다. 상류계층에 의존하는 소농 이하의 계층이 아니면 주택의 규모에 관계없이 곡물창고를 갖는 것은 필수적인 것이기도 하다. 이러한 공간은 곡물뿐만 아니라 감자, 고구마 등의 각종 농산물과 가재도구를 보관하는 기능도 가지고 있다. 농업사회에서 곡물이란 식량일 뿐만 아니라 재산이기 때문에 이것을 저장하고 지키는 일이 생존과 관련된 중요한 일로 인식되었다. 이와 같이 재산을 담는 장소인 창고는 많은 재산이 축적되고 유지되기를 기원하는 것에서 볼 수 있듯이 중요한 공간으로 인식되었다. 곡물창고의 위치가 풍수에 의해 좌향으로 결정되어야 하고 창고 짓는 날을 특별히 받아야 하는 것은 이러한 인식의 반영이라고 할 수 있다. 또한 물은 복을 의미하므로 물이 흘러 들어오는 방향으로 위치해야 한다든지 감시하기에 좋은 장소에 있어야 한다든지 하는 원칙들은 곡물창고의 사회적 의미에서 만들어졌다고 볼 수 있는 것이다. 『임원경제지』에는 창고의 위치와 방위에 대하여 다음과 같이 기록되어 있다.

"창고는 마당에 면해야 하며 물이 창고 문을 향해 들어오면 좋다. 평상시 거할 적에 창문을 열면 5~6장의 거리에 처해서 앉아서 볼 수 있어야 한다. 집의 향은 갑(甲), 병(丙), 경(庚), 임(壬) 4가지 방위여야 한다."

집중형의 주거 문화권에서는 도장을 알곡을 저장하는 창고라고 하여 겉곡을 저장하는 고방과 구분하고 있다. 알곡은 단지 안에 넣어 보관되지만 겉곡은 그대로 보관되기 때문에 두 공간은 형태적으로도 차이가 있다. 겉곡을 보관하기 위한 독립적인 시설로 뒤지, 또는 장석이라고 불리는 것도 있는데, 이는 건물과는 별도로 건조하고 화재의 위험이 없는 마당 가운데 설치되었다. 고방은 겉곡을 보관하기 위하여 건물 안에 부속되는 공간으로서 곡물을 담는 용기와 같이 습기나 쥐, 해충으로부터 곡물을 보호할 수 있는 장치가 필요하였다. 고방의 바닥을 마루로 한다든지, 빈지문(널문)을 설치하는 것은 방습, 방서, 방충, 방도의 필요성에서 나온 것이었다. 도장 또한 살림채에 부속되었는데 안방에서만 출입이 가능하도록 배치된다. 이러한 배치는 도장을 주로 주부가 사용하기 때문이며, 특히 도둑을 막기 위한 것이다.

③ 방아지신

방앗간을 지키는 가신은 방아지신이다. 방앗간[45]은 겉곡을 탈곡하는 방아시설이 있는 공간이다. 방아는 정착형 농업사회의 형성과 더불어 사용되기 시작한 것으로 알려져 있다. 방아의 종류에는 물레방아나 연자방아 등이 있지만 주거 내부에 설치되는 방아는 주로 디딜방아이다. 디딜방아도 어느 정도 풍부한 곡물을 소유할 수 있는 계층에서나 설치할 수 있었으며, 서민계층에서는 주로 절구가 사용되었다. 따라서 방앗간을 설치한 집은 경제력이 있는 계층으로 볼 수 있다.

민간신앙에서보다 풍수사상에서 방앗간은 중요한 공간으로 인식되었다. 즉 방앗간은 풍수로부터 좌향을 보아야 하며, 좋은 날을 받아 설치해야 하는 것으로 생각했다. 또한 방아를 설치함에 있어서도 집 주위의 지형을 보아 방아의 위치가 결정되었다. 『고려사』에 의하면 고려의 최충헌의 옆집에 궁중에 약을 조달하는 관서가 있었는데, 밤낮으로 약을 찧는 소리가 자신의 집으로 통하는 지맥을 끊는다고 하여 그 관서를 다른 곳으로 옮겼다고 한다. 즉 방아질은 지동(地動)을 일으키고 이 지동은 지맥을 끊어 버리기 때문에 주변에 방앗간이 있으면 가세가 일지 못한다고 여겼던 것이다.

방앗간이나 방아머리를 두는 방향은 오래전부터 중요시되어 왔다. 『산림경제』의 선택조에서는 방아놓기에 좋은 날을 제시하고 있으며, 복거조에는 방아의 위치에 관하여 다음과 같이 설명하고 있다.

"마땅히 본명(本命: 출생한 해의 간지)의 생왕방(生旺方)과 인방(寅方), 간방(艮方), 해방(亥方)이어야 한다. 방아머리가 있는 곳에 집이 있으면 집이 반드시 불안하다. 방아머리는 안으로 거슬러서는 안 되며 밖으로 향해서도 안 되고 가로 곧게 설치해야만 길하다."

---

45) 방아는 작동방법에 따라 디딜방아, 통방아, 물레방아, 연자방아로 나눈다. 디딜방아는 사람의 힘으로, 연자방아는 동물의 힘으로, 통방아와 물레방아는 물의 힘으로 움직이므로 그 기능에 따라 방앗간의 구조도 다르게 짓는다.

④ 사신

사신(四神)은 동서남북 사방을 수호하는 상징적인 네 마리의 동물을 의미한다. 즉 중국을 중심으로 형성된 고대 동양사상의 하나로 동쪽에는 청룡, 서쪽에는 백호, 남쪽에는 자작, 북쪽에는 현무라는 이름을 가진 방위신이 있다고 본 것이다. 이들 네 신은 사방을 수호하는 방위신으로서 군사적으로는 부대의 깃발과 포진에도 응용되었으며 좌청룡(左青龍), 우백호(右白虎), 전주작(前朱雀), 후현무(後玄武)라 하여 풍수지리에서도 널리 적용되었다. 가택신으로서의 사신은 집의 울타리를 지키는 신이다.

담은 일반적으로 주거의 건물과 공간을 둘러싸 그 영역을 한정하는 차폐물을 지칭하고 있다. 담은 주로 돌이나 흙으로 만들어진 차폐물이며, 울은 주거의 영역을 한정하는 수단, 또는 방법의 총칭이다. 울은 생울타리, 바자울, 담이 있다. 담에도 재료에 따라 돌담, 흙담, 흙돌담이 있고 공법에 따라서는 홑담이나 맞담으로 구별되기도 한다.

울의 재료나 치장은 경제력에 따라 결정되기 때문에 서민계층에서는 나무를 촘촘히 심어 만든 생울타리나 죽은 나무의 가지, 이엉을 엮어 만든 바자울을 만들거나 지역에 따라서는 돌이나 목책(木柵)이 사용되기도 하였다. 제주도에서는 바람이 많아 특히 방풍의 기능을 중요하게 여겼는데 담뿐만 아니라 모든 건물을 돌벽으로 둘러싸는 모습을 흔히 볼 수 있다. 집중형 주거에서는 주거영역이 살림채와 뒤안으로 한정되기 때문에 살림채 앞의 마당을 두르는 울은 해방 이전까지만 해도 흔한 것이 아니었다. 다만 뒤안을 두르는 울은 방풍이나 짐승의 침입을 막기 위해 통나무로 목책을 만들어 세우기도 하였다. 다른 지역에서는 생울타리나 바자울이 보편적으로 사용되었던 것으로 보인다. 『산림경제』에서는 생울타리 만드는 방법을 다음과 같이 설명하고 있다.

"무릇 집을 지을 때에 먼저 담장부터 쌓거나 외문(外門)부터 만드는 것을 매우 꺼리는데 그렇게 하면 완성하기가 어렵다. 울을 만듦에 있어서는 먼저 사방의 경계선에 2척 너비와 깊이로 구덩이를 파 놓고 산조(멧대추)가 익을 때를 기다려 열매를 많이 따서 구덩이에 심어 놓고 싹이 돋은 다음에 손상되지 않게 보호하면 일 년 뒤에는

3척의 높이가 된다. 그리고 이듬해 봄에 가로 자란 가지는 잘라 버리고 가시는 남겨둔다. 겨울에 가서 이 줄기를 엮어 울을 만드는데 편의에 따라 엮는다. 명년에 다시 높이 자라면 충분히 도적을 막을 수 있다. 탱자나무를 많이 심어서 울을 만들면 또한 도둑을 막을 수 있다."

경제력이 조금 있는 집에서는 흙이나 돌을 사용하여 울을 두르는 경우가 많았다. 담의 형태나 치장이 신분을 상징하는 수단이기도 하므로 상류계층으로 갈수록 고급스러운 재료나 장식품으로 화려하고 권위적인 담을 만드는 것이 중요한 일로 인식되었던 것이다. 담 위에 지붕을 얹거나 회칠로 장식하는 방식은 『삼국사기 옥사조』의 기록에서도 보이듯이 이미 고대국가시대부터 시작되었다. 고려시대에 회회인(回回人)으로 고려에 귀화한 장순용이라는 사람이 담에 화초무늬로 장식하여 이를 장가장(張家墻)이라 하였다는데, 이것은 담을 장식하는 기법의 역사를 보여주고 있다.

서민계층에서도 흙과 돌로 울을 만드는 방법이 많이 사용되었는데, 같은 재료라도 시공방식에 따라 차이가 있었다. 먼저 토담은 흙으로만 쌓는 담을 말하는데, 나무틀로 거푸집을 만들어서 여물을 섞어 이긴 진흙으로 다지면서 쌓는 담을 편담이라 하여, 진흙을 둥글게 뭉쳐 마치벽돌처럼 쌓아 가는 담과 구별하였다. 또한 흙과 돌을 같이 쓰는 담도 시공방식에 따라 훋담과 맞담으로 구별되는데 『증보산림경제』에는 다음과 같이 설명되어 있다.

"담을 쌓되 바깥 면에는 돌을 써서 쌓는 방식으로 훋담이라 부르는 것인데, 역시 거푸집을 쓰기도 한다. 안쪽에는 흙만을 넣고 바깥쪽으로는 돌을 켜놓아 가면서 다진다. 흙을 받고 돌을 놓는 방식이다. 그밖에 돌을 한 켜 놓고 흙을 받을 때 두껍게 하여서 안쪽 벽을 발라 맥질하는 다른 방법도 있다. 비교적 넓적한 큰돌을 써서 쌓는다. 거푸집 없이 담의 안팎으로 돌의 머리를 두게 하여 면을 맞추면서 쌓는 것을 맞담이라고 하는데, 이것은 훋담과 구분되는 기법이다. 맞담을 쌓을 때 진흙 대신에 삼화토를 쓰기도 하는데 능원(陵園)의 곡담이나 세도 있는 집의 담장이 그런 방식이다."

울을 두르는 이유는 집의 경계를 표시하고, 남이 들여다볼 수 없도록 하며, 도둑을 막기 위해서이다. 특히 집중형 주거에서는 가축이 달아나지 않도록 하거나 바람을 막기 위해서 울을 두른다. 즉 울은 주거영역의 경계표시인 동시에, 외부로부터 가족의 사생활을 보호하기 위한 장치이며, 가족의 생명과 재산을 지키기 위한 시설이고 가축의 우리역할을 하며, 바람을 막아주는 장치이다.

주거에서 울이 언제부터 만들어졌는지는 잘 알 수 없으나, 사유재산의 발달과 관계가 있을 것으로 보인다. 씨족이나 부족사회에서는 취락단위로 공동생산과 공동소유가 이루어졌기 때문에 집집마다 울을 만들 필요가 없었을 것이며, 청동기시대까지의 움집터에서도 단위주거에 울을 두른 흔적은 발견되지 않고 있다. 그러나 사유재산제도가 발달하고 사회계층이 분화됨에 따라 자신의 고유한 영역과 생활, 재산을 보호하기 위한 장치가 요구되었을 것이며, 이로써 울을 만드는 방법이 발달하였을 것으로 추측된다.

사회계층의 분화와 더불어 울은 주택의 일부이며, 신분의 표현물이 되었다. 특히 울은 주택의 외부를 표현하는 매체로서 매우 중요시되었다. 『삼국사기 옥사조』에는 신분에 따라 주택의 규모, 형태, 재료 등을 제한하였던 신라의 가사규제가 기록되어 있는데 담의 높이, 형태, 치장 등을 품계별로 제한하고 있다. 담의 높이뿐만 아니라 담에 지붕을 설치한다든지 회칠로 치장하는 것을 품계별로 금하고 있는데, 이는 이런 것들이 신분을 상징하는 수단으로 사용되었음을 의미한다.

⑤ 수문신

수문신(守門神)은 문신, 수문장군신(守門將軍神)이라고도 부르며 집안사람들의 출입의 안전과 악귀(惡鬼)의 침범을 막고 대문에 있으면서 출입을 단속하는 신으로 가택보호신(家宅保護神)에 해당된다.

신체는 대문간 윗벽에 흰 헝겊 또는 삼베를 매달아 놓기도 하고, 무장(武將)의 무서운 얼굴을 그려 붙이기도 하며 용(龍), 호(虎) 등의 글자를 크게 써서 붙이기도 한다. 대개 원단, 입춘, 단오에 써서 붙인다. 경상도 동북부의 일부 지방에서는 수문신에 대한 신앙으로 두릅나무 또는 탱자나무를 베어다가 문호(門戶)나 삽짝문 위에 걸쳐 놓는 것을 볼 수 있다. 문신(門神) 신앙은 서울 지방에 주로 발달하였는데, 이는 서울의 도시적 경향으로 대문의 중요성을 느꼈기 때문에 생긴 것으로 보인다. 사찰의 산문에는 양쪽에 무서운 형상을 한 금강역사상(金剛力士像)이 서 있다. 이 금강역사상은 악귀・부정・악인의 출입을 막기 위해서인데 그와 마찬가지로 사람의 가택도 출입을 막을 필요가 있었으므로 수문신이 생겨난 것이다. 그러나 사찰의 금강역사와는 달리 수문신은 눈으로 볼 수는 없다.

주거영역으로 출입하는 입구를 우리는 흔히 대문이라 부르고 있다. 그러나 대문은 널판으로 만든 문만을 지칭하며 나뭇가지로 엮은 문은 삽짝(사립문)이다. 대문은 담과 마찬가지로 주거영역의 경계표시이며, 주거영역으로의 접근통로인 동시에 출입을 제한할 수 있는 차폐물로 인식된다. 그러나 이 통로는 사람이나 물건의 출입뿐만 아니라 집의 외부세계와 접촉하는 통로로도 여겨졌다. 집안사람들이 주거 밖의 외부세계와 접촉하여 발생하는 일들이 모두 이 통로를 통하여 드나든다고 생각하였다. 또한 이러한 일들이 복이 되기도 하고 화가 되기도 하여 입구로 들어와 사람에게 영향을 미친다고 믿었다. 따라서 출입을 제한할 수 있는 입구는 화의 진입을 막고 복만을 들어오게 하기 위해 입구를 지키는 수문신이 필요한 것이다.

『삼국유사』에 등장하는 처용설화에서 문에 처용 형상을 그려 붙여 잡귀를 쫓았다든지, 『삼국사기』에 등장하는 신라의 성문제(城門祭) 등은 문에 대한 인식의 오랜 역사를 보여주고 있다. 무속신앙에서는 제주도[46]에서 특별히 문신을 모신다. 또한 민간에서 출산을 하거나, 일정한 제례의 제관으로 선출되었을 때 대문에 금줄을 치는 관습은

46) '문전본풀이'라는 제주도 신화에 의하면 정낭과 주목의 신인 남선비가 처인 조왕과 첩인 측간신을 거느리고 일곱 아들을 두었는데 다섯 아들은 오방토신이 되고 여섯째는 뒷문전, 일곱째는 대청마루의 신인 일문전이 되었다고 한다. 정낭과 주목은 집으로 들어가는 입구와 마을의 큰 길을 가르는 나무경계표이다.

문을 지키는 수문신에 대한 신앙의 표시이다.

반드시 문신의 신체라고는 볼 수 없지만 엄나무 가시나 호랑이 뼈를 대문에 붙이는 행위는 성역으로서의 집이 속역(俗域)의 외부세계와 만나는 총체적인 접근통로로서 문의 의미를 보여주고 있다. 입춘날 '입춘대길'이라고 써 붙이거나 동지에 팥죽을 쑤어 대문 앞에 뿌림으로써 잡귀를 막는 풍속 또한 수문신과 관련이 있다.

문은 사람이나 물건이 출입할 뿐만 아니라 초자연적인 외부의 영향들로부터 집을 보호하는 시설이기에 문의 위치와 문 주변의 요소들에 대한 여러 가지 금기사항이 만들어졌다. 『임원경제지』에 기록된 문에 관한 내용은 다음과 같다.

"문이 벽보다 높으면 관재수가 많으며 문을 허좌(虛坐)로 내면 재난을 부른다. 뒷간이 대문을 대하면 잔병이 그치질 않고 창고의 입구가 문을 향하면 집이 물러나고 병을 얻는다. 방앗돌이 문에 있으면 집이 담 밖으로 나가고 문 앞에 바로 집이면 집안에 남는 곡식이 없다. 문 입구의 물구덩이는 집이 무너지고 외롭다. 큰 나무가 문에 있으면 전염병을 부른다. 담장머리에 문이 부딪치면 사람 입에 오른다. 교차하는 길목에 끼인 대문은 사람이 살지 못한다. 바른 길이 바로 문에 부딪치면 집에 노인이 없다. 대문을 향해 물이 쏟아지면 집안이 흩어지고 사람은 귀머거리가 된다. 종교건물이 문을 대하면 병이 잦다. 문안에서 물이 나오면 재산은 흩어진다. 문이 우물물에 부딪치면 집에 귀신을 부른다. 정문 앞에는 버드나무를 심지 마라. 대문 좌우에 신당을 모시면 3년에 한 번 곡을 한다."

대문 또한 담과 같이 주거의 외부를 표현하는 매체로서 신분을 상징하는 수단으로 사용되었다. 『삼국사기 옥사조』에는 품계에 따라서 중문(重門)이나 사방문(四方門)을 금지하는 내용을 볼 수 있다. 사방문은 사방으로 난 문을 의미하는데, 당시의 상류계층에서는 궁궐처럼 사방으로 문을 두는 것을 선호한 것으로 보인다. 중문은 학자에 따라서 이중(二重)으로 설치된 문으로 해석되기도 하고 솟을대문으로 해석되기도 하고, 누문(樓門)으로 해석되기도 한다. 즉 대문의 형태나 규모, 장식 등이 신분의 상징으로 인식되었다는 것을 알 수 있다.

조선시대 상류계층에서는 담과 문이 공간화되어 대문간을 이루기도 하고 대문채를 이루기도 하였다. 이러한 방법은 대문채를 하인의 거주공간, 또는 수장공간으로 사용하려는 것이다. 솟을대문은 담보다 높게 지붕을 설치한 문으로서 담과 높이를 맞추는 평대문과는 구별되며, 조선시대의 상류계층에서는 보편적으로 사용되었다. 가사규제가 철폐된 조선 후기에는 부유한 중인이나 농민계층에서 이를 모방함으로써 신분구별의 의미는 없어졌지만 경제력을 반영함으로써 또 다른 의미에서 구별되고 있다.

서민계층에서는 대문을 설치할 만한 널판을 구하기도 어렵고 신분적으로도 허락받지 못하였기 때문에 대나무나 싸리나무를 엮어 삽짝을 설치하였다. 그러나 집중형 주거에서는 살림채의 정지문이나 안마루로 통하는 문을 두꺼운 널판으로 만든 널문으로 하였다. 주민들이 정지문을 대문이라고 부르는 것에서 알 수 있듯이 이것이 외부로부터 주거영역으로 출입하는 주된 출입구로 인식되고 있다. 이러한 널문은 짐승이나 도둑의 침입을 막기 위하여 만들어졌다. 집단적 방어가 어려운 분산형 주거에서도 정지문은 널문으로 하고 있는데, 이는 건물이 분화되기 이전의 습관이 전승된 것으로 생각된다.

제주도의 정살문은 입구 표현방식의 지역성을 보여주는 좋은 사례이다. 제주도에서는 집의 입구에 정주먹이라고 하는 돌기둥 두 개를 세우고, 거기에 서너 개의 통나무를 가로질러 입구를 표현하고 있다. 이러한 입구 표현방식은 본래 살채기라고 부르는 방목지(放牧地)의 문에서 유래된 것으로 보고 있다. 살채기문은 방목 중인 가축이 뛰쳐나가지 못하도록 하는 장치로서 가느다란 통나무 네댓 개로 여닫이문을 만들었다. 방목 중인 마소가 인가에 침입할 수 없도록 정살문이 만들어졌던 것이다. 따라서 제주도의 정살문은 방범의 기능보다는 가축의 침입을 막는 기능이 강하다고 생각된다. 정살문이 가지고 있는 또 하나의 특수한 기능은 정보전달의 기능이다. 즉 가로지르는 통나무가 모두 내려져 있으면 집 안에 사람이 있다는 뜻이며, 모두 올려져 있으면 집 안에 사람이 없고 한참 있다가 돌아올 것이라는 표현이다. 이와 같이 제주도에서는 지역적 환경을 고려한 독특한 입구의 표현방식이 발달해 왔다.

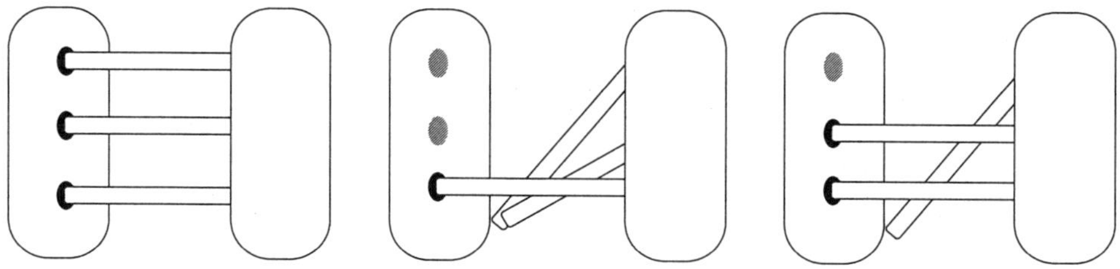

【제주도 정낭】

이상과 같은 가택신 외에도 여러 가신들이 존재한다. 예를 들어 장군신은 굴뚝신으로, 굴뚝으로 드나드는 재앙을 막아 주는 신이다. 장군신에 대한 제사는 굴뚝 앞에 음식을 차려 놓고 집안의 평안과 무병을 기원한다. 제사는 지신제나 음력 3월 3일 혹은 칠월칠석에 지낸다. 가구신(家具神)은 파손된 헌 가구와 오래된 손때 묻은 가구가 귀신으로 화해서 나타난다고 전해지며, 그릇신은 부엌에서 사용하고 있는 그릇에 사람의 혈액, 특히 여인의 피가 묻으면 귀신이 된다고 생각한다.

2) 주거문화와 풍수사상

(1) 풍수사상의 이해

우주만물을 만들고 변화시키는 힘을 기(氣)라고 부르고, 그 힘은 음(陰)과 양(陽)이라는 두 개의 서로 다른 성질을 가지고 활동한다고 생각하여 음양론(陰陽論)[47]이 만들

47) 음양의 양은 천(天), 해, 남자, 노출된 것, 활동적인 것, 적극적인 것이고, 음은 지(地), 달, 여자, 감추어진 것, 정적인 것, 소극적인 것이다.

어졌다. 또한 음양이 서로 결합하여 서로 다른 다섯 개의 성질, 즉 목화토금수(木火土金水)의 오행(五行)으로 나타나 활동한다는 오행론(五行論)이 만들어졌다. 이러한 음양론과 오행론이 결합되어 음양오행설(陰陽五行說)로 발전하게 된 것이다. 음양오행의 법칙은 자연뿐만 아니라 인간에게도 적용된다고 생각하여 인간의 운명을 예견하는 철학적 체계로 자리 잡게 되었다.

한편, 우주만물을 생성·변화시키는 기(氣)라는 힘이 땅속을 흘러 다니며 땅 위의 것들을 움직이게 한다고 생각하였는데, 땅 위에 모든 생물을 태어나게 하고 자라게 하는 힘을 생기(生氣)라고 불렀다. 이러한 생기는 아무 곳에나 있는 것이 아니라 특별히 모이는 장소가 있어서 인간이 그 장소를 이용함에 따라 복을 받기도 하고 해를 받기도 한다고 믿었다. 따라서 사람들은 살아가면서 가능하면 해를 받지 않고 복을 받을 수 있도록 자연을 이용하는 방법을 찾게 되었고, 자연의 모습을 구별하여 생기를 얻을 수 있는 장소를 가려내게 되었다. 이렇게 음양오행설을 바탕으로 자연의 모습을 구별하여 인간의 운명과 대응시키는 생각을 풍수사상(風水思想)이라고 부르게 된 것이다.

풍수는 감여(堪輿), 지리(地理), 지술(地術)이라고도 한다. 이들의 뜻은 거의 비슷하나, 감여는 땅과 인간과의 관계를 그 근본적 발생 관계에서 관찰한 것이고, 지리는 땅과 인간과의 관계를 학리적(學理的)으로 설명한 것이며, 지술은 피흉(避凶) 구복(求福)이라고 하는 술법에 중점을 두는 것이다. 풍수라는 명칭은 지리의 설(說)이나 학명(學名)이 아니고 지리법의 술명(術名)이나 법명(法名)이라 할 수 있다. 그 이학(理學)에 통달한 지사(地師), 지리선생(중국의 호칭) 등이 실제로 학리(學理)를 응용해서 길지(吉地)를 정할 때 장풍(葬風)의 선악, 득수(得水)의 길흉 등을 따졌기 때문에 일반인이 이 술사(術師)를 풍수사라 부르게 되고, 결국 지리법, 장법까지 풍수라 부르게 되었던 것으로, 술명이 지리학의 속칭이 된 것이다. 속칭이기 때문에 학자, 술사는 이를 학술어로 사용하기를 꺼려하지만, 일반인들은 땅에 관한 길흉점법을 모두 풍수라고 부른다.

이러한 풍수사상은 기원전 4,000년경 고대 중국에서 시작되었다고 하는데, 하나의

표 2-3 오행의 기본 성질

목(木)	• 목은 용출(湧出)하는 힘이다. 봄은 목기가 강한 계절인데, 스프링(spring)과 같이 튀어오르는 성질은 목을 대변하는 것이다. 목은 모든 것을 성장시키는 봄의 난기(暖氣)를 의미하며 목제품 전부를 가리킨다. • 오성(五星)으로는 신성(辰星)을 나타내며, 오기(五氣)로는 바람[風], 오방(五方)으로는 동방, 오시(五時)로는 봄, 오상(五常)으로는 인(仁), 오지(五志)로는 기쁨[善], 오장(五臟)으로는 간(肝), 오색(五色)으로는 청(靑), 오음(五音)으로는 각음(角音), 오미(五味)로는 신맛[酸], 오체(五體)로는 긴 것, 오성(五性)으로는 곡직(曲直)을 나타낸다.
화(火)	• 화는 퍼지는 것을 주된 운동으로 한다. 식물도 처음에 통으로 줄기를 유지할 때까지는 목으로 보고 가지를 뻗는 단계가 되면 화의 단계로 본다. 화는 모든 것을 왕성하게 만드는 여름의 열기(熱氣)를 의미하며 빛의 현상을 가리킨다. • 오성으로는 형성(熒星)을 나타내며, 오기로는 열(熱), 오방으로는 남방, 오시로는 여름, 오상으로는 예(禮), 오지로는 기쁨[善], 오장으로는 심(心), 오색으로는 적(赤), 오음으로는 치음(齒音), 오미로는 쓴맛[苦], 오체로는 뾰족한 것, 오성으로는 염상(炎上)을 나타낸다.
토(土)	• 토는 공정무사한 중(中)작용을 한다. 토의 성질로써 목, 화의 무제한적인 생장을 제한한다. 마치 탄소원자의 작용과도 같이 분열을 종합시켜서 성숙의 과정으로 유도하는 인도자이다. 토는 사계(四季)의 중간에 해당되는 토용(土用)의 습기를 의미한다. 또 대지의 흙 및 흙의 작용 전반을 가리키고 모든 것을 생성시키며 멸망시킨다는 성육과 부패의 두 가지 상반되는 작용을 의미한다. • 오성으로는 세성(歲星)을 나타내며, 오기로는 습(濕), 오방으로는 중앙, 오시로는 사계(四季), 오상으로는 신(信), 오지로는 생각[思], 오장으로는 비(脾), 오색으로는 황(黃), 오음으로는 궁음(宮音), 오미로는 단맛[甘], 오체로는 모난 것, 오성으로는 가색(稼穡)을 나타낸다.
금(金)	• 금은 목과는 반대의 작용을 하는데 봄에는 목의 기운을 받아서 식물의 껍질이 부드럽지만 가을에는 금의 기운을 맞아 경변(硬變)하게 된다. 이것은 무제한적인 팽창과 발산으로 우주의 원기[陽]를 소실하지 않기 위해 외부를 단단한 것으로 둘러싸서 원기를 보존하고자 하기 위함이다. 금은 식물이 결실을 맺는 가을의 양기(陽氣)를 의미하며 모든 금속 제품을 가리킨다. • 오성으로는 태백(太白)을 나타내며, 오기로는 조(燥), 오방으로는 서방, 오시로는 가을, 오상으로는 의(義), 오지로는 두려움[恐], 오장으로는 폐(肺), 오색으로는 백(白), 오음으로는 상음(商音), 오미로는 매운 맛[辛], 오체로는 둥근 것, 오성으로는 종혁(從革)을 나타낸다.
수(水)	• 수의 상태는 인간에 있어서 정(精), 식물에 있어서 핵(核)이라고 하는 것이다. 응고성과 자율성 그리고 중화성은 수의 성품이며 만물의 생명원천이다. 수(水)란 겨울의 한기(寒氣)를 의미하며 액체 상태의 모든 것을 가리킨다. • 오성으로는 진성(鎭星)을 나타내며, 오기로는 한(寒), 오방으로는 북방, 오시로는 겨울, 오상으로는 지(智), 오지로는 근심[憂], 오장으로는 신(腎), 오색으로는 흑(黑), 오음으로는 우음(羽音), 오미로는 짠맛[鹹], 오체로는 굽은 것, 오성으로는 윤하(潤下)를 나타낸다.

체계화된 사상으로 정리된 시기는 기원전 3세기 이후라고 한다. 중국에서 발달한 풍수사상이 언제부터 한반도에서 전파되었는지는 정확히 알 수 없으나, 고구려나 백제의 고분에 풍수사상과 관련된 사신수(四神獸: 네 방위를 다스린다는 상징적 동물, 청룡·백호·주작·현무)가 그려져 있고, 음양오행에 대한 기록이 있는 것으로 보아, 고대 국가 초기에 이미 음양오행사상이 전파되어 있었던 것으로 추측된다. 풍수사상이 적용된 것으로 보이는 최초의 기록은 『삼국유사』이다. 신라의 4대 임금인 탈해(脫解)가 아직 왕이 되기 이전에 토함산에 올라가 아래를 보니 호공(瓠公)이라는 사람의 집터가 초승달 모양의 좋은 땅이라는 것을 알고 남몰래 그 집 뜰에 숯을 묻어 놓고 말하기를 "옛날 내 조상이 이곳에 대장간을 하며 살았으나 중년에 집을 빼앗겼다"고 거짓말로 재판을 걸어 집터를 차지하였다는 것이다. 초승달은 날이 지남에 따라 점점 커지게 마련이므로 이 터에 사는 사람도 장차 크게 된다는 것이며, 결국 탈해가 뒷날 임금 자리에 오른 것도 호공의 초승달 터에 살았기 때문이라는 풍수와 관련된 설화이다. 그러나 이 밖에 풍수의 구체적인 방법들이 적용된 사례들이 발견되지 않고 있기 때문에 이 시기에 체계화된 풍수의 방법들이 들어왔다고는 말할 수 없고, 다만 음양오행에 따라 자연을 인식하는 초기적인 지식들이 민간에 퍼져 있었던 것으로 보인다.

신라의 도선스님은 풍수에 능하였다고 하는데, 도선이 저술했다고 전해지는 『도선비기』에 따르면 풍수는 국가의 운명까지도 좌우하며, 특히 집짓기와 관련된 부분이 많다. 도읍의 결정, 취락의 형성, 집터와 집 모양의 결정, 무덤자리의 결정 등 땅의 선택과 이용에 큰 영향을 준 사상이다.

풍수사상과 방법이 널리 퍼지게 된 것은 고려시대부터라고 보인다. 『고려사』에 태조 왕건의 집터와 관련된 설화가 기록돼 있는데, 그의 아버지 제건(帝建)이 돼지의 뒤를 따라가 돼지가 누운 송악 동남쪽에 집터를 정하였고 이곳을 도선사(道詵師)가 "삼한을 통합할 인물이 나타날 길지"라고 하였다는 것이다. 고려를 세운 태조 왕건은 집터가 좋았기 때문에 새로운 왕조를 세울 수 있었다고 믿었으며, 그가 후손들에게 교훈으로 남기기 위해 만들었다고 하는 훈요십조(訓要十條)에도 풍수와 관련된 내용이 있다. 즉 제2훈에서 도선선사가 지정하지 않는 곳에 함부로 절을 짓지 말라고 경계하고 있고, 제5훈에서는 고려 태조가 고려를 세운 것은 삼한지역의 산천이 도와주었기 때문이라 하였으며, 제8훈에서는 차령산맥 이남의 지세가 반역형이므로 그 고장 사람을 등용하지 말라고 당부하였던 것이다. 이렇게 국가의 발전과 쇠퇴까지를 풍수사상에 의한 것으로 이해하였기 때문에 고려시대에는 풍수전문가인 지리박사나 지리생(地理生)과 같은 관직을 두기도 하였다. 또한 수도를 결정하는 일도 풍수에 의존하였기 때문에 그에 따라 도읍을 서경(西京)으로 옮기려는 움직임이 끊이지 않았으며 마침내는 묘청(妙淸)의 난까지 일어나게 되었다.

풍수사상은 개인의 집터와 건물의 형태를 결정하는 데에도 영향을 주게 되었다. 『고려사』에는 "도선비기에는 '산이 드물면 높은 집을 짓고 산이 많으면 낮은 집을 짓는다. 산이 많은 것은 양(陽)이요, 산이 드문 것은 음(陰)인데, 높은 집은 양이요 낮은 집은 음이다. 우리나라는 산이 많아 만일 높은 집을 지으면 자손이 쇠퇴하게 된다.'는 기록이 있다. 따라서 태조 이래 궁궐 안에 집을 높게 짓는 것을 막았을 뿐 아니라 심지어 일반에게도 이를 금지시켰다"라고 기록되어 있다.

조선시대에 들어와 풍수사상은 더욱 발전된 체계를 갖추고 민간에까지 널리 전파되어 무덤자리를 선택하고 사용하는 일에서부터 취락이나 도읍, 건축에 이르기까지 많은 영향을 미치게 되었다. 조선을 개국한 태조 이성계 설화에도 집터와 관련된 내용이 보이고 있으며, 심지어 그의 왕비인 신의왕후 한씨나 신덕왕후 강씨의 출생지(出生地)도 풍수학적으로 미화되어 있어, 그들의 운명이 좋은 집터에서 기인되었다고 인식하였다. 조선조에 명문가로 출세한 사람들은 대부분이라고 해도 좋을 만큼 조상의 무덤자리나 집터에 관하여 풍수상 좋은 터라고 보고 있다. 조선조에서는 국가의 도읍과 왕조의 흥망이 풍수와 관련이 있다고 보았으며, 양반들은 조상의 묘나 집터를 잘 써서 가문을 발전시키려 하였으며, 심지어 서민들까지 풍수전문가의 자문을 구해 집터와

집 모양을 결정하였던 것이다. 그러나 상류층에 비하여 사회적 · 경제적 능력이 부족하였던 서민이 집터를 선택하기란 대단히 어려우며, 무덤자리와는 달리 집터는 생산조건이나 사회적 조건 등을 갖추어야 하기 때문에 농경지나 취락과 독립되어 선택되기는 어려웠다. 따라서 집터를 풍수학적인 방법에 따라 선택할 수 있는 계층은 극히 제한될 수밖에 없었다. 그렇다 하더라도 좋은 집터를 이루기 위해서는 우선 풍수상으로 좋은 터에 집을 지어야 한다는 생각을 일반적으로 가지고 있었다. 즉 조선조에 이르러 풍수사상은 민간신앙으로서 확고한 자리를 차지하게 되었고, 주택건설에 있어서도 그 방법이 폭넓게 적용되었다.

조선 후기에 이르러서는 일반인이 이해하기 어려운 풍수의 이론과 민간에 널리 퍼져 있던 풍수에 대한 민간신앙을 결합하여 좋은 주택을 짓기 위한 방법을 설명한 책들이 실학자들에 의해 만들어졌다. 홍만선의 『산림경제』(1715), 서유구의 『임원경제지』(1827), 이중환의 『택리지(擇里志)』(1766)[48] 등이 그 대표적인 예라고 할 수 있다. 이러한 책들은 비록 풍수사상에 뿌리를 둔 것이기는 해도 일부에서는 현실에 바탕을 둔 과학적인 방법이 설명되고 있으며, 집터의 선정에서부터 건설과정에 이르기까지 주택건축에 대한 전반적인 내용을 담고 있다. 즉 실사구시(實事求是)와 이용후생(利用厚生)을 도모하려 하였던 조선 후기 실학자들의 생각이 풍수사상과 결합하여 보다 과학적인 주택계획의 방법이 만들어질 수 있었던 것이다.

---

48) 『택리지』는 1751년(영조 27)에 실학자 청담 이중환(李重煥, 1690~1752)이 저술한 인문지리서이다. 이 책은 한국의 지리를 포괄적으로 쓴 것으로 『팔역지(八域志)』, 『박종지(博綜誌)』, 『동국지리해(東國地理解)』, 『팔역가거지(八域可居志)』, 『동국산수록(東國山水錄)』, 『진승유람(震維勝覽)』, 『동국총화록(東國總貨錄)』, 『형가승람(形家勝覽)』 등으로 불린다.
택리지는 팔도총론(八道總論)과 복거총론, 2편으로 나누어서 서술되었는데 팔도총론에서는 전국을 8도로 나누어 그 지리를 논하였고 그 지방의 지역성을 출신인물과 결부시켜서 밝혔고[地人相關], 복거총론에서는 살기 좋은 곳을 택하여 그 입지조건을 들어 타당성을 설명하였다. 팔도총론은 지방지(地方誌)에, 복거총론은 인문지리적 총설에 해당된다.
사람이 살 만한 곳의 입지조건으로서 지리 · 생리(生利) · 인심(人心) · 산수(山水) 등 네 가지를 들었다. 이처럼 지리적인 내용 외에도 풍수지리 · 정치 · 경제 · 사회문화 등의 내용을 각 지역마다 관련하여 서술하였다.

(2) 풍수학적으로 좋은 주거

풍수학적으로 좋은 집터란 땅속을 흘러 다니는 생기가 모여 있어 인간에게 감응을 불러일으키는 장소이며, 일정한 범주의 터 안에서도 특별히 생기가 머무는 장소이다. 생기가 모이는 장소를 찾기 위해서는 산[龍]의 흐름을 보아야 하는데, 산의 흐름이 멈추는 곳을 국(局), 국의 주위를 둘러싸는 산과 언덕들을 총칭하여 사(砂), 그 중심부에 생기가 모여 있는 혈(穴)이 자리한다고 생각한다. 혈이란 생기가 모여 있는 장소로서 이곳에 시신을 안치하거나 건물을 지어야 생기의 감응을 받을 수 있다고 생각한다. 비록 풍수상으로 좋은 집터를 구했다고 해도 주된 건물이 혈 자리에 위치하지 못하면 주인의 운명에 해를 끼친다고 믿었다.

명당자리

조선 후기에는 풍수 요소보다는 오히려 인문사회 조건이나 경제적 조건, 또는 교육적 조건 등 근대적인 방법의 택지선정이 실학자들에 의해 주창되기도 하였다. 이중환의 『택리지』에 의하면 집터는 지리(지형적 조건, 토지의 생산성이나 음료의 위생적 측면), 생리(경제적으로 유리한 지리적 조건), 인심(사회적 조건, 근린관계의 중요성), 산수(경관 조건)가 좋아야 한다. 풍수학적으로 좋은 집터는 앞은 낮고 뒤가 높고, 남쪽에 빈터가 있으면 좋다. 삼각형의 집터는 나쁘며, 습기가 있는 대지는 성토하는 것이 좋다. 또한 집터를 고르는 데 있어 첫째, 수구(水口)로서 물이 흘러들고 흘러나가는 모양을 보아야 하고, 둘째, 야세(野勢)로서 해와 달, 별빛이 항상 환하게 비치는 들이 좋고, 셋째, 산형(山形)으로 산 모양이 수려하고 아담하여야 하며, 넷째, 토색(土色)으로 토질이 좋아야 하며, 다섯째, 수리(水理)로서 맑은 물이 있어야 하며, 여섯째, 조산조수(朝山朝水)로서 앞산 너머의 산인 조산, 앞내 너머의 물인 조수가 모두 산맥의 좌향과 음양의 이치에 합치되어야 한다고 하였다.

집터가 정해지면 좌향(坐向)을 한다. 좌향이란 건물이 위치하는 자리[坐]와 건물의 방향(向)을 동시에 의미한다. 또한 같은 위치에서도 건물이 향하는 방위에 따라 길흉이 달라진다고 생각하였다. 조선조의 『전생록(全生錄)』은 사람의 사주에 따라 운명을 예시한 것인데, 건물의 대문 방향에 따른 운명의 길흉을 설명하고 있다. 즉 집터 안에서 건물의 위치와 방향에 따라 인간의 운명이 영향을 받는다고 인식하였던 것이다.

좌향에서 가장 중요한 요소는 대문, 안방, 부엌이다. 이를 양택의 삼요(三要)라고 하는데, 삼요의 위치와 방향은 반드시 풍수전문가가 결정해야 한다고 믿었다. 그리고 그 밖의 대부분의 공간들도 그 기능과 관련하여 음양오행의 원리에 합당하도록 위치나 방향이 결정되기도 하였다. 주된 건물이 들어설 자리는 혈에 해당하며, 마당은 명당에 해당한다. 혈 자리의 건물이 땅속의 생기(地氣)를 받는 곳이라면, 명당으로서의 마당은 하늘로부터 내려오는 양기(天氣)를 받는 곳으로, 건물과 마당은 각기 땅과 하늘의 기운을 받는 장소라고 생각한다.

건물의 형태는 좋은 글자의 모양을 갖추어야 한다고 생각하여, 일(日), 월(月), 구(口)와 같은 모양을 좋다고 하였다. 일(日), 월(月)과 같은 모양은 그 뜻이 해와 달을 의미하기 때문에 좋은 형태이며, 구(口)와 같은 모양은 먹을 것이 끊이지 않음을 의미해 많이 사용되었다. 그러나 만들고 부순다는 뜻의 공(工) 자나 시체를 의미하는 시(尸)

자 모양의 집은 피해야 할 것으로 생각하였다.

풍수에서 양택의 문은 혈과 명당을 보호하는 사신(四神)의 의미로 해석된다. 대문은 부엌이나 안방과 더불어 주택의 삼요이므로 풍수로부터 위치를 지정 받아야 하며, 좋은 날을 가려 설치해야 하는 것으로 인식하였다. 심지어 대문이나 삽짝을 설치하지 않는 집에서도 입구로 사용되는 장소는 신중하게 선택하여야 한다. 길에서 집으로 들어오는 작은 통로를 '문로(門路)', '올래'라고 하는데, 문을 설치하지 않아도 그 방향은 중요하였다. 따라서 날을 가려 풍수로부터 일정한 위치를 선택받고 문을 설치하는 것이 보편적이었으며, 풍수의 자문을 구할 수 없는 집에서는 살림채의 추녀 방향으로 입구를 내었다. 추녀는 지붕의 네 모퉁이에서 위로 오르는 부재이니 그 방향으로 입구를 내어야 복이 들어와 집안을 번성하게 한다고 믿었기 때문이다.

특히 대문의 위치는 매우 중요시하는데, 이는 기의 흐름이 문을 통해 들어온다고 보기 때문으로 일지이문(一地二門)이라고 하여 터와 문을 중요시한 것이다. 남향집에 동향대문을 가장 이상적으로 생각하였다. 동향집에 북동대문이나 서향집에 남향대문의 집은 부귀가 들어오며, 북향집에 동향문의 집은 재산과 출세가 크게 늘며, 남향집에 남동대문의 집은 부와 귀(貴)가 모두 좋다고 생각하였다. 또한 대문과 담의 형태, 창호의 배치, 집터의 규모 등도 풍수 또는 음양오행의 이치에 맞아야 한다고 생각하였다.

표 2-4 풍수학적으로 좋은 대문의 위치

집의 방위	대문의 위치	비고
남향집	동향대문	가장 이상적이다
	남동대문	부귀
동향집	북동대문	부귀
서향집	남향대문	부귀
북향집	동향문	재산과 출세

표 2-5 풍수와 방위

사정방(四正方)	동쪽	• 동쪽은 아침, 봄, 나무[木], 진방(震方)이다. 진방은 새로움에 대한 도전을 가능케 하는 운기(運氣)가 있으며, 장남의 방향이다. • 따라서 가상(家相)의 동쪽이 길하면 사업이나 장사에서 일찍 두각을 나타내고 젊음을 오래 유지할 수도 있다.
	서쪽	• 서쪽은 쇠[金], 태방(兌方)이다. 태괘(兌卦)는 입, 금전, 기쁨, 수확, 막내딸의 뜻으로 그 부분을 지원하는 운기가 있다. • 따라서 가상의 서쪽이 길하면 남녀의 즐거움이나 연애에 좋은 운이 있고 상업이나 금전운이 따르게 된다.
	남쪽	• 남쪽은 한낮, 불[火], 이괘(離卦)로 양(陽)의 세력이 최고에 도달하는 방위이다. 남쪽은 주로 두뇌 활동, 영감을 통한 예술, 정치적인 역량이나 아름다움을 추구하는데 도움을 주는 운기가 있다. • 따라서 가상의 남쪽이 길하면 사교성이나 교육, 소송 등에 유리하다.
	북쪽	• 북쪽은 한겨울, 물[水], 극음(極陰), 감(坎)으로 중년남자, 둘째 셋째 아들, 화합, 남녀 간의 사랑, 성관계, 비밀을 조절하는 힘이 있다. • 또 환경에 적응하는 순응성이나 유연성, 협조성을 맡은 방위이기도 하다.
사우방(四隅方)	동남쪽	• 동남쪽은 환절기인 4~5월, 오전 7~9시쯤, 손방(巽方)이다. 바람을 뜻하며 먼 거리 출장을 통한 상담 거래에 영향력을 나타낸다. • 또 결혼, 남녀교제 같은 사람들과의 인연을 맡은 방위로서 사회생활을 원만하게 해 나가는 데 도움을 준다.
	서북쪽	• 서북쪽은 가을, 10~11월, 오후 7~11시쯤, 건방(乾方)이다. 하늘, 아버지를 뜻한다. 활동력, 출세, 승부 따위에 영향을 주며 규모가 큰 기획을 가능케 한다. • 따라서 서북쪽이 가상이 길한 집에 사는 사람은 사회적으로 지위와 재산을 쌓을 수 있다.
	북동쪽	• 북동쪽은 봄이 시작되는 1~2월, 음의 끝에서 양(陽)이 시작되는 시기, 흙(土), 간방(艮方)이다. 소년, 상속, 막내아들, 저축, 이사 또는 전근 등을 뜻한다. • 특히 북동쪽은 귀신이 드나드는 귀문방(鬼門方)으로 꺼리는 방위 중에 하나다. 다른 방위보다 각별한 주위를 필요로 하는 방위다.
	남서쪽	• 남서쪽은 초가을인 7~8월, 오후 1~4시 사이, 바람 없고 약간 흐린 따뜻한 날씨, 곤방(坤方)이다. 대지, 현모양처, 근면, 유순함, 노력, 충실이라는 뜻이 포함되어 있다. • 남서쪽도 동북쪽과 짝이 되는 귀문방(鬼門方)이다. 따라서 남서쪽도 소홀히 하면 행운보다 액운이 들기 쉽다.

양택의 삼요 중 하나인 안방은 대문의 위치에 따라 그 운이 달라진다고 믿었다. 즉 북동쪽 대문집에는 남서쪽, 서쪽 대문집에는 북서쪽, 남서쪽 대문집에는 북동쪽, 북서쪽 대문집에는 서쪽, 북쪽 대문집에는 남동쪽, 남쪽 대문집에는 동쪽, 동쪽 대문집에는 남쪽, 남동쪽 대문집에는 북쪽에 안방이 있는 것이 좋다고 생각하였다.

그리고 부엌의 위치는 북동, 남서쪽이 가장 불길하며, 동쪽에 위치하면 구설수에 휘말릴 수가 있다고 생각하였다.

양택에 있어서 살림채와 마당이 혈과 명당으로 인식되듯이 울 또한 대문과 더불어 혈과 명당을 둘러싸는 사(砂)의 의미를 갖는다. 풍수에 있어서 길지(吉地)란 바람을 막고 물을 얻어 생기가 모이는 장소를 의미하며, 사는 바람을 막거나 가두는 역할을 하는 것으로 인식된다. 사로서의 울은 자연계의 바람을 막는 기능도 가지고 있다. 즉 담과 대문을 설치하는 일은 건물과 마당을 둘러싸는 현실상의 기능을 추구하기 위해서만이 아니라 명국(明局)을 형성시키기 위해 필수적인 일로 인식되었으며, 그에 따라 여러 가지 금기와 법식이 따르게 되었다. 『임원경제지』에는 담의 형태에 따른 길흉이 다음과 같이 설명되어 있다.

"토담의 모양이 둥근 활꼴이면 부를 상징하고 외겹 한 봉우리와 두 겹 두 봉우리는 곡식이 많다. 낮으면 좋지 않다. 덩굴나무가 서로 얽혔으면 재난이 난다. 담장머리에 가리는 덮개가 없거나 모양이 관(棺)의 나무 같거나 대문에 부딪거나 혹 기울어지고 엎어졌으며, 길을 끼고 서로 더해진 것은 모두 나쁘다. 절대로 대문보다 낮은 것을 꺼린다."

이 외에도 집의 건설시기와 과정, 건축방법 등 주택의 계획 및 건설 전반에 걸쳐 풍수사상이 적용되었다. 특히 건설 시기는 매우 중요하게 생각하였다. 『산림경제』에서도 수조연운(竪造年運)이라 하여 주인의 생년을 가려 집 지을 해의 길흉을 설명하였고, 터를 닦기에 좋은 날, 기둥세우기에 좋은 날, 상량하기에 좋은 날, 대문 만드는 데 좋은 날, 창고 짓는 데 좋은 날 등을 설명하였다. 이 밖에도 나무 베는 데 좋은 날이라

듣지, 우물 파기에 좋은 날, 입택을 하기에 좋은 날도 설명하고 있다. 『택리지』에서도 집짓기에 있어서 나무 베는 날부터 터 닦는 날, 기둥 세우는 날, 상량하는 날, 지붕 이는 날, 아궁이 만드는 날, 뒷간 짓는 날, 창고 짓는 날, 대문 만드는 날, 입택하는 날 등은 풍수에게 택일을 해야 하는 날이라고 하였다. 이 중 아직도 중요하게 생각하는 날은 터 닦는 날과 주추 놓는 날, 기둥 세우는 날, 상량하는 날, 입택하는 날이다.

(3) 현대의 풍수건축과 풍수인테리어

풍수사상은 집터를 구하는 일에서부터 건물의 위치와 방향, 건물의 형태, 건설시기와 과정, 건축방법에 이르기까지 적용되었으며, 아직도 상당수 전수되고 있다. 최근에는 실내디자인 분야에서도 풍수사상이 도입되어 건물뿐만 아니라 실내를 구성하는 가구나 색채의 선택에도 기의 흐름을 고려하기도 한다. 빌딩이 많은 홍콩에서는 배산임수와 마찬가지로 좌청룡 우백호를 따질 수 없으므로 소풍수(小風水)가 발달하였다. 소풍수는 건물의 배치와 실내장식, 대문, 창문, 실내의 가구 배치 등을 따지는 풍수이다. 즉 풍수인테리어로 볼 수 있다. 지금도 적용하고 있는 풍수건축과 풍수인테리어에 대해 간단히 살펴보면 다음과 같다.

① 풍수건축

집을 지을 때는 다음과 같은 사항을 고려한다.

• 배산임수형으로 집을 짓는다.

배산임수(背山臨水)란 산을 등지고 물이 있는 쪽을 바라본다는 뜻이다. 즉 지면보다 약간 높은 부분에 건물을 짓고, 지대가 낮은 쪽에 마당을 설치함으로써 내려다보도록 하는 배치를 한다. 이는 생기는 낮은 지역에서 발생되어 바람을 타고 지상으로 옮겨지므로 집은 생기가 불어오는 쪽을 향하고 있어야 하기 때문이다. 일반적으로 명당은 전저후고(前低後高)라 하여 앞쪽(또는 남쪽)은 평평하고 넓으며, 뒤쪽(또는 북쪽)이 높다. 그래야 북쪽의 찬바람을 막고 남쪽의 따뜻하고 좋은 기(氣)를 모을 수 있기 때문이다. 양쪽 옆은 좌측(또는 서쪽)이 약간 더 높아야 한다. 그래야 우측(혹은 동쪽)의 기를 더 많이 받을 수 있기 때문이다. 동쪽의 기는 성장, 발육에 이로움을 주는 좋은 기다.

남향집은 햇빛을 가장 많이 받는 집으로서 대표적인 주택 배치방법 중 하나이다. 평탄하고 넓은 대지에서나, 대지의 경사가 북쪽은 높으면서 남쪽이 낮은 땅, 즉 대지 형태가 남과 북으로 길게 늘어진 경우에는 남향으로 배치하는 것이 가장 이상적이다. 그러나 이 외의 대지 조건에서는 주택을 남향으로 배치하는 것이 오히려 풍수학적으로 좋지 않을 수 있으므로 주의가 필요하다. 특히 도심에서는 좁은 땅에 집을 짓게 되는 경우가 많기 때문에 방위에 너무 얽매이지 말고 생기를 더욱 많이 받을 수 있는 배치 방법을 적용시키는 것이 바람직하다.

• 도로와 멀리 떨어져 집을 짓는다.

도로의 위치나 크기 등은 건물 배치에 중요한 요인으로 적용된다. 도로는 사람과 차뿐만 아니라 바람도 통과하며, 바람이 도로를 통해 집에 전달되면 집 내부의 기운이 변한다. 막다른 골목에 있는 집은 강한 바람이 부는 집이므로, 특히 골목 길이가 긴 집에서 살게 되면 좋지 않다.

도로는 주택 전면 쪽에만 있는 것이 가장 바람직하다. 주택 전면과 후면에 도로가 있는 경우에는 주택 주변의 바람이 앞과 뒤로 쉬지 않고 흘러서 공기 흐름에 안정감이 없다. 그러나 전후면 도로에 접해 있어도 도로 간 거리가 충분하게 떨어져 있어서 바람이 서로 혼합되지 않으면 관계없다.

두 개의 도로가 교차하는 각지(角地)는 두 면에 걸쳐서 도로에 접해 있으므로 자동차의 통행이 많다. 자동차 통행은 급한 바람을 일으키며, 빠른 바람은 주택이나 건물 내부의 기운을 빼앗아 가므로 도로의 각지에 있는 집은 벽면을 두껍고 넓게 하고, 창문은 작게 하여 실내의 기운이 외부로 빠져나가지 않도록 해야 한다. 또 집이 3면 이상 도로에 접해 있게 되면 내부 기운을 빼앗아 가므로 매우 좋지 않다.

도로에서 멀리 떨어진 후면에 집을 배치하고, 도로와 건물 사이에 마당을 만들면, 건물로 들어가기 위해서는 반드시 마당을 거쳐야 한다. 이런 주택 배치는 대문만 열면 주택 내부가 바로 보이기 때문에 마당의 독립적 사용이 어려운 단점도 있으나, 도로로부터 멀리 떨어져 있으므로 도로에 의해 집안의 기운을 빼앗기지 않는 장점이 있어 이상적인 배치 방법이다.

- 하늘을 바라보도록 집을 짓는다.

집은 규모가 같은 것끼리 어울려 있는 것이 좋다. 집 옆에 큰 건물을 짓게 되면 큰 건물에서 발생하는 바람에 의해 집의 기운을 빼앗긴다. 또 길이가 긴 건물은 스스로 바람 길을 만들어 강한 바람을 불게 한다. 큰 건물 뒤에 있는 작은 집에서는 넓은 하늘을 바라볼 수 없게 되는데, 하늘은 생기를 보내 주는 중요한 곳이므로 이런 집은 좋지 않다. 즉 집을 지을 때는 넓은 하늘을 바라볼 수 있도록 배치하는 것이 바람직하다.

- 마당은 주택보다 약간 낮게 둔다.

마당의 기운은 주택 내부에 그대로 전달되므로 주택과 마당이 서로 마주 바라보는 위치에 있으면 마당의 기운이 주택 내부에 흡수되어 생기를 이루게 된다. 따라서 건물은 마당보다 약간 높은 배산임수 배치가 이상적이다.

마당은 정방형이 이상적이다. 특히 정사각형의 마당에서는 공기 회전이 자유로워 생기를 많이 발생하게 하므로 좋다. 그러나 마당과 건물이 모두 장방형이면 생기가 분산되므로 좋지 않으며, 마당이 삼각형인 경우에는 뾰족한 기운이 발생되어 좋지 않다.

마당 면적은 주택 면적에 비례하는 넓이가 좋다. 주택 전면에 위치하고 있는 마당은 주택 연면적의 넓이에 비해 3배 크기가 가장 이상적이며, 5배를 초과할 경우에는 마당이 너무 넓어 생기가 분산됨으로써 주택 내부에 전달되는 생기가 감소된다. 마당이 너무 넓을 경우에는 건물 3배 정도의 넓이를 안마당으로 하고, 내부 울타리를 설치함으로써 생기가 흩어지지 않도록 하는 것이 좋다.

- 대문은 안쪽으로 열리도록 하여야 한다.

대문은 생김이나 방위에 따라 길흉이 좌우되며, 집안 모든 귀한 일은 대문으로부터 이루어지므로 평탄한 곳에 설치하는 것이 좋다. 특히 심하게 경사진 지역은 피하는 것이 좋다. 예를 들면 대문 한쪽이 절벽과 같이 불안한 장소는 대문 위치로 좋지 않으며, 건물이나 담 모서리 부분은 급한 바람이 불어 안정감이 없으므로 좋지 않다. 대문은 좌우가 밝고 안정된 곳에 있어야 하며, 건물이나 담 중심부에 설치하여 좌우 균형을 유지하는 안정된 장소가 가장 이상적이다. 특히 대문 근처를 깨끗이 하고, 대문 색깔을 밝게 하는 것이 좋다.

대문은 한 개가 이상적이다. 대문은 한 개만 설치함으로써 바람의 방향을 일정하게 하는 것이 안정적이며, 대문의 방위는 건물의 방위만큼이나 매우 중요하므로, 방위론에 따라 설치하도록 한다. 대문 크기는 건물 본체에 비례하여 어울리는 것이 좋다. 건물에 비해 대문이 너무 크거나 너무 작은 것은 좋지 않으며, 대문 자체가 높고 좌우 균형을 이룸으로써 안정된 형태가 좋다. 또 대문은 외부 바람을 막아 주는 역할을 하기 때문에 바람이 통하지 않는 형태라야 하는데, 파이프나 투시형으로 만든 대문은 기운이 외부로 빠져나가 좋지 않다.

대문이 열리는 쪽으로 바람이 흐르게 되므로 대문이 안쪽으로 열리면 건물 안쪽으로 바람이 따라 들어오게 된다. 대문이 안으로 열리는 집에서는 기운이 모여 건강과 재물을 얻게 되는 반면, 대문이 밖으로 열리는 집은 집안의 바람이 빠져나가듯 기운이 빠져나간다.

• 담은 건물 위치와 일정간격을 유지하도록 한다.

담을 설치하면 갑작스런 강한 바람을 집에서 피할 수 있으므로 담을 설치하는 것이 바람직하다. 담의 위치는 건물 위치와 일정한 간격을 유지하는 것이 좋은데, 담이 건물로부터 지나치게 멀리 떨어져 있으면 바람막이 역할을 할 수 없기 때문이다. 담이 너무 높으면 새로운 바람이 들어오지 못하기 때문에 좋지 않다.

• 바람 소리와 지전류, 고압선을 피하여 집을 짓는다.

명당에서는 산이 거센 바람을 막아 잔잔한 바람이 불며, 바람 소리도 매우 평화롭게 들린다. 그러나 산 후면에 위치한 지세에서는 바람이 강할 뿐만 아니라, 바람 소리가 흉하고 무서워 사람들을 불안하게 한다.

강한 전류가 흐르고 있는 지역은 주거공간으로 적합하지 않다. 특히 고압선 바로 아래에 있는 주택은 사람에게 좋지 않은 영향을 준다는 연구 발표가 있으므로, 가급적 피하는 것이 좋다.

공기 중에 통하고 있는 전기는 천둥이나 번개를 일으키고, 벼락은 땅이 갖고 있는 전기에 흡수되어 분산된다. 이처럼 지표면과 지하에 흐르고 있는 것을 지전류(地電流)라고 하는데, 지하에 흐르는 지전류의 양은 위치에 따라 강하게 흐르는 곳과 약하게 흐르는 곳 등 일정하지 않다.

② 풍수인테리어

풍수인테리어로 집을 꾸며 보자. 일반적으로 알려진 풍수인테리어의 요령은 다음과 같다.

• 일반적 공간구성

방의 평면은 정방형이 가장 이상적이다. 가로와 세로의 길이가 비슷한 정방형 평면의 방이 가장 기운이 많이 모이는 이상적인 형태이다. 이때 가로와 세로 비율은 1 : 1.7(= 3 : 5)이면 좋으며, 1 : 2 이상인 장방형 방은 기운이 분산되어 좋지 못하다. 방이 원형인 것은 보기 드물지만, 이런 방은 기운을 강하게 집중시키는 효과가 있어 매우 좋다. 그러나 평면에 칸막이벽이 설치되면 원형 분위기가 깨어지기 때문에 좋지 못하다.

천장은 원형 형태가 가장 이상적이다. 이상적인 천장 높이는 방의 가로, 세로 길이가 각각 3m라면 천장 높이도 3m로 하여, 전체적인 공간 형태가 정육각형 형태인 것이 가장 이상적이다. 정육각형 형태의 공간은 구형을 이룸으로써 내부에서 천기(天氣)와 지기(地氣)가 회전하기에 가장 좋은 공간으로, 생기가 가장 많이 발생하기 때문이다. 음양 이론으로 볼 때 천장이 높으면 사람에게 높은 이상을 갖게 하고, 천장이 낮으면 이상이 부족하고 현실적이며 물질적인 가치만을 추구하게 된다. 그러나 지나치게 높은 것도 기운이 모아지지 않아 좋지 않다. 특히 중심 부분이 높은 천장은 길하다. 천장 중심 부분이 높은 곳은 기운을 중심에 모이게 함으로써 생기를 이루게 한다. 따라서 이런 천장이 있는 방에서는 분위기가 안정되고 진취적인 기상이 발생, 발전을 이룬다. 그러나 중심 부분이 낮은 천장은 흉하다. 천장 형태가 중심 부분은 낮고 가장자리가 높으면 기운이 중심에 모이지 않고 분산되어 좋지 않다. 그리고 대부분의 천장 형태인 평탄한 천장은 무난하다. 그러나 이런 평탄한 천장도 실제 공사를 할 때는 중심 부분을 약 6cm 정도 높여서 시각적으로 안정감을 갖게 한다. 수평으로 시공하면 천장 중심 부분이 낮게 처진 것처럼 보여 불안감을 조성하기 때문이다. 또한 중심에 대들보가 내려온 천장은 불길하므로 천장 중심 부분은 높아야 좋다. 그러나 두 개의 방을 연결하여 하나의 방으로 사용하는 경우에는 방 중심 천장에 대들보와 같은 구조물이 내려오는 경우도 있다. 이처럼 천장 중심이 낮게 내려오면 기운이 좌우로 분산되어 좋지 않다. 천장 좌우 높이가 다르면 불길하다. 천장은 피라미드와 같이 중심이 높고 주변을 낮게 함으로써 균형을 이루는 것이 좋다. 그러나 천장 일부분은 높고 다른 한쪽이 낮아 좌우 불균형인 천장은 안정감이 없고, 기운이 분산되어 좋지 않다. 돔형 천장이 가장 이상적이다. 원형의 돔과 같은 형태로 중심 부분이 둥글고 높은 천장에서는 생기가 모인다.

창문은 아담한 것이 좋다. 창문은 자연의 기운을 주택 내부로 받아들이는 통로 역할을 하므로, 창문이 크면 실내 기운이 모두 밖으로 분산되어 생기가 부족하게 된다. 그러므로 실내를 생기 있게 하기 위해서는 창문이 작고 아담한 것이 좋다. 창문은 벽 중심에 설치하는 것이 가장 이상적이다. 벽 중심에 창문이 있으면 벽으로부터 발생하는 진동이나 바람 소리가 아름답게 울린다. 그러나 창문이 벽 한쪽이나 모서리에 있다면 진동이나 바람 소리가 불안해진다. 또 높이도 벽 상부에 있는 것이 좋으며, 창문이 하부에 설치되어 있는 것은 좋지 않다.

• 현관

현관의 방향이나 생김에 따라 행운이 들어오는 양이 달라질 수도 있다. 현관은 마당과 주택의 중심축에 설치하는 것이 좋다. 현관은 마당의 생기가 주택 내부로 들어오게 하는 통로 역할을 한다. 따라서 현관은 생기가 많은 곳에 위치하고 있어야 주택 내부에 생기가 모이게 된다. 현관을 집 중심에 설치할 수 없는 경우에는 약간 벗어나는 것은 무방하나 건물 끝 부분이나 모서리에 설치하는 것은 바람직하지 않다.

• 안방

풍수학적으로 보면, 안방은 집의 중심에 있고 어두워야 좋다. 주택의 구석진 공간에는 생기가 모이지 못하기 때문에 안방으로서는 적당하지 못하다. 그리고 풍수로 해석할 때 안방은 어두워야 재물이 쌓인다. 재물은 음(陰)에 해당되는데, 너무 밝은 곳은 노출되는 형태이므로 재물이 모이지 않는다.

안방은 안정감과 권위가 있어야 하며, 외부의 위해(危害)로부터 보호되어야 한다. 안방은 길지 않고 네모반듯하여야 하고, 다른 방보다 커야 한다.

안방을 부부침실로 사용할 경우에는 안방에 많은 가구를 놓지 말고, 특히 침대는 한쪽 벽에 붙이지 말고 침실의 한가운데 두는 것이 좋다. 전체적으로 넓고 시원한 인테리어를 하는 것이 좋다. 한쪽에는 부부가 둘만의 대화를 가질 수 있는 공간이 있으면 좋고 그 공간이 아침에 햇살이 드는 쪽이면 더욱 좋다. 침실로서의 방은 집의 중심에서 보아 북쪽이나 서북쪽이 좋다. 동사택이면 북쪽 방이 좋고 서사택이면 북서쪽 방이 좋다. 북쪽 방위에는 남자를 남자답게 만들어 주는 운기(運氣)가 있으므로, 사회 활동에 적극적이며 부의 축적, 정력을 지니게 해준다. 서북쪽은 주역에서 하늘, 아버지, 가장을 뜻하는 건(乾)방이므로, 서북쪽은 가장으로서의 권위, 상급자로서의 통솔력을 지니도록 하는 힘이 나오므로, 물론 아내, 가족 및 아랫사람으로부터 존경을 받게 된다. 따라서 침실은 집의 중심에서 북, 서, 북서쪽의 방으로 하되 조용하고 부엌에서 멀리 떨어질수록 바람직하다.

머리를 두는 방향은 나이나 직업에 따라 행운이 따르는 방향도 다르다. 나이가 좀 든 사람이나 밤늦게까지 장사를 하는 사람들은 북쪽으로 머리를 두고 자면 깊은 잠을 이룰 수 있다. 다만 이때 집의 서쪽 부분에 흉한 면이 없어야 한다. 공부하는 학생이나 아침 일찍부터 활동하는 사람은 동쪽으로 머리를 두고 자는 것이 좋다. 제일 무난한 방향은 북쪽이다. 북쪽으로 머리를 두고 자면 대인 관계도 눈에 띄게 원만해지고, 금전운도 따른다.

- 자녀방

일반적으로 어린아이의 방은 동쪽이 제일 좋다. 동쪽의 기가 발육과 발전, 창의성을 촉진하기 때문이다. 컴퓨터 분야로 진출할 아이는 동쪽의 방을 주고 침대는 동남쪽에, 베개는 동쪽으로 향해 잠을 자도록 한다. 예술가가 희망인 아이는 남쪽 방이 좋다. 침대는 방 한가운데 놓고 남쪽으로 머리를 두고 잔다. 사업가나 장사를 하기 원하는 아이는 서쪽 방을 준다. 서쪽은 금전운과 사업운을 지원하는 기가 발생하는 방위다. 침대를 동남쪽에 두고 동쪽을 향해 누워 자면 좋다. 학자나 작가가 될 아이는 집안 중심에서 북쪽에 있는 방이 좋다. 북쪽 방위에는 새로운 일이 창출되고 번영을 누리게 하는 운기가 있다. 침대를 남쪽이나 동남쪽에 놓고 동쪽을 향해 잔다.

아들의 방은 집안 중심에서 북동쪽인 간방(艮方)이나 동쪽인 진방(震方)이 좋고, 동사택일 때 진방이 좋고, 서사택일 때 간방이 좋다. 주역에서 간방은 막내아들, 진방은 맏아들에 해당하는 방위이다. 아들이 공부하는 방에는 책상을 북쪽 벽에 붙이고, 이부자리는 동남쪽에 두고 남쪽을 향해 누워 자도록 하면 두뇌 회전이 빨라지고 학문에 대한 욕구가 왕성해진다. 아침 햇살이 들 수 있도록 동쪽에 창문이 있는 것이 바람직하다.

딸의 방은 남동쪽인 손방(巽方)이나 남쪽인 이방(離方)이 좋다. 손방은 큰딸, 이방은 작은딸의 방위다. 딸의 경우는 책상을 북동쪽에 놓고 동쪽을 향해 앉도록 배려하고, 침대는 동남쪽에 두고 동쪽을 향해 자도록 하면 동쪽 방위의 기를 받아 주위의 기대를 모으는 인물로 성장하게 된다. 딸의 방에는 동쪽과 남쪽에 창문이 있어야 좋다.

• 거실

거실은 집의 중심에 두고, 천장을 높게 하는 것이 좋다. 대청의 평면 형태는 좌우가 긴 반면 깊이가 좁아 기운이 크게 모이지 못하는 결점을 안고 있다. 이런 단점을 보완하기 위해서는 대청 평면 형태를 정사각형으로 하고 창문 면적을 줄이는 것이 좋다. 전통주택의 대청의 기능을 현대 주택에서는 거실이 하므로 이상적인 거실은 주택 내부의 중심축에 넓게 자리 잡고, 천장도 높은 것이 좋다. 천장을 높게 할 경우 겨울철 난방비가 많이 들어가는 단점이 있지만, 천창이나 계단실 출입문 등을 설치함으로써 기운이 외부로 빠지는 것을 예방할 수 있다.

• 부엌

북동쪽과 남서쪽에는 부엌을 두지 않아야 한다. 귀문방인 북동쪽과 남서쪽에는 물에 관계된 시설이나 불결한 것을 쌓아 두는 장소로 쓰면 흉(凶)이라 하였다. 부엌의 방위로는 북서쪽, 북쪽, 동쪽이 좋다. 다만 이때도 대문과 안방의 방위와 잘 어울려야 한다. 부엌은 집안의 금전운을 좌우한다고 하며 여자 또는 재(財)로 본다. 부엌이 출입구와 화장실 옆에 있는 것은 좋지 않으며, 주 위치에 배치하는 것은 좋지 않다. 부엌은 가상법에 맞도록 배치하여야 한다. 부엌은 거실과 이어지는 곳에 두는 것이 좋다. 현대주택에서 부엌은 거실과 같은 역할을 하기도 하므로 부엌 위치는 거실과 가깝게 있을수록 좋다.

• 화장실

화장실은 구석에 두는 것이 좋다. 수세식 화장실에서는 오물이 물과 함께 순간적으로 하수구를 통해 빠져나가기 때문에 집안에는 아무런 영향이 없는 것으로 생각하기 쉬우나, 주택의 중심에 화장실이 있다면 집안 전체의 기운이 불결하게 된다. 따라서 화장실은 가능한 한 가장자리에 설치하고, 부득이한 경우에는 화장실 기운이 주택 내부에 퍼지지 않도록 각별히 주의해야 한다.

화장실의 자리로 가장 꺼리는 방위는 북쪽, 북동쪽이다. 그곳밖에 자리가 없는 경우라도 정북이나 정북동이 지나는 자리는 피해서 변기를 놓아야 한다. 집안 중심에서 보아 북서쪽인 건방(乾方)에 화장실이 있는 집은 어머니와 자식들의 기세가 등등해진다. 원래 북서쪽은 가장(家長)이 머물러야 좋은 방위인데, 이곳에 화장실이 있으면 아버지의 위상이 흔들리고 그 대신 내주장(內主張)이라 해서 부인이 집안을 휘감아 좌지우지하고, 자식들은 부모를 우습게 여겨 불효를 저지른다. 또 집안의 북서쪽에 화장실을 만들면 가세가 기울고 손이 귀해지는 불이익도 받는다. 서쪽인 태방(兌方)은 주로 부인과 딸에 관련된 운이 작용하는 방위다. 서쪽에 화장실이 있는 집의 여자들은 인정이 많아서 탈이다. 동쪽에 화장실이 있는 집은 맏아들이 화를 입는 경우가 많다. 품행이 난잡한 경우도 많고, 주색에 빠져 몸을 망치는 수가 많다. 남동쪽에 만든 화장실은 부인이 성욕이 강해져 남편이 감당할 수 없을 정도가 되기도 한다. 이 밖에도 남쪽, 남서쪽, 그리고 집안 한가운데 화장실이 있는 집도 흉하다.

화장실에 어울리는 길한 방위는 없다. 다만 해롭지 않은 방위를 찾는 것이 상책일 뿐이다. 화장실은 어느 방위든 그 방향의 중심선이 지나는 위치는 피해야 하는 것이 기본이다. 화장실은 대문과 마주보면 좋지 않으며, 집 중앙에 배치하는 것도 좋지 않다. 방위는 정(正)방위보다 간(間)방위가 좋다.

3) 주거문화와 유교사상

(1) 유교사상의 이해

유교(儒教)는 조선시대의 대표적인 사상으로 공자사상을 중심으로 한 사서오경[49]을 경전으로 하여 정치, 도덕을 실천하는 유학을 바탕으로 하는 이념으로 우리의 전통사상과 융화되어 독자성을 유지하면서 토착화되어 정치・경제・사회・문화・생활 관습 등 사회사상 전반에 많은 영향을 미쳤다. 유교는 수기치인(修己治人)의 학문이다. 수기(修己)는 자기 자신의 도덕적 수양을 쌓는 것으로, 자기 자신을 위한 것임과 동시에 치인(治人)을 목적으로 한다. 구체적으로는 국민을 다스리기 위한 정치의 학문이다. 그런데 유교에서 말하는 정치는 법률이나 형벌로 국민을 규율하는 것이 아니라 도덕적 교리와 언행을 통해 국민성을 선도하는 것이므로 먼저 자기 자신을 닦는 것이 필수가 된 것이다.

---

49) 사서오경(四書五經)이란 유교의 기본 경전으로, 사서는 『대학(大學)』, 『논어(論語)』, 『맹자(孟子)』, 『중용(中庸)』을 일컫고, 오경은 『시경(詩經)』, 『서경(書經)』, 『역경(易經)』, 『춘추(春秋)』, 『예기(禮記)』를 말한다.

유교의 근본사상은 인(仁)이다. 인은 넓은 의미로 사람을 대할 때의 마음가짐을 말하나, 사랑에 가까운 의미로서 그 실천에는 특히 충서(忠恕: 진심과 배려)가 중시된다. 인은 먼저 부모・형제 등에서부터 점차 다른 사람에게로 미쳐야 하며 효(孝)를 다하는 것이 인의 첫째이고, 형제에 대한 제(悌)가 그 다음이다. 인이 확대되어 서민대중에게 미치면 그것은 인정(仁政)이 되고, 다시 그 인이 천하를 다스리게 되면 그 사람은 성왕이라 칭하게 된다. 이와 같이 개인적인 차원으로 보이는 인이 치정의 원리가 되는 것이다.

인은 원래 사람의 마음과 관계되는 것이기 때문에 자칫하면 정(情)으로 흘러서 발로(發露)를 그르칠 우려가 있다. 그것을 억제하여 적절하게 되도록 하는 것이 의(義)이다. 맹자가 인의(仁義)를 병칭하기 시작한 뒤, 인의는 유교의 덕목을 대표하게 되었다.

여기에 예(禮)・지(智)를 추가해서 인의예지를 사덕(四德)이라 부르며 여기에 신(信)을 추가해서 인의예지신을 오상(五常)이라고 한다. 예는 원래 예의범절의 형식이고 사회적인 질서를 유지하며 대인관계를 원만하게 하기 위한 규범・관습이다. 따라서 예의 형식을 배우는 것은 유가에게는 중요한 교과이지만, 내면적으로 예를 당연한 것이라고 여기고 실행하는 겸허한 심성을 기르는 일이 필요하다. 유교에서 지는 단순한 지식으로 보지 않고 사물의 시비선악(是非善惡)을 판단하는 능력 덕목의 하나로 꼽는다. 오상에서 말하는 신은 거짓이 없는 마음의 상태와 태도를 말한다. 한편, 신은 사람뿐만 아니라 천지신명에 서약하는 측면도 있는데, 신과 비슷한 뜻인 성(誠)은 이러한 관점에서 하늘의 길이며, 또한 천지간에 가득 찬 정기(正氣)로서 형이상적인 원리가 되기도 한다.

유교에는 또한 삼강오륜(三綱五倫)이 있다. 삼강오륜은 사람이 지켜야 할 인간관계 도리이다. 삼강은 군위신강(君爲臣綱: 임금은 신하를 사랑하고 신하는 임금을 신뢰한다), 부위자강(父爲子綱: 아버지는 아들의 사랑하고 아들은 아버지를 신뢰한다), 부위부강(夫爲婦綱: 남편은 아내를 사랑하고 아내는 남편을 신뢰한다)이다. 오륜은 군신유의(君臣有義: 임금과 신하의 사이는 의리에 있다), 부자유친(夫子有親: 아버지와 아들은 서로 친밀히 사랑함에 있다), 부부유별(夫婦有別: 부부는 서로 침범하치 못할 인류의 구별이 있다), 장유유서(長幼有序: 어른과 어린이 사이에는 차례가 있다), 붕우유신(朋友有信: 친구의 도리는 믿음에 있다)이다. 즉 내면적 도덕성인 인의 정신과 객관적 규범인 예의 실천은 유교사상을 지탱하는 두 축이다.

우리나라에 유교사상이 전래된 시기는 자세히 알 수 없으나, 기원전 3세기 무렵 위만조선(衛滿朝鮮)으로부터 한사군(漢四郡)이 설치되는 과정에서 유교사상이 부분적으로 전래되었으며, 삼국시대 때 당나라의 학제인 국학(國學)을 받아들인 때를 그 기원으로 삼는다. 즉 고구려는 372년(소수림왕 2)에 태학(太學)을 세웠으며, 백제는 국학을 세운 기록은 없으나 285년(고이왕 52)에 이미 왕인(王仁) 박사가 『논어』와 『천자문』을 일본에 전한 기록으로 보아 그 이전부터 유학이 전래된 것으로 추정된다. 신라에도 오래전부터 전래된 것 같으나 국학의 건립은 훨씬 늦어 682년(신문왕 2)에야 실시되었다. 그 후 신라에서는 당나라에 유학생을 보내 학문을 장려하고 최치원은 당나라 과거에 급제하여 이름을 떨쳤으며 설총은 이두(吏讀)를 창시하여 구경(九經)을 해석하였다. 조선시대에는 개국 초부터 태조의 숭유억불(崇儒抑佛) 정책으로 유교가 크게 발전하게 되었다. 유교의 기초를 처음으로 확립한 학자는 정도전이다. 그는 『불씨잡변(佛氏雜辨)』 등의 논설을 통하여 불교를 배척하고 유교를 숭상할 것을 주장하였으며, 같은 시대의 유학자 권근도 많은 저술로 이에 동조하였다.

(2) 주거에 나타나는 유교사상

조선시대의 주택들은 유교사상에 의해 건설되었는데, 특히 양반주택의 경우 그 특징이 뚜렷하다. 양반주택은 신분을 구분하기 위하여 강한 폐쇄성을 나타내는 형태를 가지며, 솟을대문이나 화려한 담을 사용하여 권위를 표현하고 있다. 주택 내의 생활영역도 남녀의 구분, 신분의 상하, 연령의 상하 구분을 하고 있다. 따라서 사랑채와 안채, 사랑채와 행랑채, 큰 사랑채과 작은 사랑채로 구분하고 있는 것이다. 또한 유교에서는 부모에 대한 효도와 조상을 숭배하는 일을 강조하고 있으므로 양반주택에는 제실(祭室)이나 사당을 두고 조상의 위패를 모시고 있다. 즉 조선시대의 양반주택은 유교사상에 따라 지역적 특성보다는 계층적 특성이 뚜렷하게 나타나고 있다. 이러한 유교사상은 오늘날의 주거문화생활에서도 여전히 남아 있어 접객행위를 할 때 연령이 많은 사람이나 손님을 상석으로 모시는 것을 하나의 예절로 행하고 있다.

경제력이 있고 사회적 지위가 높은 양반계층에서는 집안에 여러 명의 하인을 거느리고 살았는데, 이들의 거처는 대부분 대문 근처에 두어 외부로부터 방어적인 형태를 취하게 하였다. 또한 이들의 생활영역을 담과 문으로 막아 주인의 생활공간인 안방과 사랑채와는 철저하게 격리시켰다. 따라서 주거의 전면은 대부분 담 대신 대문채로 둘러싸이게 되는데, 중앙에 대문을 두고 하인들의 살림방이나 창고 등으로 구성한 행랑채를 두는 경우도 있다. 행랑채가 있는 행랑마당은 하인들의 작업공간이 될 수 있도록 넓게 만들어졌다.

대문채가 있는 바깥마당을 지나 중문을 열고 들어가면 사랑마당과 사랑채가 있다. 이곳은 가장이 거처하는 곳으로서 여자들이 사용하는 안채와도 구별되어 있다. 이렇게 남자와 여자의 생활공간을 분리하는 것은 유교의 가르침에 의한 것이었다. 조선조 사회윤리의 근간을 이루었던 『예기』[50]의 내칙에는 "예는 부부간에 서로 삼가는 데서 시작된다. 집을 지을 때는 내외를 구분하여 남자는 바깥쪽에 여자는 안쪽에 거처하며, 문단속을 철저히 한다. 남자는 내당에 들지 않고 여자는 바깥에 나가지 아니한다"고

---

50) 『예기』는 중국 고대 유가(儒家)의 경전으로 49편으로 구성되어 있다. 오경(五經)의 하나로, 『주례(周禮)』, 『의례(儀禮)』와 함께 삼례(三禮)라고 하며 『의례』가 예의 경문(經文)이라면 『예기』는 그 설명서에 해당한다. 공자의 제자를 비롯하여 한(漢)시대에 이르는 많은 사람들에 의해 완성된 『예기』 200편 중에서 편찬한 것으로 알려졌다. 곡례(曲禮)·단궁(檀弓)·왕제(王制)·월령(月令)·예운(禮運)·예기(禮器)·교특성(郊特性)·명당위(明堂位)·학기(學記)·악기(樂記)·제법(祭法)·제의(祭儀)·관의(冠儀)·혼의(婚儀)·향음주의(鄕飮酒儀)·사의(射儀) 등의 제편(諸篇)이 있고, 예의 이론 및 실제를 논술한 것이다. 사서의 하나인 『대학(大學)』, 『중용(中庸)』도 이 중 한 편이다. 『예기정의(禮記正儀)』는 후한 정현(鄭玄)의 주(注), 당나라 공영달(孔穎達)의 소(疏)로 되었으며, 『예기』의 주석서로 통용된다.

하여 주거 내에서 남녀의 영역이 철저히 구분되었음을 보여주고 있다.

사랑채는 가장이 기거하며 손님을 맞는 곳으로서 가장 화려하고 권위가 있게 표현되었다. 사랑채 앞에는 잘 가꾸어진 나무나 연못을 두고 사랑채 안에 누마루를 둔다. 그리고 사랑채는 세대에 따라 생활공간을 분리하여 큰사랑과 작은사랑으로 나누어지는 경우도 있다. 이 또한 젊은 사람이 마땅히 어른을 공경해야 한다는 유교사상에 따르는 것이다.

안채는 특히 주부로서의 안주인이 기거하는 건물이며, 가장으로서 바깥주인이 기거하는 사랑채와 대비되는 개념을 가지고 있다. 이러한 대비는 내외(內外)라는 유교적 윤리관에 따라 남녀의 생활권을 구별하여 왔던 것에 기인하고 있다. 조선시대에는 특히 남녀의 구별이 엄격하여 일곱 살이 되면 자리를 같이 할 수 없고(男女七歲不同席), 음식을 같이 먹을 수도 없으며(男女不共食), 심지어 부부가 다른 방에 잘 것(夫婦別寢)을 국가에서 명령하기까지 하였다. 유교적인 윤리를 실천적 생활이념으로 삼았던 양반계층은 물론이고 경제력이 있었던 서민들도 안채와 사랑채를 분리하여 주거생활 속에서 내외를 지키려 하였다. 엄격한 내외의 관념에 따라 가장과 주부는 엄격하게 분리되었던 것이다. 가장이 주로 가족을 대표하여 외부와의 접촉하는 역할을 맡고 있다면, 주부는 안살림이라고 하는 주거 내부의 가족생활을 운영하는 역할을 맡았다. 여성의 생활영역이 주거 내부로 한정되었을 뿐만 아니라, 여성이 바깥출입을 하는 것은 엄격히 통제되었다. 이러한 역할 설정에 따라 안주인은 가사운영을 통괄하는 생활의 중심이었으며, 외부로부터 격리 보호되어야 할 존재로 인식되었다.

즉 안채는 주부로서의 안주인이 기거하는 곳이며 안주인을 상징하는 격을 가지고 있었다. 따라서 안채는 가족 외의 외부인, 특히 남자들이 쉽게 접근할 수 없는 곳에 위치해야 하며, 가정생활의 중심에 위치해 있고, 여러 개의 건물 군이나 몇 겹의 문과 담으로 에워싸여 있다. 여성의 생활공간으로 사용되는 안채는 대문에서 가장 먼 쪽에 자리 잡아 외부사람이 쉽게 접근하지 못하며, 일반적으로 ㅁ자 모양이나 ㄷ자 모양을 하여 폐쇄적인 형태를 하고 있었다. 이것은 여자는 주거 안에서 살림을 맡아 하고 바깥출입을 삼가야 한다는 유교사상과 관계가 있다. 안채에는 안마당을 중심으로 침실과 마루, 부엌, 창고 등이 있는데, 방은 대청을 중심으로 안방과 건넌방이 분리된다.

조선시대에는 유교의 가르침에 따라 부모에게 효도하는 것은 자식의 도리였으며, 조상을 숭배하는 일은 모든 사람이 지켜야 할 원칙이었다. 조선시대의 양반주택, 특히 종갓집에 사당(祠堂)이 있는 것은 바로 이 때문이다. 양반주택에서 사당은 조상의 위

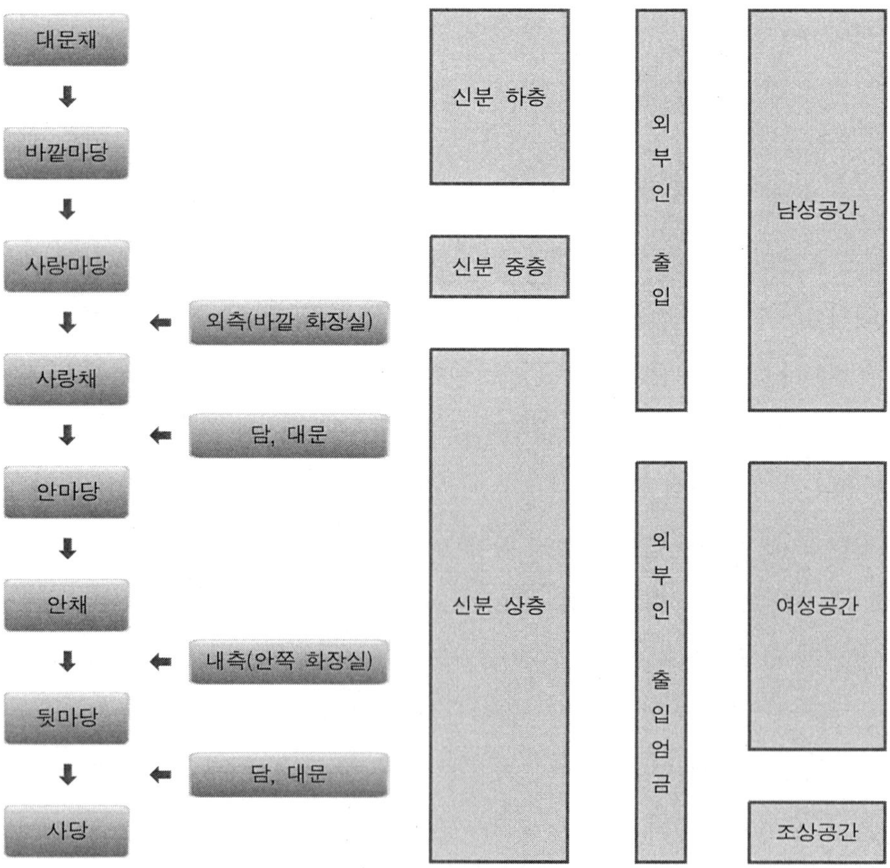

【조선시대 양반주택 공간의 유교적 특성】

패(位牌)를 모시는 신성한 장소로서 외부인이 쉽게 접근하지 못하도록 입구에서 가장 먼 쪽에 배치되었고 담과 대문을 설치하였다.

이와 같이 조선시대 양반계층의 주거는 유교의 가르침에 따르는 엄격한 의례적 생활에서 계획되었던 것으로 보인다. 즉 유교사상은 주거의 구성과 주생활에 직·간접적으로 영향을 미쳤다. 예를 들어 수신제가치국평천하(修身濟家治國平天下)의 사상은 기능공간의 위계성(位階性)을 만들어 내고, 유교의 윤리적 규범은 상하계층의 사용 공간의 위계를 만들어 낸다. 그리고 군자관(君子觀)은 주택의 장식과 정원에 직간접으로 이상의 표현을 암시하고 있으며, 윤리 규범은 건축에서 위계성과 내부공간에서 암시적 공간의 질서로 표출되며, 음양사상은 정적·동적 개념과 안과 밖, 주거공간과 자연과의 조화, 공간의 유기성 등 내외부 공간의 이중적 공간 체계로서 계층적 질서를 함축하고 있다. 그리고 내외사상의 윤리관은 남녀 공간의 수평적·수직적 구분과 의례(儀禮)의 행사에 따른 가변적인 공간의 활용을 만들어 내며, 효 사상은 위패를 모시는 사당을 주택 내에 두게 한다. 그리고 신분 계층에 따른 주택의 구조, 규모와 장식 등에 대한 위계성과 종가의 기능과 역할 강화 등도 유교의 영향이라 볼 수 있다.

2 가족과 주거문화

1) 주거관과 주거문화

주거관(住居觀)이란 주생활 본연의 행태에 대한 견해 또는 이념에 의거한 주택형식에 관한 견해로서 주거문화의 기초가 된다. 일반적으로 주거관이라 하면 주택과 그 속에서의 주생활에 관한 개인이 갖는 생각을 말한다. 니시야마(西山)는 주의식(住意識)이란 여러 가지 생활욕구 가운데 주욕구(住欲求)가 발전해 나가는 것을 촉구하고 조건 지우는 심리적이고 정신적인 기반, 즉 사람들의 생에 대한 잠재적인 태도, 관심을 가리킨다고 하였다. 이러한 주의식이 단순한 견해로서 표현될 때 그것은 주의견(住意見)이 되며, 이는 당면한 사실에 대하여 산발적이며 단편적인 것이다. 그리고 여러 면에서 계통화되고 객관화된 것을 주택이상(住宅理想)이라고 한다. 이러한 의식, 의견, 이상을 합해 주거관이라 규정하고 있다. 키타우라(北浦)팀은 주생활을 크게 지배하는 주거관은 인생관, 생활관의 일부이며, 주거에 대한 지속적・포괄적인 개념으로서 받아들여지지만 그것은 고정적인 것이 아니고 긴 시간 동안 계속되는 유동적인 것이므로 이해하고 파악하기 힘들고 복잡하다고 하였다. 그 구성요소를 분석해 보면 개인의 거주경력, 가정환경, 개성(취미) 등에 의해 이루어져 있음이 고려된다고 한다.

주거관의 구성요소는 주거관 형성의 잠재적 정신기반인 주의식, 주의식을 구체적으로 표현하는 주의견, 주의견을 계통적으로 정리한 체계인 주택이상, 자기 자신의 생활에 관련하여 구체적으로 표현하는 주요구(住要求)이다. 즉 오끼다(扇田)는 주거에 대한 불만이나 요구를 만들어 내는 잠재적 기반이 되는 의식이 주의식이며, 주의식을 기초로 그것이 구체적인 말, 문장이 되어 단편적인 의견, 견해로 표현될 때 그것은 주의견이 된다고 하였다. 주의견이 하나의 체계적인 의견으로 구성되어 주택에 대해 종합된 이미지를 그려 내는 경우를 주택이상이라 부른다. 그리고 이들의 의식형태가 현실의 주거, 주생활에 대해서 각각의 독특한 본연의 상태에서 모순을 느껴 불만을 가지게 되면 이런 불만을 해소시키기 위해서 "이렇게 하고 싶다"라는 구체적인 요구를 가지는 것을 주요구라 한다. 즉 오끼다는 주의식에서 발동하는 주의견, 주택이상, 주요구 등을 포함해서 주거관이라 생각하였다.

이러한 구성요소로 형성되는 주거관은 여러 형태로 나타난다. 대체로 성별, 연령, 직업, 학력, 빈부의 차, 생활의 경력 등 사람이 처해 있는 사회적 계층적인 조건에 따라 주거관이 다르며 이미 형성된 주거관도 여러 환경에 따라 변하는 유동적인 것이다.

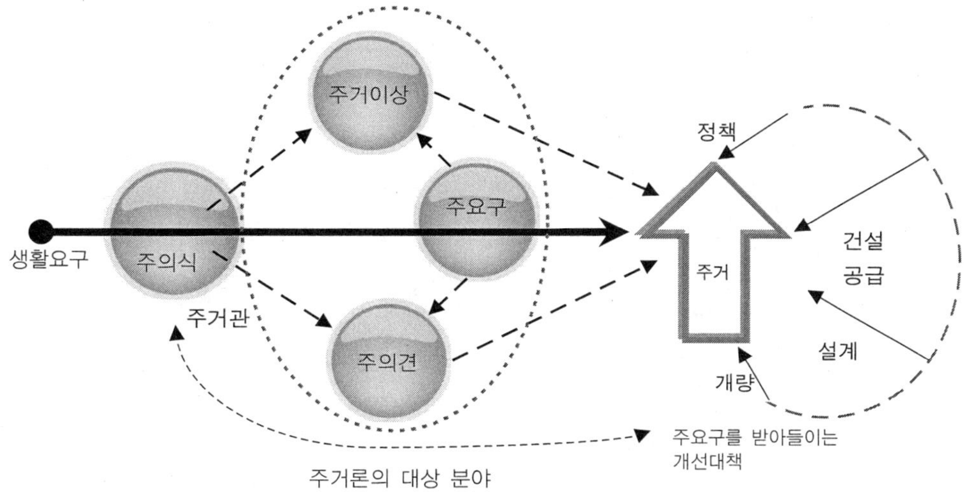

【주요구, 주의식, 주거관의 관계】

출처: 西山卯三(1968). 住居論.

따라서 특정 가족이 지닌 주거관에 따라 그 가족이 형성하는 주거문화는 다르다. 또한 가족의 주거관은 주택의 선택뿐만 아니라 공간의 사용 행태에서도 상당히 다른 양상을 보이게 된다.

예를 들어, 경제성을 중시하는 주거관을 가진 가족의 경우에는 주거의 투자가치를 중시하여 가족의 생활주기나 스타일에 맞지 않는 주택에서 생활하면서 가치 상승을 위하여 빈번한 이동을 하는 특징을 보일 것이다. 그러나 가족중심주의적인 주거관을 가진 가족이라면 다른 사람의 평가나 투자가치보다는 가족의 단란한 생활을 영위할 수 있는 주거를 선택하고자 할 것이다. 또한 대학생의 경우, 주거는 가족이 단란과 화합을 하는 장소라고 하는 것에 가장 큰 가치를 두고 있다. 따라서 이런 주거관을 가진 사람들이 사는 주택은 개실보다는 가족의 공동생활공간을 보다 더 중요시하므로 공동공간의 충분한 공간 확보와 설비를 갖추도록 하여야 한다.

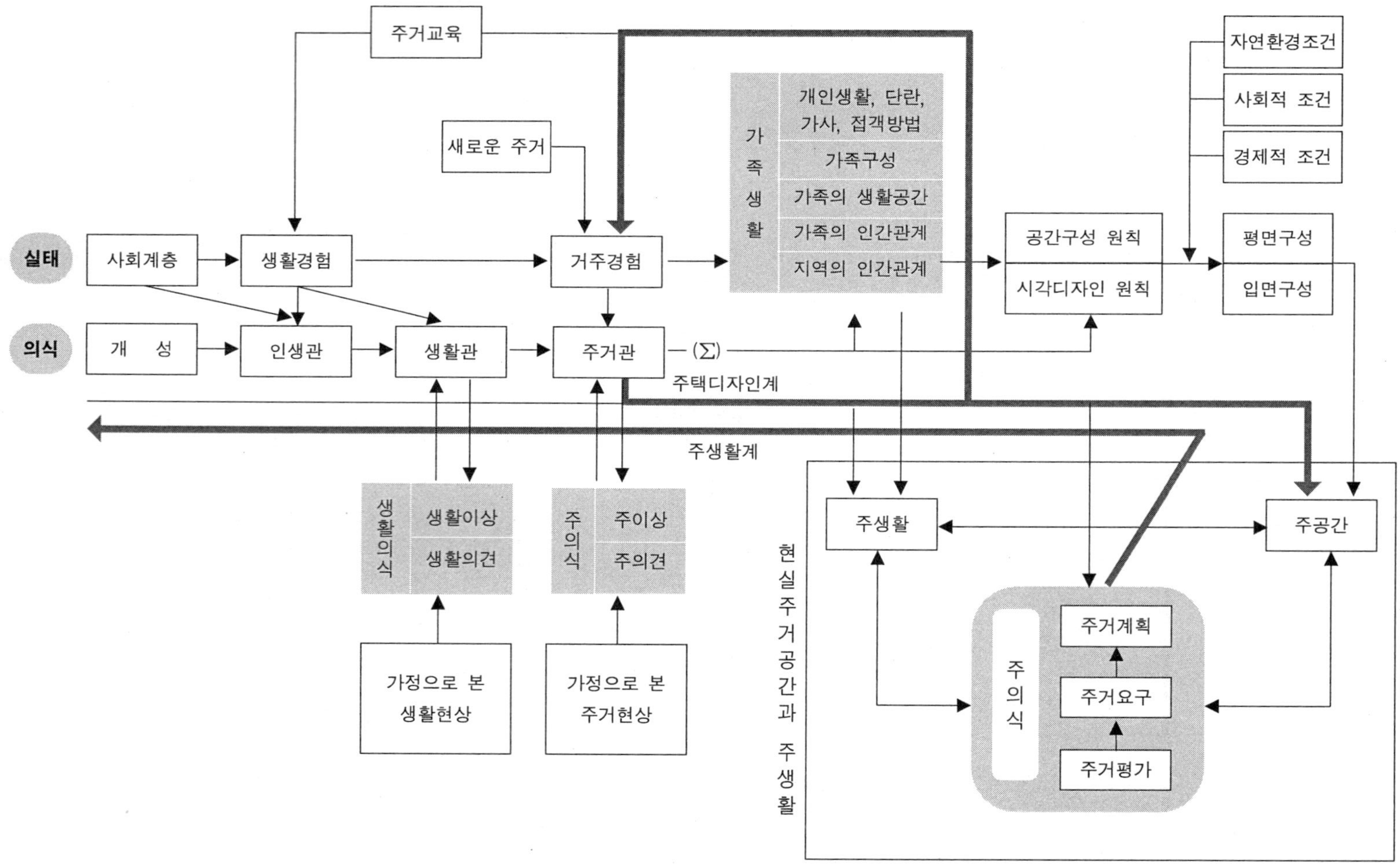

【주거관 관련 구조】

출처: 中島 외(1986). 住居觀硏究の枠組みと住居觀型の假說檢證の試み. 日本建築學會計劃系論文報告集. 360. 39-48.

그리고 집이란 잠자는 곳이라는 의식으로 다루어지는 경우가 있다. 이는 주로 원시시대의 주거관으로 생각되나 지금도 집에서는 잠만 자면 된다는 의식이 여전히 남아 있다. '베드타운'이라는 말은 주거를 잠자리로 보는 의식이 나타난 것이라 할 수 있다. 또한 집이란 남에게 보여주기 위한 것으로 다루어지는 경우도 있다. 이는 주로 계급사회의 지배층에서 보이던 주거관으로 생각되나, 현대에도 타인을 의식하여 필요이상으로 큰 규모의 주택을 선호하거나 가족의 취향과는 다른 실내장식을 하는 경우를 보게 된다. 한편, 가족중심주의 주거관이 있다. 이는 집이란 가족을 위한 것이라고 생각하여 가족의 프라이버시 확보와 단란을 위한 공간을 확보하고, 집에 손님을 초대하는 일을 최대한 자제한다. 전통주의 주거관은 농촌지역이나 같은 장소에서 오랫동안 거주한 사람들에게서 많이 보이는 주거관으로 예로부터 전해 오는 주생활을 그대로 따르고자 하는 영향을 나타낸다. 유행추구형 주거관은 전통주의 주거관과 정반대로 현대

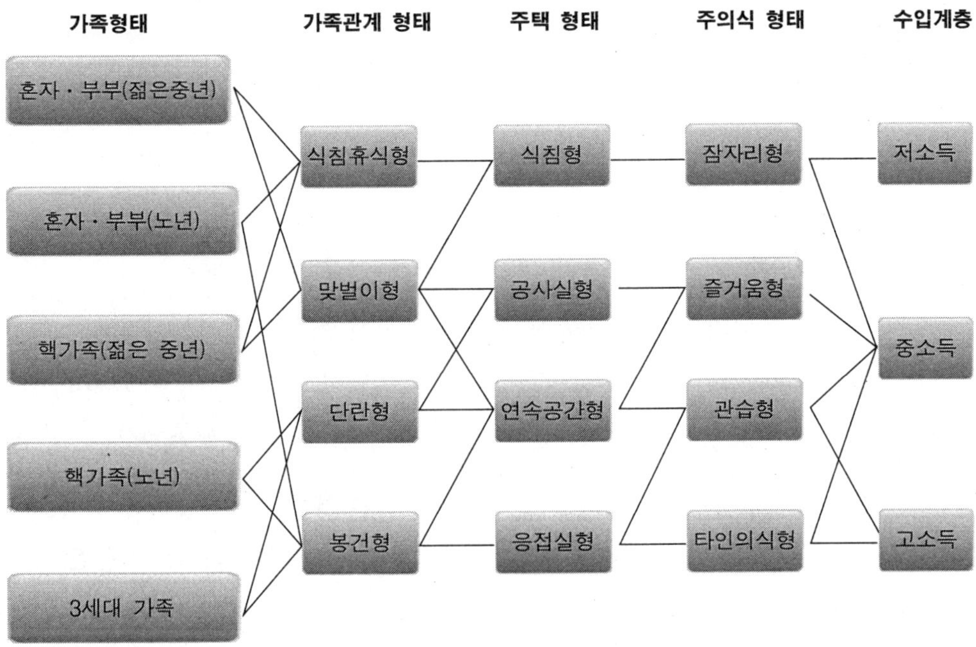

【가족과 주거관】

▌표 2-6▌ 사회계층별 주택특징

계층	특징	주택
상-상	• 거대한 개인적 부를 지님 • 대를 물린 부: 적당한 교육수준, 기대에 상응하는 직업	• 도시 최고지역의 잘 유지된 토지에 있는 최상 조건의 큰 집 • 출입구가 개성적으로 디자인되고 장식된 문과 경비원이 있는 최상의 아파트
상-하	• 높은 교육수준 • 만족스러운 수입	• 도시 좋은 지역 중 한 곳에 있는 넓은 주택 • 도시나 시골에 잘 유지된 현대적 아파트
중-상	• 자영업, 수련공, 수평이동 가능한 전문직이나 관리직	• 새로 개발된 작은 주택, 혹은 단층의 큰 집 • 유행에 관계없는 이웃, 적당한 커튼 등 장식이 없는 아파트
중-하	• 일반적인 화이트칼라 • 적당한 수입, 사무직과 서비스직 종사자	• 겹집 혹은 단층 주택 • 홀이나 현관이 없이 바로 집안으로 들어가는 오래된 아파트, 잘 유지된 공공계획
하-상	• 일반적인 블루칼라 • 노동자계급	• 도시 퇴조지역의 오래되어 다시 칠이나 장식을 해야 하는 작고 수수한 수명이 다한 집이나 아파트, 잘 유지된 공공계획
하-하	• 낮은 수입, 낮은 교육 수준 • 고정 직업이 없거나 안정적이지 않은 직업종사자, 비숙련공	• 도시의 가장 선호되지 않는 지역의 싼 집이나 아파트 • 높은 범죄와 급속히 수명이 끝나는 설비가 있는 공공계획

출처: 김태연 외 역(1999). **인간 공간 주거**.

적인 물건을 좋아하고 새로운 주거방식을 추구하는 경향이 강하다.

주거관 중에서도 몇 가지는 전통성이 강하며 오랜 세월 동안 변하지 않는 경우가 있다. 즉 우리나라 사람들의 대부분은 '집'이라 하면, 아파트 등 공동주택에서 거주하는 비율이 높아지고 있음에도 불구하고 박공지붕의 단독주택을 떠올린다는 점, 주택의 시설과 설비가 발달되어도 안방은 대부분은 바닥난방인 온돌로 만든다는 점, 그리고 부부가 기거하는 방의 호칭은 거의 '안방'이고 가족의 단란장소로 이용된다는 점 등이 그것이다.

이러한 주거관은 인간의 기본적인 욕구단계와 결부시켜 설명할 수도 있다. 즉 인간의 욕구단계는 가장 기본적인 생리적 욕구로부터 출발하여 이것이 일정 수준 이상 만족되면 안전성의 욕구, 소속감의 욕구, 자기존중의 욕구, 자기실현의 욕구가 단계적으로 발생하게 된다. 이러한 욕구를 만족시켜 주기 위한 공간 측면의 조건을 살펴보면, 생리적 욕구를 만족시키기 위해서는 실내환경의 기본조건을 확보하여야 한다. 즉 빛환경, 음환경, 열환경, 공기환경, 인간공학 측면에서의 적정 크기의 확보 등이 요구되는 것이다. 다음으로 안전성의 욕구를 만족시키기 위해서는 영역성(領域性), 정위성(定位性) 등의 확보와 구조 및 설비의 안전성이 확보되어야 한다. 소속감의 욕구를 위해서는 공간의 위계, 중심성, 방향성이 확보되어야 하며, 자기존중의 욕구를 위해서는 개인의 표현, 상징성과 특이성의 표현 등이 확보되어야 한다. 그리고 마지막으로 자기실현의 욕구를 만족시키기 위해서는 프라이버시 및 정체성의 확보, 심미성의 형성 등이 이루어져야 한다. 이들 주거욕구단계는 하위욕구부터 상위욕구로 단계적으로 요구된다. 즉 실내환경의 기본조건이 어느 정도 확보된 후에 영역성이나 구조설비에 대한 안전성에 대한 욕구가 발생되는 것이다. 물론 하위욕구가 100% 만족되어야 하는 것은 아니고 어느 정도 만족할 만한 수준이 되어 하위영역에서 불만이 발생되지 않는 수준이 되어야만 상위 욕구가 발생한다는 것을 의미한다.

수도권 지역 공동주택 거주자의 주거에 대한 가치관을 살펴본 연구(김상호 외, 1995)

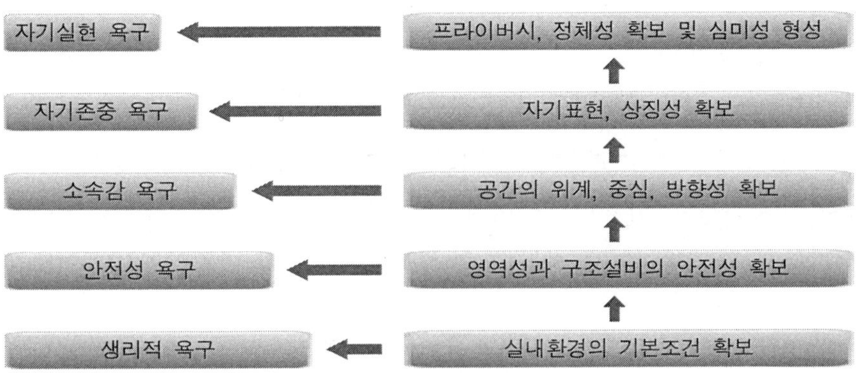

【주거욕구단계】

에 따르면, 선호하는 주택의 유형은 도심입지와 교외입지가 거의 비슷한 비율을 보이고 전통적 스타일에 비해 현대적 스타일의 주택을 선호하며 단독주택보다는 아파트에 대한 선호도가 높게 나타났다. 또한 처음부터 오랫동안 살 수 있는 주택을 원하며 현재의 생활에 적합한 주택을 소유하기를 원하고 있다. 주택과 관련된 생활이미지에서는 무조건 넓은 집보다는 다소 좁더라도 마감이나 설비시설이 우수한 쪽을 더 선호하고 있다. 생활에서 주택이 차지하는 비율에 대해서는 집을 포기하고 생활을 즐기려는 쪽보다는 절약을 해서라도 좋은 집에 거주하기를 원하며 자신의 개성을 표현할 수 있는 주택에 대한 열망이 강하고, 또한 자신의 주택을 소유하고자 하는 욕구도 매우 강하게 나타났다. 주택의 내부구조에 대해서는 개방적이고 합리적인 실내배치를 중요하게 생각하며 방수를 늘리는 것보다는 일정규모 이상의 넓은 방을 더 선호하는 것으로 나타났다. 주택 내의 공간이용에 대해서는 침실보다 가족의 공용공간인 거실이나 식당이 더 중요하게 취급되기를 원하고 있다. 또한 강북 뉴타운지구 주민들을 대상으로 주거가치관과 선호주택 유형을 살펴본 연구결과(최정민, 2007), 전농지구에서는 고급형 빌라, 테라스하우스 같은 저층공동주택을 선호하고, 교남지구에서는 탑상형 아파트를, 중화지구에서는 주상복합, 탑상형 아파트를 선호하였다. 그리고 거주자의 주거가치관에 따라 선호주택 유형에 차이가 나타났다. 이와 같이 주거관은 주거에 관련된 개인의 견해로서 주거욕구를 비롯하여 주거만족과 불만, 주거선택, 주거양식, 주생활 등에 영향을 미치는 사상이다.

한편, 주거관에 따라 생활양식 또한 달라지는데 대표적인 생활양식을 몇 가지 유형으로 나누어 보면, 전통적 생활양식, 서양식 생활양식, 절충식 생활양식, 가족중심적 생활양식, 소비지향적 생활양식, 개인적 생활양식, 직업중심적 생활양식, 기본적 생활양식, 공동체 생활양식 등이다.

2) 가족생활주기와 주거문화

오늘날의 사회와 가족생활주기는 지난 반세기에 걸쳐 큰 변화가 있었다. 가족생활주기와 사회환경의 변화에 따라 주거문화가 달라지는 것은 당연하다. 특히 가족생활주기에 따라 가족의 주택소요(needs)는 다르기 때문에 주택소비 형태에 가장 유의한 영향을 미친다. 가족생활주기는 여러 가지로 구분할 수 있는데, 본 항에서는 주거생활주기와 연관 지어 가정형성기, 자녀 출산 및 양육기, 자녀교육기, 자녀 성년기, 자녀결혼기, 노년기의 6단계로 대별하여 각 주기별로 특징적인 주거문화에 대하여 살펴보기로 한다.

▌표 2-7▌ 가족유형별 주택의 형

가족모형				주택형						비고
가족형		가족수	지속연한	단독주택	연립주택		아파트			
					평지형	경사지형	저층	중층	고층	
독신청년		1	5			●	●	○	○	안정(성장)
신혼가족		2	1.5		●	○		○	○	
유아가족	영아	3	2.5	●	○	○	○			
	유아+영아	4	5	●	○	○	●			
	유아+소년	4	3.5	○	○	○	●			성장
소년가족		4	5	○	○	○	●	○		안정
청년가족		4	5	○	○	○	○	○	●	
성인가족		3~4	5	○	○	○	○	●	●	축소
장년가족		2	15.5	●	○	○	○			안정
노인가족		2	7	●	○	●				축소
독신가족		1	6	●	○	●				안정(축소)
복합가족	신혼+성인	5~6	2.5	○	○	○	●	●		성장
	장년+유아	5~6	4	○	○	●	●	●		
	장년+청년	6	14	○	○	●	●	●		
	독신노인+성인	5	6	○	○	●	●			

○ 적절하다고 판단되는 형, ● 무방하다고 판단되는 형
출처: 조성기(1996). **도시주거학**.

표 2-8 우리나라 사회와 가족생활의 변화특성

구분	항목	내용
사회 특성	① 소득 · 소비구조의 변화	• 경제의 안정 성장, 소득수준 향상, 연봉제의 도입 – 신용카드의 보급, 연쇄점과 할인점의 출현
	② 취업구조의 변화	• 여성의 사회 · 직장진출, 종신고용제의 변화, 취업난 – 취업형태의 변화(재택근무의 증가, 자유근무시간제의 실시 등) – 노동시간 단축
	③ 의식 · 가치관의 변화	• 가치관의 다양화, 여가생활의 중시, 문화의식의 앙양 – 건강의식의 앙양, 생애교육의 진전, – 국제화의식의 진전, 개성의 존중
	④ 생활패턴의 변화	• 라이프사이클의 변화, 생활패턴의 다양화 – 자동차, 통신의 보급, 24시간 편의점의 출현
	⑤ 정주화와 거주의 변화	• 정주의 유동화, 교통의 발달, 정보망의 변질 – 거주형태의 변화, 행동영역의 국제화
	⑥ 도시문제의 변화	• 기능의 복합화, 고밀도 거주의 진전 – 고령자, 저소득자에 대한 혜택 부여 – 지가앙등 · 급락, 자본주의의 붕괴, – 물가의 국제화, 외국인의 대량 유입
	⑦ 요구되는 기술의 변화	• 자원, 에너지의 유효이용, 종합화, 고도화, 차별화의 기술 – 소프트의 기술, 인류의 연명책 기술
	⑧ 기술개발의 진전	• 생산기술, 생활기술, 생활창조기술, – 거주성, 안전성 등에 관련되는 기술 – 정보화, 국제적 기술, 소프트 프로그램, 테마성의 중시
	⑨ 환경문제의 현재화	• 자원문제, 도시환경, 지구환경 – 공해방지, 폐기물처리와 재활용
가족 생활 특성	① 가족생활주기의 장기화	• 의료서비스의 향상으로 평균 수명 연장
	② 취학시기의 장기화	• 교육제도의 개혁이나 진학률의 상승에 의해 4~5년 늘어남
	③ 미혼기간의 장기화	• 고학력화, 취업기회의 증대 – 결혼적령기 의식의 희박, 출산율 저하로 인한 배우자 부족 등으로 만혼화됨
	④ 출산기간의 단축	• 출산율 저하로 의해 여성의 출산 기간이 1/3로 축소됨 – 육아기간 단축됨
	⑤ 부부 둘만의 기간 장기화	• 출산율 저하로 의해 막내가 성인을 맞는 시기가 빨라짐 – 평균수명이 늘어남
	⑥ 혼자 사는 기간의 장기화	• 평균수명의 연장으로 노후에 혼자 사는 시기가 늘어남

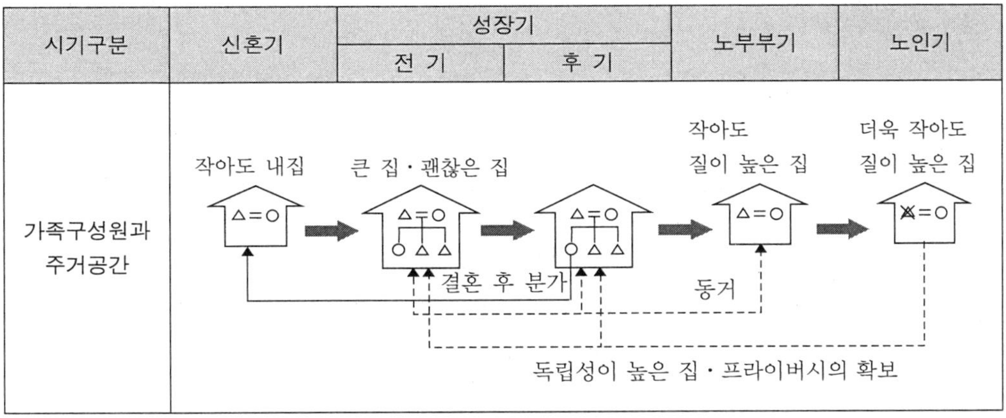

【가족주기와 주거공간】

출처: 임만택(1998). 주거환경계획 30.

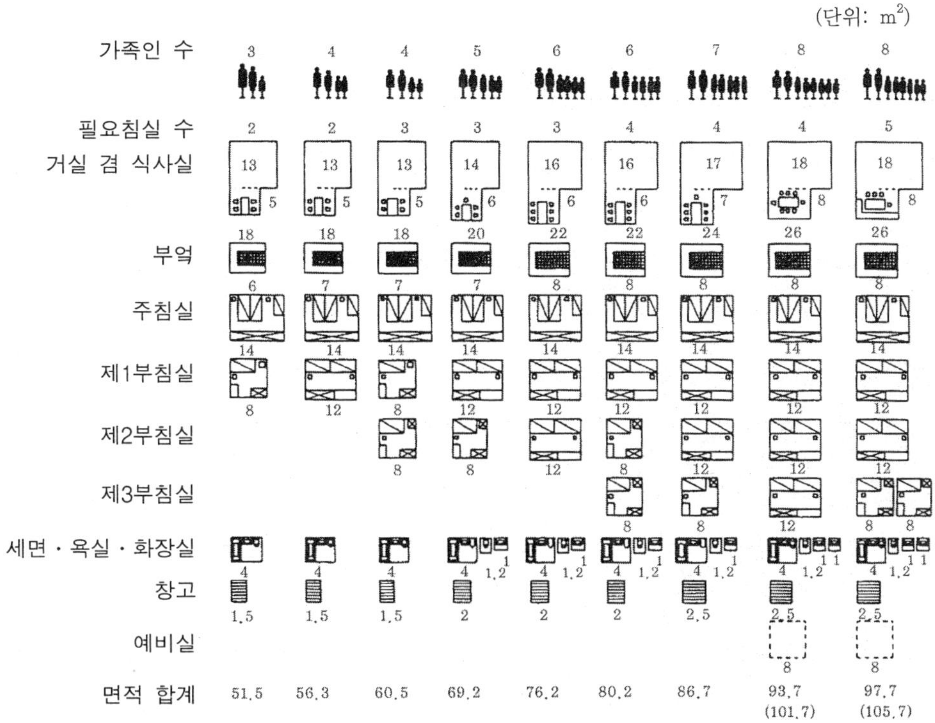

【가족구성과 주택규모】

(1) 가정형성기

가정형성기는 주로 주거탐색기에 해당된다. 즉 처음으로 가정을 형성하여 가족에게 맞는 주택이 어떤 것인지에 대하여 여러 가지로 생각하는 시기이다. 그러나 이때는 경제적 능력이 부족하여 자신의 주거규범과는 거리가 먼 주거상황에서 생활하는 단계이다. 주택수요 측면에서 보면 주거탐색기는 세대형 임대수요층으로 보통 1~2년 정도 지속되는데, 부모님과 동거하는 경우와 분가하는 경우로 나눌 수 있다.

부모님과 동거하는 경우에는 자식세대가 주생활의 주체가 아니므로 주택의 형태나 주거방식에 대한 선택 및 변경에 어려움이 많아 주거불만으로 이어지는 경우가 많다. 그러므로 부모세대와 자식세대 간의 공간사용과 관리에 대한 구분을 하는 것이 바람직하다.

분가하는 경우에는 중・고층의 소규모 임대 아파트나 원룸 아파트, 오피스텔용 건물 등 경제적 부담이 적은 주택형태로 택하여 생활하는 것이 좋다. 이 외에도 가구부착형 주택, 공유주택(휴게소, 식당, 부엌, 세탁장 등을 공동으로 사용할 수 있도록 설치되어 있는 주택), 양방향주택(각자 방에서 공유공간을 통해 밖으로 출입하고 밖에서 각자의 공간으로도 출입이 가능한 주택), 공용서비스 시설 설치 주택(사무공간, 수납처, 휴게소, 세탁소, 다목적 임대실 등을 갖춘 주택) 등을 택하는 것도 좋다. 특히 가정형성기에는 대부분 임대주택으로 빈번한 주거이동이 예상되므로 가구나 설비를 구입, 설치 시에는 이동성을 고려하는 것이 좋다. 또한 앞으로 주택구입을 위한 저축을 하여야 하는데 자신의 경제적 상황을 고려한 주택금융제도를 활용하여 장기계획을 수립하여야 한다.

가정형성기는 가족이 처음 형성되어 새로운 공간에서 적응하는 시기이므로 주거문화와 관련시켜 보면 영역형성 능력이 중요한 시기이다. 각기 다른 생활환경에서 생활하던 성인 남녀가 일정 공간 내에서 함께 생활하게 됨에 따라 개인영역의 확보와 공동영역의 활용에 있어 조정 작용을 하게 된다. 영역성 확보는 인간의 일상적 행위를 안정시켜 주고, 장소나 대상의 조절을 통해 자신의 정체성을 인식시켜 주며, 사회적 상

▌표 2-9▐ 영역형성능력의 발달모델

발달단계	영역형성	거점	영역형성 수단	발달단계의 특징
0세	• 막연한 공간의 인지  • 핵(거점)의 발생 • 영역형성, 확장 • 공간적 제약 	• 안심할 수 있는 것(익숙하게 보아 왔던 것이 있는 장소) • 자고, 먹고, 배설하는 장소	1. 습관이 된 신호나 물건(모친의 심장 고동소리에 안심하고, 마음에 든 완구에 안심하는 것 등)	• 모친의존, 보모의존, 물건의존 • 거점의 정착과 영역의 확장
1세	• 부분적으로 뻗어감  • 2차 거점의 발생 	• 2차 거점(마음 편히 놀 수 있는 곳)	2. 빛, 소리, 움직임, 촉각의 흥미를 끄는 운동(소리를 내는 것, 움직이는 것이 있는 곳에 가서 붙잡으려고 하는 것 등)	
3세	• 광역화, 사회화  • 유치원에서의 연습	• 2차 거점의 확산, 한편으로는 1차 거점으로서의 자신의 집 • 집 안에서는 놀잇감을 정리해 두는 곳 등	3. 귀속성의 확립을 보증하는 것의 존재(부모가 있으면 안심하는 것 등) 4. 귀속성의 확립을 보증하는 것을 매개로 한 해석(부모의 정서 불안정이 아이에게 이전되는 것 등)	• 타인의존(친구관계) • 물건의 관리 • 침범에 대한 저항력(놀잇감의 쟁탈전이나 싸움) • 이동에 대한 저하력(이사) • 자립(혼자서 갈 수 있다. 돌아올 수 있다)
학령기	• 가정과 익숙해진 지역사회에서 떨어진 학교사회에서의 응용 • 가정 내에서 개인의 영역 형성 	• 거점의 분리 • 자신의 코너, 프라이버시가 없는 자신의 방	5. 커뮤니케이션의 성립(상기의 수단은 어른이 되어서의 영역형성에도 적용된다)	• 코너의 관리
사춘기	• 가정 내에서 개인의 핵 형성(자립의 연습) 	• 자신의 집 속에서 프라이버시를 지킬 수 있는 자신의 코너, 방(거점의 격리) • 거점으로서의 자신의 집		• 프라이버시의 확립(다른 집과의 비교에 의한 자신의 집의 인식) • 공간의존(공간의 관리, 시간의 관리)
성인	• 영역의 독립 	• 가정으로부터 독립한 거점		• 자립적인 영역형성 능력(물건, 공간, 시간, 인간관계의 관리 능력)
결혼	• 영역의 공유,  핵의 공유 	• 스위트홈		• 협동적인 영역형성
가정형성	• 가족 구성원 공통의 영역 형성 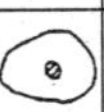	• 마이홈		• 집단의 영역형성
사회인	• 영역의 중층, 확산 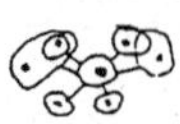			• 영역의 자기관리능력의 능력 • 사회적 활약
노인	• 영역의 축소 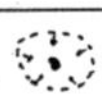			• 영역의 소멸(죽음)에 대한 불안과 공포 • 의사적 영역에의 도피

출처: 渡邊光雄 외 1인(1989). 新住居學.

호작용을 유지하고 조정하고, 다른 사람으로부터의 침입을 막아 주는 장치로서 작용한다. 따라서 가족 개개인은 주택 내에 자신의 영역을 확보함으로써 자아정체성을 확보할 수 있게 된다. 특히 시댁에서 결혼생활을 시작하는 여성의 경우에는 영역형성이 올바르게 이루어지지 않아 주거에 대한 불만이 생기게 될 가능성이 커지므로 가족 구성원의 변화에 따른 공간이용 행태의 조정이 필요하다.

(2) 자녀 출산 및 양육기

자녀 출산 및 양육기는 주로 주거변동기에 해당된다. 즉 자녀를 출산하고 키우는 시기에는 가족에게 맞는 주택을 찾아 이리저리 이사를 가는 시기이다. 따라서 이때는 공간 및 소유권 결함이 있는 상태이다. 주택수요 측면에서 보면 주거 변동기는 잠재적 자가수요층으로 보통 7~8년 정도 지속되며 아직 소유권이 확보되지 않은 시기이나 가족원 수가 증가하고 자녀 성장에 따른 공간적 요구가 증가하여 주거 이동을 통해 주거조정을 하는 경우가 많다.

따라서 아파트보다는 외부공간을 이용하기 용이하며 세를 얻기가 쉬운 단독주택이나 연립주택을 택하는 것이 좋으며, 자녀가 아직 어리므로 주변에 공원이나 상점, 병원, 휴양 오락시설이 구비되어 있는 것이 좋다. 즉 이 시기에는 가족생활을 영위하는 것을 가장 중요시하는 가족생활용 주택, 주부의 사회참여를 가능하게 하는 보육시설이 달린 주택이나 가사보완시설이 달린 주택 등이 바람직한 주거 형식이다. 또한 단위주호에서는 넓은 방과 문턱을 없애는 디자인을 선호한다.

자녀 출산 및 양육기에는 자녀 성장에 신경을 많이 쓰는 시기이므로 주거문화와 관련시켜 보면 자녀실의 확보가 문제되는 시기이다.

개실로 구분된 아동실을 확보해 주는 것이 좋은가 또는 아동실은 언제 확보하는 것이 좋은가에 대해서 많은 아동학자들 간의 이견이 있다. 아동실을 개실로 구분하는 데

▌표 2-10▐ 영역발달별 자녀실의 확보

<table>
<tr><th colspan="2">시기</th><th>설계상 유의점</th><th>자녀실 위치</th></tr>
<tr><td colspan="2">유아기
(乳兒期)</td><td>• 유아용 침대 주위를 유아의 공간으로 한다.
• 밤에는 부모 침실의 한 구석에 낮에는 늘 눈에 들어오는 위치에 이동시켜 보호한다.</td><td rowspan="2">부부침실 및 거실</td></tr>
<tr><td rowspan="2">유아기
(幼兒期)</td><td>전기</td><td>• 충분한 넓이 확보가 보행력 및 신체 발달을 좌우한다.
• 집 전체가 활동무대가 되므로 위험한 물건을 치운다. 계단, 창, 출입구, 스토브 등에는 접근할 수 없도록 조치를 한다.
• 특정의 자녀실이 필요하지 않으며, 밤에는 부모 침실에서 취침시킨다.</td></tr>
<tr><td>후기</td><td>• 주거 내 환경을 많이 경험시켜 건전한 생활습관을 키우고 자립심을 가지게 한다.
• 장남감 등 사용하는 물건의 수납장소를 고정시켜 자신의 공간을 인식시킨다.
• 밤에는 부모와 같이 사용하거나 수면 중 감시할 수 있는 위치가 좋다.</td><td>부모침실에서 감시 가능한 곳, 수납코너 확보</td></tr>
<tr><td colspan="2">학동기</td><td>• 저학년은 독립된 실이 없어도 상관없으나, 자신의 물건을 정리·수납할 수 있는 장소는 확보한다.
• 자기 방을 스스로 관리하게 하여 공간관리 능력을 키운다.
• 책상과 의자는 자신의 신체치수에 맞는 것을 택한다. 높낮이 조절가능 가구를 선택하는 것이 좋다.
• 동성의 경우에는 형제가 같은 방을 사용해도 좋으나 취침분리를 준비한다.</td><td>부모침실과 인접한 독립개실, 공용자녀실</td></tr>
<tr><td colspan="2">중학생기</td><td>• 프라이버시를 확보하여 자아확립에 도움을 준다.
• 가족과의 단란을 고려하면서 개실을 확보한다.
• 친구를 자기 방에서 접대할 수 있게 한다.</td><td>공용공간과 인접, 독립개실</td></tr>
<tr><td colspan="2">고등학생기</td><td>• 가능한 한 가족과 독립된 개실을 확보한다.</td><td>독립개실</td></tr>
</table>

찬성하는 이유로는 첫째, 자립심의 양성, 둘째, 영역을 가짐, 셋째 혼자 있고 싶을 때와 가족과 있고 싶을 때 어느 쪽이나 선택할 수 있는 환경을 가짐 등이다. 한편, 반대하는 이유는 첫째, 집단생활에 있어서 역할의식을 키우기 힘들고, 둘째, 예의를 갖추게 하기 힘들며, 셋째, 부모자식 간의 단절을 심화시키는 점 등이다. 그러나 자립심의 양성이나, 부모자식 간의 단절은 전용 주공간의 유무가 영향을 주는 것은 아니라는 것은 말할 필요도 없다. 따라서 주택 사정이 허락하면, 자녀가 편히 쉴 기분이 될 때 있

을 수 있는 방, 혹은 코너를 설치하는 것이 좋을 것이다. 우리나라의 경우에는 초등학교 입학을 계기로 독립된 아동실을 확보하는 것이 주택사정과 아동발달 모두를 고려할 때 적정 시기로 볼 수 있다.

(3) 자녀교육기

자녀교육기는 주로 주거규모확대기에 해당된다. 즉 자녀가 학교에 다니는 자녀교육기에는 결혼 후 10년 정도 지나 자신의 집을 사게 되는 시기이다. 주택수요 측면에서 보면 전기 자가수요층으로 경제적 능력이 아직 그렇게 높지 않아 융자를 얻고, 집의 일부를 세를 주는 등 보조적 경제수단을 동원하여 구입이 용이한 낮은 가격의 자가를 마련하게 된다. 따라서 이때는 주택 소유권은 확보된 상태이지만 주거공간 및 질이 주거규범에 미치지 못하거나, 현 주거 상황과 주거규범은 일치하지만 사회적 욕구에 의해서 주거의 규모를 확대하는 경우이다. 보통 12년 정도 지속되며 자녀양육기와 마찬가지로 자녀가 왕성하게 성장하는 시기이므로 단독주택이나 연립주택 등 마당을 가질 수 있는 주택형태를 택하는 것이 좋다. 또한 이때는 자녀의 친구, 학교의 질, 이웃환경 등 거주지 환경에 관심을 기울인다. 특히 중고등학교의 학군 배정에 가장 민감한 시기이므로 주택 자체의 특성보다 거주지의 특성에 관심을 가지게 되는 시기이다.

자녀교육기에는 주택 소유권이 확보된 상태이므로 차츰 생활재의 보유지향이 강해지기 시작하는 시기이기도 하다. 생활재의 보유상태는 가족원의 연령, 직업, 수입에 의한 영향을 받는데, 일반적으로 자녀교육기 때부터 생활재의 보유량이 많아지기 시작한다. 따라서 각 개실의 확보는 물론이고 부속공간으로서의 수납공간 확보에도 신경을 써야 하는 시기이다. 규모가 작은 주택일수록 수납공간의 확보가 용이하지 못한데, 이 경우 부족한 수납공간의 대체수단으로 가구를 이용하게 되어 더욱 거주공간을 좁게 만들 가능성이 높아진다. 따라서 사공간(死空間)을 없애고 수납면적을 높일 수 있도록 건축화된 수납공간을 확보하는 것이 바람직하다.

효율적으로 수납하기 위해서는 가장 먼저 수납에 대한 기준을 확실하게 세워야 한다. 즉 버릴 것인지 수납할 것인지를 정하여야 한다. 일 년에 한 번도 사용하지 않는 물품을 수납하는 데 많은 공간을 사용하는 것은 비효율적이다. 수납할 물건이 정해지면, 물건을 분류하고, 형태에 맞는 적절한 장소, 위치에 수납한다. 이때 사용빈도, 생활행위, 사용자 등으로 구분하여 수납하는 것이 좋다. 그리고 수납이란 단지 보관하는 것만이 아니라 장식의 목적을 함께 가지고 있으므로 수납물품을 장식품으로 이용할 수 있도록 궁리해 본다. 이때 색상, 질감, 소재를 통일시켜 배치하면 높은 장식효과를 얻을 수 있다.

(4) 자녀성년기

자녀성년기는 자녀가 성장하여 취업하여 가계에 도움을 주거나, 자녀의 교육이 끝나 지출이 감소하는 시기로 가정경제가 안정되는 시기이다. 따라서 주로 주거의 질이 향상되는 시기인데, 소유권과 공간규범은 달성되었으나 주거의 질 및 근린환경 규범에 결함이 있거나, 질 규범과 근린환경 규범은 달성되었으나 투자가치 · 심미적 요구 등으로 주거개축, 주거이동을 하게 된다. 주택수요 측면에서 보면 주거질 향상기는 후기 자가수요층으로 대개 7~8년 정도 지속되며 가족원 전원이 성인으로 구성되어 있어 주택유형 선택에 제한이 거의 없다. 즉 주택의 유형은 단독주택 · 연립주택 · 아파트(저층~초고층) 등 가족들의 선호에 따라 택하면 된다.

우리나라의 경우에는 안방이 부부침실을 겸하고 있어 부부의 사적 공간이 아니라 가족 전체의 공동공간으로 사용되고 있는 경우가 많아 부부의 프라이버시 확보에 문제가 있다. 부부의 침실에 관해, 특히 중시해야 할 가족생활주기가 자녀성년기이다.

자녀성년기에는 부모자식 간의 취침분리는 완전히 정착되었으나 부부의 프라이버시가 완전히 확보된다고는 보기 어려우므로, 다른 가족이 안방을 출입할 경우에는 이 점에 유의하여야 한다. 안방의 프라이버시를 확보하기 위해서는 다양한 방법을 생각할 수 있다. 우선 가족 공동공간에서 바로 안방으로 출입할 수 없도록 전실(前室) 기능을 하는 공간을 두는 방법을 생각할 수 있다. 부부침실이 아닌 내실이나 아버지 방으로서의 서재를 두거나 드레스룸이나 부부전용 화장실을 두는 것도 좋다. 또는 방음성능이 우수한 재료를 사용하거나 안방 출입구 위치를 잘 정함으로써 안방의 프라이버시를 확보할 수 있다.

자녀 성년기는 가족 모두가 성인이므로 주거 내에서의 생활보다는 밖에서의 생활이 많은 시기이다. 따라서 주택 내에서도 각자의 개실만을 활용하여 가족 간의 대화가 단절되는 경우가 생긴다. 그러므로 개실의 위치조정 등을 통하여 가족 간의 유대를 돈독히 할 수 있도록 유도하는 것이 바람직하다. 그리고 이때는 자녀 양육과 교육이 끝나 다시 부부 중심의 생활이 되고, 노후생활에 대한 준비단계가 된다. 그 때문에 사회적 지위에 관계하는 인간관계가 넓어지고, 취미・재교육에 대한 관심이 높아지게 되므로 주거 내에도 접객공간, 취미공간을 중시하는 평면계획을 지향하게 된다. 또한 주부가 원하는 공간에 대한 요구가 많아 부엌의 기능성이 강화된 디자인을 선호한다.

(5) 자녀결혼기

자녀결혼기는 주로 주거 정착안정기에 속한다. 즉 맏이가 결혼하는 시기에는 가정경제가 안정되고 가족의 주거관에 맞는 주택에서 공간적응을 하면서 생활하는 시기이다. 따라서 이때는 주거규범과 현 주거 상황이 일치하여 안정된 주거생활이 정착되는 시기이다. 주택수요 측면에서 보면 주거 정착안정기는 자녀성년기와 마찬가지로 후기 자가수요층으로 자가의 개축과 보다 높은 수준의 자가취득 등 주거환경 개선 의욕이 높은 시기이다. 대개 5년 정도 지속되는데, 자녀 성년기와 마찬가지로 가족 전원이 성인으로 주택선택에 큰 제한은 없으나, 세대주 부부의 연령이 노령기에 들어서기 시작하므로 고층 아파트나 관리가 힘든 큰 규모의 단독주택은 피하는 것이 좋다. 즉 자녀결혼기는 자녀 결혼으로 가족 수가 감소하며 장기간 거주한 주택의 노후화가 눈에 띄게 되어 주거관리상의 문제가 나타나기 시작한다. 노후화된 주택의 적극적이고 효율적인 관리방법은 주택을 리모델링하여 주택성능을 개선하는 것이다. 그러나 자녀결혼기의 세대주 부부의 경우, 연령이 높으므로 이와 같은 적극적인 방법을 택하기는 힘들 것이다. 따라서 전반적인 건물관리를 수행해 주는 아파트가 가장 좋은 주택 형태라고 할 수 있다. 단독주택의 경우에는 설비의 노후화에 따른 에너지의 비효율성이 염려되므로, 대규모 수선까지는 아니더라도 노후화된 설비는 교체하여야 한다.

그리고 자녀결혼기에 자식 부부와 동거 시에는 젊은 세대와의 조화를 위하여 공간사용에 대한 재고가 필요하다. 얼마 전까지만 해도 맏아들이 부모를 모시는 것을 당연하게 생각하였으나, 요즘은 부모세대와 동거하는 젊은 세대의 수가 적다. 자식 부부와 함께 동거하는 경우에 어느 세대가 안방을 사용하는가가 그 집의 주체를 나타내게 된다. 예전에는 안방을 시어머니가 사용하고 건넌방은 며느리가 사용하다가 시어머니가 늙으면 며느리에게 안방을 물려주는 '안방물림'을 하였으나, 요즘은 반드시 부모부부가 안방을 사용하는 것은 아니며, 안방을 사용하는 부부가 그 가정에서 주체적 역할을 하고 있는 것으로 보인다. 또한 '고부간의 갈등은 부엌에서부터'라는 말이 있듯이 취사생활을 공유하는 직계가족에서 부엌은 종종 고부간의 갈등을 유발하는 장소로 인식되어 왔다. 제주도의 민가에서는 하나의 주택 내에서 두 건물에 독립적인 부엌을 가지고 있다. 즉 '안끄리'라고 하는 살림채 내에 '정지' 또는 '정재'라고 불리는 부엌이 있으며, '바끄리'나 '모커리'라고 하는 부속채에도 정지가 있다. 살림채는 주로 주인부부가 사용하고 부속채는 아들부부가 생활하면서 부엌을 따로 쓰고 있는데, 이는 부엌 내에서 고부간의 갈등이 심하기 때문에 따로 쓰는 것이 편하기 때문이라고 한다. 즉 고부간의 갈등을 완화하는 방법으로 부엌을 분리하고 있는 것이다. 부엌의 분리는 취사단위의 분리, 즉 생활단위의 분리를 의미한다. 이렇게 제주도에서는 분가하지 않고도 세대별로 독립적인 생활단위를 이루게 하는 방법으로서 부엌을 분리하는 방법을 보여주고 있는 것과 같이 자녀결혼기의 경우에는 2개의 부엌을 가진 주택 유형을 택하는 것도 좋다.

(6) 노년기

노년기는 주거축소기 후 주거의존기에 들어간다. 이때는 가족수가 현저하게 감소되어 현 주거생활이 주거규범보다 너무 비대하거나 주거규범에 일치한다 하더라도 관리하기 힘들어 규모를 축소하는 시기이다. 자신의 생식가족이 해체되고 독립적인 주거생활을 할 수 없게 되면 자녀・친지・공공기관・복지시설 등에 의탁하게 된다. 주택수요 측면에서 보면 주거축소기와 주거의존기는 고령주거 수요층으로, 주거축소기는 전기 고령주택 수요층, 주거의존기는 후기 고령주택 수요층으로 나눌 수 있으며, 수명연장으로 인하여 주거축소기는 15년 정도, 주거의존기는 10년 정도 지속된다.

주거축소기에는 자녀결혼기보다 주택규모를 축소하여 관리를 용이하게 하고, 개보수 시에는 고령자를 위한 베리어프리(barrier free) 계획을 하여야 한다. 주택 유형은 독립주택과 공동주택의 장점을 모두 가진 연립주택이 좋겠다. 또한 이제까지 쌓아 온 사회적 유대관계를 유지하기 위하여 지금까지 생활했던 지역을 벗어나지 않는 것을 원하며, 각종 문화시설, 의료시설, 자녀의 집 등이 가까이 있는 것이 좋다.

근린생활시설이란 주택가와 인접한 지역에 들어설 수 있는 생활시설로 주민들의 생활편의를 도울 수 있는 시설을 말하며 그 해당범위는 건축법 시행령의 적용을 받는다. 주거축소기에는 이러한 근린생활시설들이 가까이 있는 거주지가 바람직하다.

노년기에 속하는 부모세대와 동거하는 자식세대의 경우, 본인이 40~50세가 되면 부모는 70~80세로, 많은 경우 재택케어를 필요로 하는 세대이다. 따라서 노부모와 동거할 것인가를 생각하여야 하는데, 그 판단 기준의 하나가 주택의 상태이다. 흔히 노화가 진행되면 가족과의 관계가 강해지고, 요양성을 높일 수 있는 주택을 원하게 된다. 독립적인 주생활을 원하는 노년기세대는 생활서비스(쇼핑, 대여, 세탁, 수납, 우편, 숙박, 차량, 사무 등), 주택서비스(개조 및 유지관리, 이사), 정보서비스(소개, 정보), 건강서비스(스포츠, 휴식, 의료), 문화서비스(감상, 작업, 취미실, 행사공간 등), 레저서비스(여행, 파티 등) 등을 받을 수 있는 주택을 택하는 것이 좋다.

한편, 주거의존기의 경우 시설주거에서 거주하는 것이 본인은 물론이고 가족에게도 바람직한 경우가 많다. 노인복지시설의 종류는 양로시설(노인을 입소시켜 무료로 급식 및 기타 일상생활에 필요한 편의를 제공함을 목적으로 하는 시설), 노인요양시설(노인을 입소시켜 무료로 급식・치료 및 기타 일상생활에 필요한 편의를 제공함을 목적으로 하는 시설), 실버양로시설(노인을 입소시켜 저렴한 요금으로 급식 및 기타 일상생활에 필요한 편의를 제공함을 목적으로 하는 시설), 실버노인요양시설(노인을 입소시켜 저렴한 요금으로 급식・치료 및 일상생활에 필요한 편의를 제공함을 목적으로 하는 시설), 노인복지회관(무료로 또는 저렴한 요금으로 노인에 대하여 각종 상담에 응하고 건강의 증진・교양・오락 및 기타 노인의 복지증진에 필요한 편의를 제공함을 목적으로 하는 시설), 실버노인복지주택(노인을 입소시켜 저렴한 요금으로 주거의 편의를 제공함을 목적으로 하는 시설) 등이 있다. 이들 시설 중 자신의 경제력, 건강정도 등을 고려하여 적정한 유형을 택하도록 한다.

3) 가정생활의 변화와 주거문화

한국 전쟁 후 한동안 우리의 삶에서 가장 절실한 문제는 먹는 문제였다. 그 이후 고도 경제성장을 하면서 관심이 높아지기 시작한 것이 입는 문제였다. 가정생활의 물리적 환경으로 볼 수 있는 의・식・주거 환경 중에서 주거에 대한 관심과 욕구는 이

때까지만 해도 그리 강한 것이 아니었다. 그러나 먹고 입는 문제가 어느 정도 해결된 후에는 아주 장기간에 걸쳐 많은 투자를 하는 분야인 주생활 분야에 관심을 가지게 되었다. 이는 주생활이 차지하는 영역이 가정 내에서의 의생활, 식생활은 물론이고 가족생활까지를 모두 포함하는 광범위한 범위에 걸쳐 있으며, 다른 영역에 비해 상대적으로 여러 산업분야가 관여하기 때문에 경제적 수준이 어느 정도 상승된 후에 관심을 가지게 된 것으로 보인다.

가정생활의 변화에 따른 주거문화는 주생활의 의식변화, 가전제품의 보급, 중년 여성의 사회 참가의 증가, 노년기 부부세대의 증가, 부모-자녀세대의 두 부부의 동거기간 연장 등의 변화에 따른 주거문화를 예상할 수 있다. 이러한 변화에 따른 주거문화의 특징을 살펴보기로 하자.

(1) 가사노동과 주거문화

요즘 주부들은 가사노동에 대한 의무감이 예전의 주부에 비해 희박하다. 예를 들어, 예전에는 남성이 부엌일을 하거나 청소를 하면 큰일 나는 줄 알았으나, 요즘에는 가정교육의 일환으로 남자아이가 요리나 청소에 참가하는 것을 당연하게 생각하고 있다. 즉 가사노동에 대한 인식이 상당히 변화한 것을 볼 수 있다. 이런 변화에 따라 여성전용공간으로 생각하였던 부엌공간을 가족 모두의 공용공간으로 인식하게 되어 부엌과 거실이 통합된 LDK(Living Dining Kitchen)형의 평면계획이 보편화되었다.

원시시대에서는 부엌이 주거의 중심이었다. 수혈주거에는 집 한가운데 불자리가 있었으며, 농경시대가 되면서 부엌이 주거의 중앙에서 한쪽으로 치우쳐져 위치하였으나 어떤 공간보다 밝은 공간이었다. 전통주택의 부엌공간은 우리 고유의 난방방식인 온돌의 이용으로 다른 실내공간과 단 차가 크고 이용거리가 길었으나, 이제는 동일 평면 내에 있으며, 가족공용 공간으로 상당히 넓은 규모와 주택 중심적 위치를 차지하고 있는 공간이 되었다. 특히 개방적인 부엌계획이 많이 늘어나고 있다.

난방연료와 취사연료가 분화되지 못한 재래식 부엌은 항상 안방과 연결되어 계획되었다. 최초로 현대식 부엌이 나타난 것은 19세기 말에 일본인이 이주하면서 일본식 주택이 세워질 무렵이었다. 일제강점기 서민주택의 부엌은 대체로 좁고 어두웠으며 환기도 잘 되지 않았다. 나무연료에서 연탄연료로 바뀌면서 아궁이 구조가 바뀌어 개량식 부엌이 나타난다. 60년대 들어와 마루에서 직접 연결되는 부엌이 등장하여 부엌의 내부공간화가 이루어졌다. 70년대에 설비개선으로 인해 입식화가 이루어져 거실과 연계된 부엌의 형태로 DK(Dining Kitchen)형이 본격화되어 부엌에서 취사뿐만 아니라 식

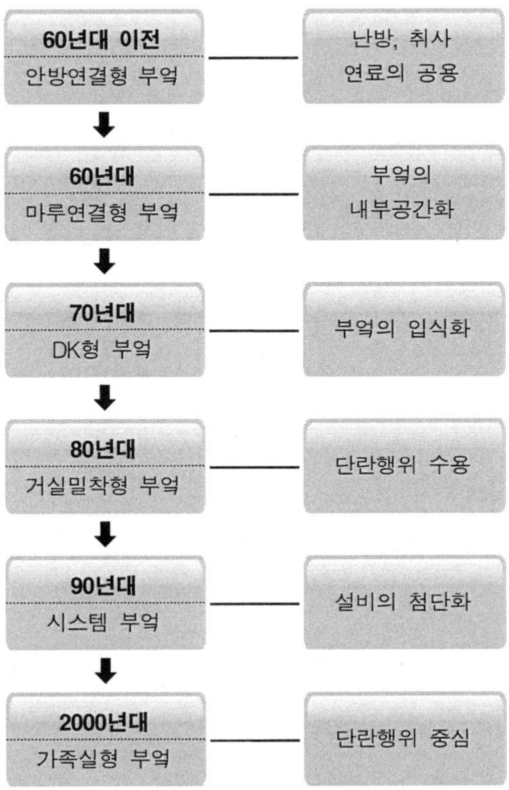

【현대 부엌공간의 변화】

사행위를 수용하게 된다. 80년대에는 부엌이 거실과 긴밀한 관계를 가지는 중심공간으로 구체화되면서 DK분리형, LDK형 등 단란행위를 수용하는 형식이 보편화되고 90년대에는 첨단화 부엌이 등장하여 부엌의 시스템화가 이루어진다. 2000년대에 들어와서는 대면형 부엌이 보편화되면서 가족실형 부엌이 자리잡고 있다.

그러나 이러한 입식부엌이 우리의 생활문화에 완전히 적응한 것이라고 보기는 힘들다. 왜냐하면 서양의 식생활은 준비과정이 비교적 간편하나, 우리나라의 식생활 문화는 재료의 준비과정부터 요리와 뒤처리 과정까지 상대적으로 복잡하여 부엌에서의 동작범위가 넓고 다양한 자세가 요구되기 때문이다. 또한 저장음식이 발달하였으므로 이들의 저장공간이 필요하며, 식기의 종류 또한 다양하여 보관장소도 많이 필요하다. 이 때문에 입식 싱크대가 있음에도 불구하고 부엌 바닥에 앉아서 김치재료를 다듬거나 뒤 베란다에 장독을 놓거나 보조 가열대를 들여놓거나 하는 경우를 많이 볼 수 있다. 이와 같이 입식부엌은 서양의 식생활에 적응시킨 공간이므로 우리의 식생활 문화와 딱 맞아떨어진다고는 할 수 없으므로 우리의 식생활 문화에 맞는 부엌공간 디자인이 이루어져야겠다.

한편, 가사노동의 자동화·기계화가 진전되면서, 가사노동 실시상의 시간적 제약이 약하여 구속감을 느끼는 일이 적어지게 되었다. 가전제품의 대부분은 가사노동을 경감시키는 것이다. 전기밥통부터 식기세척기, 김치냉장고에 이르기까지 각종 가전제품의 개발로 인하여 가사노동이 상당히 경감되었다. 가사노동 중 특히 힘이 많이 들고 시간 또한 많이 드는 세탁의 경우에도 세탁기와 건조기의 개발로 거의 힘이 들지 않게 되었다.

2009년 기준으로 TV는 세대당 1.43대, 냉장고는 1.03대로 가구보유율이 100%를 넘었으며, 세탁기도 0.96대에 이르고 있다. 이들 가전제품은 구매의향은 감소했지만 고급화, 대형화 추세는 계속되고 있으며, 소유 대수 또한 늘고 있다. 그리고 에어컨을 보유하고 있는 가구(2009년 기준 세대당 0.6대)도 늘고 있어, 에어컨이 일반적인 가전제품으로 자리 잡아 가고 있는 중이다. 퍼스널 컴퓨터(2009년 기준 세대당 0.7대)와 프린터의 보유율도 늘고 있다. 이는 저가 컴퓨터 및 프린터 출시가 활발한 것에도 영향이 있지만, PC 및 프린터의 보급률이 고소득층 가구에서만 증가하는 것이 아니므로 컴퓨터를 이미 가정의 필수품으로 인식하고 있음을 알 수 있다. 청소기는 1997년의 경우 4가구 중 3가구 정도가 소유하고 있었으나, 2009년 기준으로 세대당 0.79대를 보유하고 있어, 청소기의 소유율도 계속 증가할 것으로 보인다. 전자레인지도 2009년 기준으로 세대당 0.76대 소유하고 있다. 또한 이동통신기기 사용의 일반화로 휴대폰 및 PCS 폰을 보유하고 있는 사람의 비율이 높게 증가하고 있으며, 김치 냉장고는 보유율은 2000년 11%, 2004년 48%, 2009년 81.3%로 급증하였다.

그러나 이러한 가전제품의 개발과 보급은 오히려 주택 내에 야간 소음을 유발시키거나, 가족 생활시간의 불일치를 조장시키는 결과가 되기도 한다. 그리고 좁은 주거공간에 많은 기기와 제품이 놓여 거주성(居住性)이 저하되고, 그로 인해 새로운 가사노동이 생기는 일도 있다. 예를 들어 우리나라 주부들은 매일매일 빨래를 하고 삶아서 햇볕에 말리는 것을 선호한다. 때문에 세탁기가 놓여 있는 뒤 베란다에서 대부분의 빨래를 하고 손빨래가 필요한 것은 욕실에서 세탁하여 가열대가 있는 부엌에서 삶고 이를 다시 헹구고 탈수하여 햇볕이 잘 드는 앞 베란다에서 말린다. 이후 빨래 개키기와 다림질 등은 거실에서 하게 되며 수납은 각 개실에 하는 것이 보통이다. 그러나 서양에서는 빨래는 일주일 단위로 모아서 하며 건조기로 말려 그 자리에서 다림질하는 것이 일반적이다. 이와 같은 세탁행위의 차이는 각 나라의 기후적 · 문화적 배경이 다르기 때문이다. 따라서 서양식으로 계획된 유틸리티에서 세탁행위가 이루어지지 않으므로 우리나라 문화에 맞는 세탁관련 공간을 계획하여야 하겠다.

주택 내에서 이루어지던 많은 가사노동 생활이 외부화되어 가사노동이 많이 경감되었다. 예전에는 의생활과 식생활의 대부분을 자급하였으므로 이에 따른 노동의 양은 감당하기 힘든 것이었으나, 요즘은 거의 외부화되어 최소한의 노동만을 주택 내에서 수행하고 있다. 또한 교육, 생산활동, 혼례, 상례 등도 외부화되어 가사노동의 내용을 변화시키고 있다.

(2) 여성의 사회참가와 주거문화

요즘은 여성의 사회 참가가 전혀 낯선 것이 아니며, 오히려 앞으로의 사회는 여성에 의한 사회라고 할 만큼 여성의 사회참가는 활발해지고 권장되고 있다. 통계청의 경제활동인구조사(2011) 결과를 보면, 경제활동인구 2,524만 명 중 여성 경제활동인구는 1,050만 4천 명이며, 경제활동참여율은 49.2%이다. 즉 여성들의 경제활동이 소극적인 경향에서 적극적인 경향으로 변화하고 있다. 이러한 여성의 활발한 사회참가로 인하여 가정생활도 여러 측면에 변화가 생기며, 그로 인해 새로운 주거문화가 형성되고 있다.

첫째, 여성의 생활시간 구조가 변화하고, 가사노동 시간의 단축, 자유시간의 증대가 예상된다. 또한 여성의 생활시간 변화에 따라 부모-자식 간의 대화시간이 감소하고 가족단란의 형태가 변화하고 있다. 따라서 가족단란 공간을 중심으로 한 주택계획, 가족여가 공간이 용이하게 확보되는 거주지 선택, 주택 내에 여성전용 공간이 확보되어 있는 주택계획이 호응받을 것으로 예상된다.

둘째, 맞벌이 가정이 증가한다. 이로 인해 낮에만 가능한 가사노동에 관한 부담감이 증대한다. 예를 들어 우편물 수취, 세탁물 널기, 쓰레기의 배출, 이웃 간의 공동청소, 시장보기 등이 부담스럽게 된다. 이를 해결하기 위하여 용량이 큰 냉동냉장고를 사거나, 수납 창고를 만들거나 하여 공간적 조건을 변경하게 된다. 또 낮에 외출하기 위하여 문단속을 하여야 하는데 이때 방문객이나 우편물 수취 등이 곤란하게 된다. 이를 위해 최근에 분양되는 아파트는 호텔의 프론트와 같은 역할을 하는 관리실을 두기도 한다. 그리고 주택 내부공간도 사적 공간보다는 공적 공간을 중시하며, 거실중심형 주택, 개방형 부엌 등이 계획되고 있다. 한편, 주5일 근무가 확산되면서 가족단위로 주생활을 영위하는 시간이 길어지므로 별장형 주택, 주말농장주택, 펜션주택, DIY주택 건설 등이 등장할 것으로 사료된다.

셋째, 정보망의 발달로 인하여 시장보기, 영화감상, 공개토론회 참가 등의 가사, 오락, 학습이 가능하게 된다. 예를 들어 CATV를 설치하면 CATV에서 내보내는 지역의 정보를 받아들여 지역에 대한 애착심, 관심을 높일 수 있다. 따라서 주택자동화설비(Home Automation)는 물론이고 정보설비를 갖춘 주택을 계획하는 것이 바람직하다. 또한 정보망의 발달로 재택근무가 증가하므로 주택 내에 작업공간을 확보하고 아파트 단지 내에 비즈니스센터 등을 두어 개인적으로 보유하기 어려운 사무기기를 제공하는 것이 좋다.

넷째, 외부의 가사대행업에 의존하는 일이 많아진다. 예전처럼 입주하여 가사를 보조해 주는 인력을 고용할 뿐만 아니라 육아대행, 재택케어, 출장요리, 시장보기대행, 청소대행 등 전문가의 손을 빌리는 일이 많아진다. 또한 세탁, 음식배달, 재봉 등은 외부의 서비스시설을 이용한다. 따라서 이러한 서비스시설을 용이하게 이용할 수 있는 거주지 선택이 요구된다.

(3) 생활주기의 변화에 따른 주거문화

출산율 저하, 고학력화, 평균 수명의 신장 등으로 인해 라이프사이클이 변화하였다. 그리고 핵가족의 정착으로 세대수가 증가하고 주택수도 증가하였다. 그리고 세대원수가 감소하여 종래의 넓은 독립주택에 여러 세대가 함께 생활하던 거주형태에 변화를 가져왔다. 생활주기의 변화에 따른 주거문화 중 눈에 띄는 것은 1인 가족세대와 노인세대들에 의해 형성되고 있는 주거문화이다.

우리나라의 1인 가구는 2000년 전체 가구의 15.5%, 2005년 20.0%, 2010년

23.3%(4,039천 가구)에 해당될 만큼 높은 비율을 차지하며 계속 증가하고 있다. 1인 가구는 노인단독가구와 미혼자가구이며, 앞으로 1인 가구의 비율은 더욱 늘어 날 것으로 예상된다. 따라서 1인 가구를 위한 독신자용 주택이 요구되며 이들이 형성하는 독특한 1인 가구 주거문화가 형성될 것이다.

독신자용 주택의 정의

주택건설기준 등에 관한 규정 제2조 제6항에 따르면 "독신자용 주택"이라 함은 다음 각 목의 1에 해당하는 주택을 말한다.

가. 근로자를 고용하는 자가 그 고용한 근로자 중 독신생활(근로여건상 가족과 임시 별거하거나 기숙하는 생활을 포함한다. 이하 같다)을 영위하는 자의 거주를 위하여 건설하는 주택

나. 국가 · 지방자치단체 또는 공공법인이 독신생활을 영위하는 근로자의 거주를 위하여 건설하는 주택

신세대 1인 가족을 겨냥한 솔로산업이 성업할 정도로 우리 사회에서도 독신자가 일반적인 가족형태로 자리 잡고 있다. 이들은 대개 8~10평 정도의 원룸주택에 살며, 밥은 독신자용 전기밥솥으로, 반찬은 집까지 배달되는 찬거리로, 빨래는 빨래방에서 해결한다.

일반적으로 독신자용 주택이라고 하면 원룸주택을 떠올리게 된다. 원룸주택은 화장실을 뺀 모든 공간이 하나로 연결된 형태의 주택으로, 1990년대 들어 독신자, 신혼부부 등을 위한 주택으로 보급되기 시작하였다. 원룸주택은 건물관리, 방음상태, 방수상태, 방범상태가 양호하고, 편의시설(다용도 회의실 또는 스터디룸, 헬스실, 주차장, 공용 세탁실 등)과 가구 및 가전제품을 구비한 곳을 선택하는 것이 좋다. 특히 가구부착형 주택은 원룸주택과 같이 소규모 주택의 실내면적을 유효하게 이용할 수 있어 매우 바람직하다. 또한 공간의 유효이용을 위해 수납형 침대, 수납형 테이블, 접이형 가구, 다기

능 가구 등을 설치하는 것도 좋다. 원룸주택이 위치해 있는 곳은 편의점, 빨래방 등 각종 생활 편의시설과 휴게시설이 많은 곳이 좋다. 최근에는 300세대 미만의 국민주택규모에 해당하는 도시형 생활주택을 1인 가구용 주거로 많이 공급하고 있다. 또한 개인방에는 에어컨, 책장, 수납장이 완비되어 있지만 거실, 부엌, 샤워룸, 세탁실 등은 함께 사용하는 셰어하우스(share house)가 독신 젊은이를 위한 주택으로 등장하였다.

한편, 고령화를 고려한 주거문화가 형성되고 있다. 우리나라 노인복지의 기본은 재택복지이다. 따라서 3세대 주택을 가장 이상적인 고령자 주택으로 생각하나, 3세대 가족은 계속 감소하고 있다. 따라서 고령자에게 가장 바람직한 주택형태인 3세대 주택을 공급하는 것만으로는 고령자의 주택문제를 해결할 수 없다. 거주자의 고령화를 고려할 때 앞으로 베리어프리(barrier free)의 건축설계를 하여야 하는 것은 너무나 당연한 일이다. 3세대 동거 아파트를 선택할 때에는 필요한 방의 개수를 확보하고, 세대별 출입구를 확보하는 것이 좋다. 그리고 부엌과 화장실은 간이 형태라도 노인세대 전용으로 있는 것이 좋다. 노인전용주택을 선택할 때는 외부조건(복지, 건축면적), 내부조건(개인공간, 공동공간, 가사공간, 위생공간, 그 외 공간), 설비조건(가구, 냉난방, 조명, 전기, 가스, 수도, 피난구 등)을 갖추어야 한다. 또한 고령자의 심리상태를 고려하여 고령자를 돌봐 줄 수 있는 사람이 가까이 살고, 이웃과의 교류가 용이한 지역서비스를 받을 수 있는 곳이 고령자의 주생활 환경으로 이상적이다. 한편, 요즘의 노인들은 은퇴 후 10명 중 9명은 자녀와 따로 사는 것이 편하다고 생각하며, 60%는 경제지원도 필요 없다고 생각한다. 자녀와 30분 이내의 거리에 살면서 쇼핑, 외식, 레저 등의 일상생활을 공유하고, 맞벌이 자녀의 육아를 보조해 주는 정도의 근거리 가족의 형태를 선호하고 있는 것이다. 따라서 노인 1인가구가 독립된 생활을 할 수 있는 독신자용 주택의 수요는 계속 늘어날 것으로 보인다. 또는 완전한 독립적 생활을 하기에는 몸이 불편한 노인이 요양시설처럼 집단생활을 하지 않고 각자 개인생활을 하면서 식사나 집안일 같은 간단한 서비스만 제공받는 의존형주택(assisted living)도 노인 1인가구를 위한 주택으로 공급할 수 있다.

3 주생활양식과 문화

생활양식(life style)은 어느 지역, 집단의 누적된 여러 행동양식에 의해서 이루어지고, 이 행동양식(behavior)은 여러 행태 및 행태조직(activity and activity system)으로 형성된다. 오랜 시간 관습화된 행태조직은 그 시대, 그 지역의 생활양식으로 도식화되고, 누적된 생활양식은 문화현상으로 표현된다.

우리의 주생활은 네 가지 생활로 나눌 수 있다. 첫째, 생리적 욕구를 해결하기 위한 생활이다. 여기에 속하는 생활행위는 식사, 휴양, 취침, 부부생활, 배설행위이다. 둘째, 인간보존을 위한 생활이다. 여기에 속하는 생활행위는 가사노동행위이다. 셋째, 정신적 욕구를 위한 생활이다. 여기에 속하는 생활행위는 오락, 사교, 교육, 창작행위이다. 넷째, 이동행위이다. 이러한 생활행위는 주거공간 내에서 이루어지므로 주생활과 주거공간은 밀접한 관련을 지니고 있다.

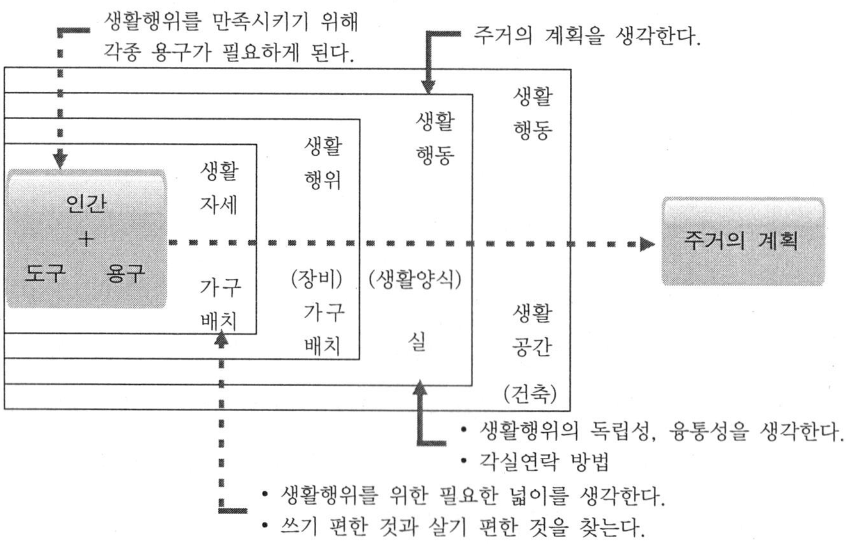

【생활행위와 주거계획】

출처: 박병전(1980). 대학주거학.

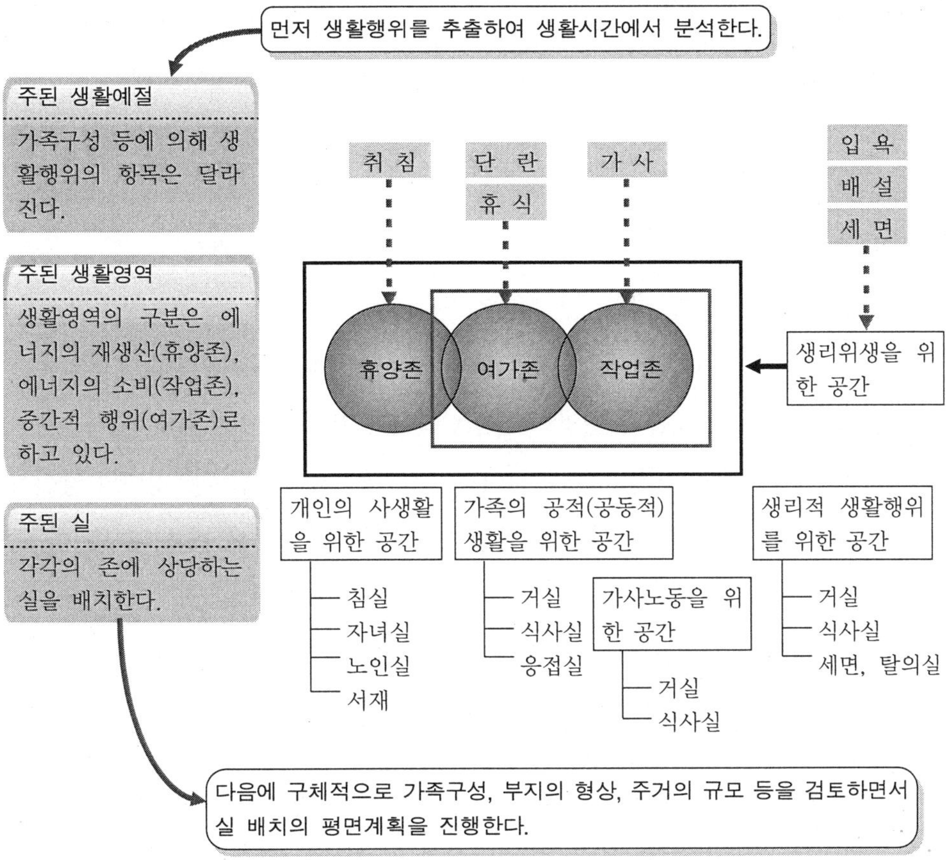

① 먼저 일상의 생활행위를 추출하여 생활공간과의 관련을 분석한다.
② 다음에 생활영역(존의 구분)의 검토를 바탕으로 생활행위를 대별한다.
③ 존의 구분을 바탕으로 필요한 생활공간의 확대, 관련을 고찰한다.
④ 그리고 구체적인 설계조건을 대응시키면서 평면계획에 착수한다.

【생활행위와 생활공간】

출처: 임만택(1998). **주거환경계획**.

우리나라 사람들은 주택 내에서 어떤 생활양식으로 살아가고 있는지를 대표적인 특징으로 나타내 보자. 우선 신발을 벗고 실내로 들어와 바닥에 앉아 식사, 휴식, 단란행위를 하고 바닥에 이불을 깔고 취침을 한다. 그리고 쪼그리고 앉아 배변을 하고 세숫대야를 이용하여 세면을 한다. 이러한 생활양식은 주택평면의 변화, 사회문화의 변화 등으로 상당한 부분이 변하였으며, 지금도 변하고 있다. 이러한 주생활양식에 주목하여 주거공간 내에서 행해지는 행위에 의해 형성되는 생활양식에 대하여 살펴보자.

1) 기거양식

바닥에 앉아 식사를 한다거나 의자에 앉아 공부를 한다고 하는 생활양식은 주양식(住樣式)의 하나이며, 이것을 기거양식(起居樣式)이라고 한다.

기거양식은 단지 앉는 자세의 문제가 아니라, 주공간의 기능분화, 평면의 양실화(洋室化), 각 실의 면적, 창의 높낮이, 가구, 설비, 정원의 유형 등과 관련되어 있어, 주택

표 2-11 좌식과 의자식의 특징

구분	장점	단점
좌식	• 전통적 생활양식으로 안정감이 있다. • 실의 전용성(轉用性)이 높다. • 의자식에 비해 같은 면적에 수용인원이 많다. • 가구의 필요도가 낮아 사용할 수 있는 바닥면적이 감소된다. • 겨울의 난방효율이 좋다.	• 활동성, 능률성이 낮다. • 무릎을 굽히므로 앉기 힘들고 발육에 나쁘다. 양반자세를 하면 서 있을 때보다 무릎압력을 7.8배나 더 받는다. • 바닥이 비위생적이기 쉽다.
의자식	• 작업능률, 활동성이 증가한다. • 방의 용도가 정해져 전용공간 사용이 용이하다. • 무릎을 굽히는 정도가 작아 덜 피곤하다. • 호흡면이 좌식보다 높아 위생적이다. • 자세를 바르게 할 수 있어 신체의 균등 발달을 돕는다. • 주거 밖의 생활이 대부분 의자식이므로 주거 내외에서의 자세의 일관성을 지닐 수 있다.	• 좌식에 비해 실의 소요면적이 크다. • 실의 용도가 고정되어 있어 전용(轉用)이 어렵다. • 가구비가 많이 든다. • 난방설비가 필요하여 설비비, 난방비가 더 든다.

의 발전에 중대한 의미를 가지며 주택평면 계획에 큰 영향을 준다. 바닥에 직접 앉는 자세를 기본으로 하는 동작양식을 좌식이라 하며, 입식은 의자나 침대 등의 가구를 지지하여 앉기도 하고 눕기도 하는 일련의 동작양식이다. 입식생활과 좌식생활은 각각 장단점을 지닌 생활행위이다. 이런 기거양식의 차이는 생산양식, 문화, 풍토, 지형과 식생(植生) 등을 배경으로 하여 역사적으로 발전하였기 때문에 생겨난 것이다.

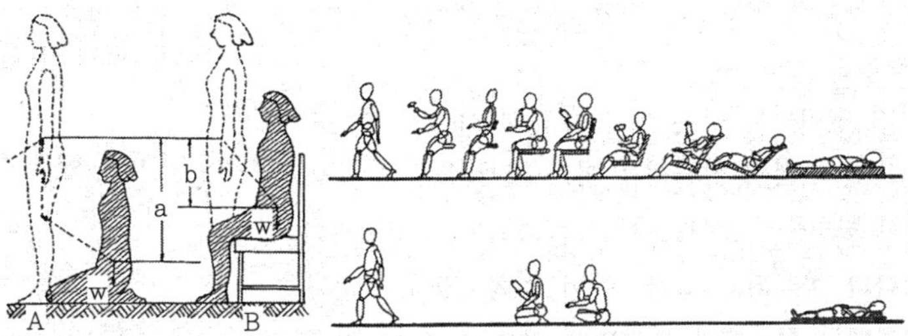

$$\frac{A\text{의 일량}}{B\text{의 일량}} \fallingdotseq \frac{aw}{bw}\ (a > b)$$

【좌식과 의자식 생활의 비교】

출처: 윤장섭(1995). 주거학.

우리나라의 기거양식은 고구려, 신라, 백제의 삼국시대에는 계층 간에 기거양식 차이가 있어서 좌식에 일부 입식이 공존하였고, 이는 조선 중기까지 계속되었다. 즉 입식가구를 소유할 수 있는 귀족계층은 의자나 침상 등을 사용하는 입식생활을 하였으나, 하층민은 바닥에 앉고 자는 기거양식이었다. 그러나 조선 중기 이후 온돌이 한반도 전체에 보급되면서 좌식생활이 파급되어 이는 조선 말까지 전통적인 기거양식으로 자리 잡게 되었다. 그러다가 조선시대 말에 쇄국정책이 풀리면서 개화와 함께 서양문물이 유입되어 입식생활이 다시 선보이기 시작하였다. 이러한 새로운 기거양식의 시도는 상류층을 중심으로 시작되어 점차 중류층과 서민층에까지 퍼지게 되었다. 1970년대 이후부터 아파트의 급증과 함께 생활수준의 향상으로 가정 내 입식가구가 증가하여 입식생활이 일반화되었다.

현재 대도시에서는 입식생활이 상당히 진행된 상태이며, 앞으로도 입식생활을 희망하는 경향을 보인다. 기거양식은 지역 차가 있는데, 지방 도시의 경우에는 주거공간의 입식화가 정착되기는 했으나 실제로는 좌식생활이 많으며, 특히 거실과 자녀실의 경우에 지역 차가 크게 나타난다.

우리나라의 기거양식의 경향을 살펴보면 공동생활행위, 개인생활행위, 생리위생행위 전반에 걸쳐 입식이 진행되고 있다. 일상적인 조리행위를 제외한 가사노동행위는 입식의 진행속도가 느리며, 식사와 취침행위는 점진적으로 입식화되고 있다. 특히 자녀실의 입식화는 아주 빠르게 정착되고 있는데, 이는 자녀실은 공부방이라는 인식하에 책상과 의자를 들여놓고, 침대 사용을 많이 하기 때문이다.

그리고 부부 취침의 침대화도 젊은 부부들 사이에서는 보편화되고 있다. 그 이유는 단지 양식(洋式) 생활양식에 대한 동경 때문이 아니고 '이불을 개고 펴지 않아도 되니까'라고 하는 가사노동의 에너지절약 이유나 '부부침실을 개실화하고 싶다'고 하는 개인생활의 필요성 때문이므로 부부침실의 입식화는 더욱 진행될 것으로 예상된다. 노인의 취침양식도 '이불을 개고 펴지 않아도 된다', '기거동작이 쉽다', '아무 때나 취침하기 편리하다'라는 이유로 침대 사용이 증가하고 있다.

또한 부엌의 싱크대 도입과 식사 시의 의자 사용이 급속하게 진행하여 주택평면에서 DK채용이 일반화되고 부엌에서의 행위와 식사행위의 입식화가 정착되고 있다. 이미 주택시장에서 공급되고 있는 모든 주택의 부엌에는 싱크대가 부착되어 있으며, 간이식탁이 부착되어 있는 경우도 많다.

단란・휴식행위의 입식화는 대도시권의 주택에 있어서 꽤 진행되었으나, 실제로는 바닥에 앉는 것을 병존하는 것이 특징적이다. 단란・휴식에는 발을 뻗을 수 있거나 때로는 누울 수 있으므로, 신발을 벗고 안으로 들어오는 이상양식 하에서는 단란행위를 바닥에 앉아 하는 것이 보편적으로 남아 있을 것이다.

입식형 기거양식의 보급에 의해 주택 내에 가구가 넘쳐나고 있다. 잘 사용하지 않는 화장대가 안방을 차지하고 있거나 밥상이 훨씬 사용하기 편안하여 식탁은 부엌의 보조작업대로만 사용하거나 하는 경우가 생겨나고 있다. 사람이 사용해야 할 공간을 가구가 차지하고 있는 것이다. 또한 온돌로 대표되는 우리나라 난방방식은 바닥 난방이 주를 이루므로 겨울철에는 침대가 있음에도 불구하고 이불을 깔고 바닥에서 취침하는 예도 많다. 따라서 특정 기거양식을 맹목적으로 따를 것이 아니라 자신의 주생활문화를 고려하여 결정하여야 할 것이다.

기거양식의 결정에는 가족 수, 연령, 가족생활주기, 교육수준, 세대주의 직업, 소득 등 거주자의 특성과, 주택의 규모, 방의 수, 주택의 유형 등의 주택특성이 영향을 미치고 있다. 즉 가족수가 적고, 가족생활주기의 단계가 낮으며, 주부의 연령이 낮을수록 입식생활이 많고, 학력과 소득이 낮을수록 좌식률이 높아진다. 또한 사무직인 경우가 자영업·농임업의 직업보다 상대적으로 입식가구의 도입률이 높다. 단독주택에 비해 아파트의 입식률이 높고, 거주면적이 클수록 입식률이 높다.

2) 이상양식

주거 내에 들어갈 때 신[51]을 벗고 안으로 들어가거나 신을 신은 채 들어가는 것도 하나의 생활양식인데 이를 이상양식(履床樣式)이라고 한다. 이상양식은 현관을 기점으로 하여 이루어지는데, 이는 기후조건면, 관리면, 위생면 등에 의해서 형성된 주거문화이다. 우리나라는 실내에서는 신을 신지 않는 탈화양식(脫靴樣式)을 가진다. 그래서 기차나 버스 여행 시 사람들이 신을 벗고 양말만을 신은 채 차내에 있는 것을 흔히 볼 수 있으며, 실내에서 신을 신는 경우에도 실내화를 특별히 두고 외부에서 신는 신과 구분하고 있는데, 이 또한 실내에서 신을 벗지 않는 나라에서는 잘 볼 수 없는 진

51) 『삼국유사』 권 42에 망혜(芒鞋)가 나오므로, 우리나라의 신발[鞋]의 기원은 삼국시대 이전임을 알 수 있다.

풍경이다.

주택의 실내에 들어오기 위해서는 현관에서 신을 벗게 되므로 현관에 신발장을 놓고 현관과 실내는 단 차를 두어 실내외를 구분하고 있다. 즉 신을 벗지 않는 서양의 현관과는 다른 형태의 현관을 가지고 있다. 또한 이러한 이상양식은 바닥재의 선택, 바닥의 청소방법, 난방방식에 영향을 주며, 전술한 기거양식과도 밀접한 관련을 가지고 있다.

이상양식과 관련지어 주거문화를 생각하면 현관(玄關)이 중요한 공간으로 떠오른다. 현관은 출입전용의 공간으로 우리의 전통주택에서는 존재하지 않았던 공간이나 서양식 주택이 유입되면서 실내외를 구분하는 전이공간(轉移空間)으로 자리 잡게 되었다. 특히 공동주택의 현관은 실내외의 구분뿐 아니라 주택을 경계 짓는 영역으로 볼 수 있다. 따라서 현관의 역할은 실외활동을 위한 예비공간으로 신발류를 비롯한 우산, 운동기구 등의 수납과 가족과 외부인을 구분하여 받아들이는 방범기능이 요구된다. 또한 현관은 이러한 물리적 측면의 기능뿐만 아니라 심리적 측면의 기능도 가지고 있다. 현관문을 열고 들어서면서 비로소 집에 들어왔다는 느낌을 가지는 것이다. 독립주택의 대문이 가진 기능을 공동주택의 현관이 가진다고도 볼 수 있다.

현관은 그 집의 얼굴이라고 할 만큼 주택공간 중 가장 먼저 접하게 되는 곳이므로 주택 전체의 분위기를 자아내게 하면서 실내를 적당히 차단되도록 하여야 한다. 우리나라 주택의 현관에는 신발장을 배치하게 된다. 그리고 현관에서 거실이 너무 많이 보이면 현관문을 설치하여 시선을 차단하도록 하고, 현관문을 설치하기 어렵거나 소규모 주택에서는 가리개(decoration partition)를 설치하여 시선차단을 하는 것이 좋다. 현관은 대부분 좁기 때문에 밝고 따뜻한 계열의 색이면서, 거실과 비슷한 분위기로 꾸미는 것이 현관을 넓게 보이게 한다. 거울을 이용하거나 기능성 수납가구를 이용하는 것도 좋다.

3) 입욕양식

(1) 목욕의 의미

입욕(入浴)의 목적은 신체의 청결, 보온, 피로회복 등의 보건위생적 측면과 기분전환, 휴식 등 심리적인 측면이 있다. 특히 우리나라 사람들은 흰 피부를 좋아하고 숭상하여 자주 목욕하였으며, 목욕에 남다른 의미를 부여하였고 목욕을 청결을 위한 수단 외에 미용, 건강, 질병치료 또는 의식수단으로 인식하였다.

문헌에 기록된 최고(最古)의 목욕은 신라의 시조 박혁거세와 그의 왕비인 알영에서 비롯된다. 『삼국유사』의 기록에 따르면 박혁거세를 동천에서 씻기니 그 몸에서 광채가 났다든지 알영이 태어날 때 입술에 닭의 부리가 달려 있었으나 북천에서 씻기니 부리가 떨어져 그 미모가 완연히 드러났다는 기록 등을 통하여 치료와 의식수단으로 목욕을 인식하였음을 알 수 있다. 목욕하여 신체를 청결하게 함으로써 마음도 단정해진다는 불교의 목욕재계는 신라인의 영육일치사상과 부합되는 것이므로 신라인들은 목욕을 미용과 청결의 수단으로 생각하였음을 알 수 있다.

고구려인들은 목욕 외에 온천탕의 이로움에 대하여 일찍이 인지하였다. 『삼국사기』의 기록에 따르면 서천왕 17년(286년)에 왕의 동생인 일우, 소발이 모반하였을 때 질병을 사칭하고 온탕에 가서 온갖 무리들과 유락을 즐겼다는 기록이 남아 있어 온천탕을 이용하였음을 알 수 있다. 『고려도경』에 따르면 고려인들은 새벽에 일어나 반드시 목욕을 하고 출타한 후 돌아와 다시 목욕한다고 하였으며 피부를 희게 하려고 복숭아 꽃물이나 난초 삶은 물을 사용했다고 한다. 그리고 중국 사람의 몸이 더러운 것을 보고 비웃었다고 하였다. 또 여름철에는 사찰 근처 냇물에서 남녀가 함께 어울려 스스럼없이 목욕하였는데 여인들은 목욕용 모시치마를 입고 하였다고 한다. 상류층에서는 어린아이를 목욕시킬 때 피부를 하얗게 하기 위하여 복숭아 꽃물로 몸을 닦아 주었으며 여자는 물론 남자도 난탕(蘭湯)을 즐겨서 피부에서 향내가 나도록 하였다. 고려시대에도 절에는 대형 대중목욕탕이 설치되어 있었고 가정에도 목욕시설이 마련되었다.

조선시대에 들어와 대중 목욕의 개념이 약해졌으나 정월 초하루, 단오, 팔월 한가위는 물론 조상제사 때는 반드시 목욕을 하였다. 엄격한 도덕률 아래에서도 신라시대에 비롯된 유두를 지켜 음력 6월 보름이면 계곡이나 냇가에서 목욕하고 물맞이를 하였다. 또한 제례(祭禮) 전에 반드시 목욕재계하는 목욕이 성행하였다. 또 마을의 갖가지 중요한 행사와 공동으로 치르는 제사 때에도 목욕재계를 하였다. 그러나 조선시대에 들어오면서 유교사상 때문에 목욕의 풍습이 많이 줄어 등매나 뒷물과 같은 부분욕을 주로 하였다. 목욕 시에는 볏짚을 태운 재를 물에 담가 우린 잿물 혹은 콩깍지 삶은 물을 세척제로 사용하였으며 상류층에서는 여자뿐만 아니라 남자도 분가루를 개어 얼굴에 문지른 후 씻어내는 분세수를 하였다.

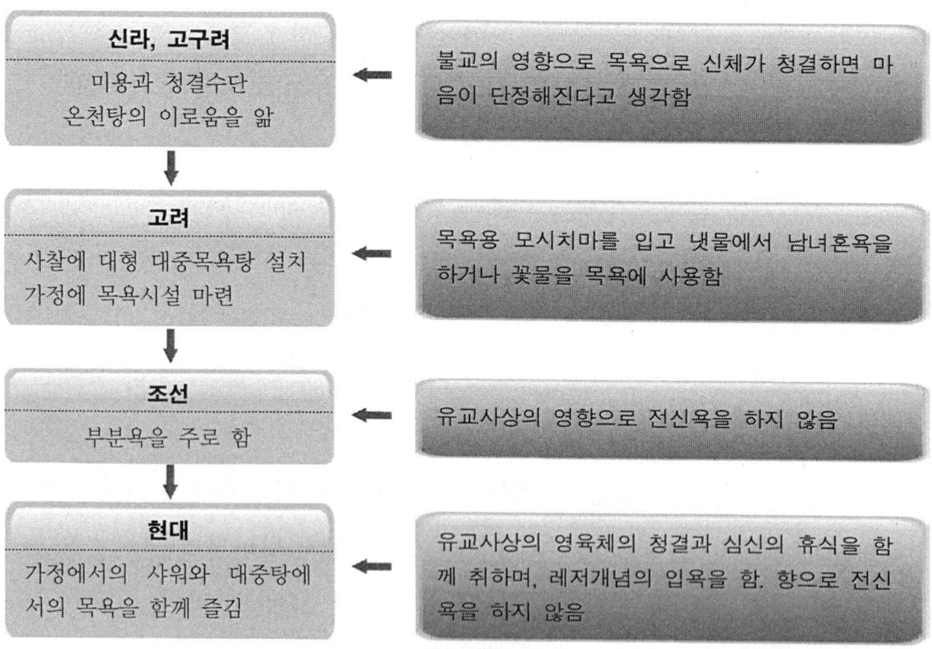

【목욕행태의 변화】

우리나라의 목욕문화는 그 역사가 오래되었다. 목욕을 하는 입욕방식은 나라마다 다른데, 구미인은 욕조 속에서 몸을 씻고 샤워를 하는 형식이나, 우리는 욕실에서 씻고 욕조 속에 몸을 담그는 식이다. 이와 같이 같은 입욕이라도 그 행태가 다른 이유는 나라별로 다른 입욕 역사와 문화적 배경이 있기 때문이다.

우리나라 사람들의 몸을 씻는 습관은 옷을 벗고, 몸 전체를 씻는 목욕하기와 부분적으로 행하는 세수하기, 발씻기, 머리감기로 구분되어 이루어져 있다. 바쁜 아침시간에도 샤워로 몸을 씻는 서양인들과는 달리 우리나라 사람들의 세수방식은 일반적으로 세면기에서 하는 사람, 세면기 위에 대야를 놓고 하는 사람, 욕실바닥에 대야를 놓고 하는 사람, 대야와 샤워기를 이용하는 사람 등으로 다양하다. 이렇게 세수하는 방식이 다양하다는 것은 세면대의 높이와 형태가 개인의 신체적 특성과 맞지 않다거나 대야에 물을 받아놓고 세수하던 습관이 아직까지 많이 유지되고 있다는 사실을 짐작하게 한다. 세수하는 방식은 세면기를 이용하는 사람이 뚜렷이 많은 반면에 머리감는 방식은 상대적으로 욕실바닥에서 대야를 놓고 하거나 샤워기를 이용하는 사람들이 많다. 이것은 손을 씻기에 적합하도록 만들어진 서양식 세면기가 한국인의 머리 감는 행위에는 맞지 않기 때문이라고 볼 수 있다.

그리고 우리에게는 서양에는 없는 독특한 발씻는 행위가 있다. 발씻기는 매일 저녁자기 전에 행해진다. 세수하거나 머리감기는 불편하지만 어느 정도는 세면기에서 해결할 수 있으나 발씻기는 세면기를 이용하기 어렵다. 그로 인해 욕실바닥에서 샤워기로 발을 씻는 사람, 대야를 이용하는 사람, 변기에 앉아서 씻는 사람, 욕조에 앉아서 씻는 사람, 다리를 들어서 세면기에 올려놓고 씻는 방법까지 아주 다양한 형태를 보인다.

한국인의 목욕방식은 비누질하기 → 헹구기 → 욕조에 몸 담그기 → 때 밀기 → 비누질하기 → 헹구기와 같은 복잡한 과정을 거친다. 거품이 있는 욕조 안에서 모든 목욕행위를 마치고 나와서 그대로 몸을 닦는 서양식 목욕행위와는 많은 차이가 있다. 우리에게 있어 욕조는 단지 몸을 데우거나 때를 불리기 위해서 아주 가끔씩 사용될 뿐이며 목욕과정의 대부분이 욕조 밖에서 이루어진다. 따라서 욕조가 없는 욕실을 가진 주택도 있으며, 사용빈도에 비해 많은 공간을 차지하는 욕조를 제거하는 개조행위도 빈번히 일어나고 있다. 이에 소형 아파트에서는 욕실과 화장실을 분리한 새로운 욕실형태가 등장하였다.

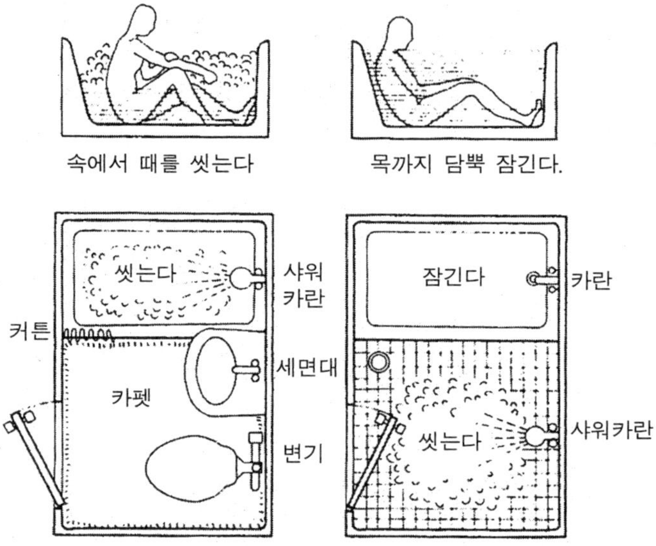

【입욕양식】

출처: 신건축학대계편수위원회(1991). 주거론.

(2) 목욕공간

우리나라는 기후, 자연경관, 종교 등의 관계로 전통주택에 욕실이라는 공간이 없었다. 동의보감 등 고전의 한방서적에는 고려시대에 한증(汗蒸)을 위한 공간이 있었다는 기록이 있다. 이것은 신경통 치료를 위하여 계급에 관계없이 공동으로 이용할 수 있었던 목욕공간으로 두꺼운 벽으로 둘러싸인 돔(doom) 형태로 되어 있었고, 밖에서 불을 때어 안에서 한증을 하도록 되어 있었다. 그러나 이곳은 목욕을 위한 장소라기보다는 치료를 위한 시설이었다는데 그 의미가 큰 것이었다.

우리나라 전통 주거양식에서 목욕과 세면을 함께 할 수 있는 공간에 대하여 언급하기 시작한 것은 조선시대 이후이다. 그러나 일반서민주택이나 중류주택에는 목욕을 위한 공간이 따로 마련되어 있지 않아서 세수는 주로 마당에서 대야를 놓고 이용하였으며 한여름이 되어서야 등목을 하거나 개울 또는 강에서 몸을 씻었고 겨울에는 가마솥에 물을 끓여서 커다란 대야를 놓고 하였다. 즉 목욕은 적당한 장소에 이동식 욕조라고 할 수 있는 함지나 옹기에 물을 담아 놓고 광이나 부엌 또는 집의 뒷마당에서 하는 정도였다.

1920년대에는 상류주택의 경우 후원에 목욕장소를 두어 뒷산으로부터 홈통으로 물을 끌어들여 산천수로 목욕하였다. 상류주택에는 여인들의 뒷물을 위한 방으로 부엌 후면에 짚으로 울타리를 만들어 사용하였는데 이를 북수간(北水間) 또는 목간통이라 하였다. 북수간이란 원래 사찰에서 뒷물도 하고 목욕재계도 하는 곳을 말하는데 점차 민간으로 퍼지기 시작하였는데, 북쪽에 위치하여 물을 취급하는 곳이라 하여 붙여진 이름이었다. 상류주택의 표본이라 할 수 있는 창덕궁 연경당의 반빗간(부엌)[52]에도 이러한 흔적이 있으며 추운 겨울에는 아궁이가 있는 이곳에 함지를 놓고 목욕하였을 것으로 추정된다. 상류주택인 강릉 선교장 역시 사랑채 왼쪽에 세면간, 측간, 욕실, 광이 있었던 흔적이 있는데 이들은 모두 행랑과 연결되어 있었다. 이곳도 처음에는 광으로 사용하였다가 후에 욕실로 개조한 것으로 보였다. 궁중에서는 목욕통이라는 커다란 대야를 들여놓고 목욕을 하였는데 현재 창덕궁의 연경당 별채에 그 흔적이 남아 있다. 즉 창덕궁에는 아궁이로 보이는 여러 개의 공간이 있는데 사람이 들어갈 정도로 넓어 나인이나 그 밖의 사람들이 목욕공간으로 이용하였으리라 추측되었다.

---

52) 반빗간은 취사전용부엌으로 음식 냄새가 안채 등에 들어가는 것을 막고 화재도 예방하기 위해 따로 세운 독채부엌이다. 주로 살림 규모가 큰 집에서 설치하였는데, 반빗간 옆에 창고인 장광을 두고 이곳에 곡식과 젓갈독 등을 보관하였다. 창덕궁 연경당의 반빗간이 그 대표적인 것이다.

혜원 신윤복의 단오절 여인들

사대부 계층에서는 집안에 목욕시설인 정방(淨房)을 설치하였고 인삼잎을 달인 삼탕 외에 창포탕, 복숭아꽃잎탕, 마늘탕, 쌀겨탕 등을 즐겼다. 그러나 조선시대의 목욕은 옷을 입은 채 신체의 부분을 하나하나 씻어 나가는 식이었으므로 대형 욕조보다는 함지박과 대야를 많이 사용하였다. 세숫대야는 가족원들이 각기 다른 것을 사용하였으며 먼 길을 가는 선비는 대야를 휴대하였다. 이조 중엽 유물 중에는 양반들이 쓰던 자기로 만든 욕조도 발견되었다.

상류층과 달리 일반 서민들은 여름에는 강에서 목욕을 하였고 겨울에는 가마솥에 물을 끓여 방이나 부엌에서 함지목 대야나 커다란 대야를 사용하였다.

조선시대에는 질병치료 및 건강유지를 위해 온천욕과 한증막이 성행하였다. 그러나 돈을 받고 여러 사람에게 목욕을 하게 하는 시설인 목욕탕은 문호 개방 이전에는 없었다. 개항 이후 외국인들이 들어오면서 가옥의 구조를 개량해 목욕탕을 만들었다. 그러나 이것도 밖에서 길어온 물을 큰 항아리에 담아두고 퍼서 쓰도록 된 간단한 샤워시설이나 간이 욕조 정도였다.

우리나라의 변소와 목욕공간은 각각 다른 위치에서 발전하여 오다가 개화기 이후부터 수세식설비에 대하여 인식하게 되고 일제강점기부터 변소가 주택 내부로 들어오게 되었다. 한일합방 이후에 건축가인 김유방이 전통주택의 중정식 평면에서 벗어난 집중식 평면을 계획하면서부터 변소가 주택 내부로 들어오게 되었다. 1937년 오영섭의 조선풍 설계 당선작에서는 변소와 세면대가 각각 분리되어 주택 내에 계획되어 있었다.

개화기를 계기로 한국에 들어온 일인(日人)들이 규방부녀가 목욕하는 것을 숨어서 엿보는 행위가 성행하게 되자 중류계급에서는 과도기적인 현상으로 사당을 목욕간으로 개축하기도 하였다.

일제시대 주택은 사용 계층에 따라 상류계층이 거주하던 문화주택, 중류계층의 개량한옥, 하류계층의 영단주택으로 분류되었다. 이 주택은 주로 집중식 평면으로 식당, 욕실, 변소 등의 시설을 내부에 계획하였다. 북측 현관 옆에 욕실과 화장실을 각각 분리하여 계획하였고 출입은 복도를 통해 하였다. 그러나 일본식이나 서양식의 모방 형태인 문화주택은 변화를 꺼리고 문화주택의 규모나 시설을 감당할 수 없었던 대다수의 중·하류 계층에게는 영향을 주지 못하였다.

서민생활 속에 욕실이 정착된 것은 1941년 주택영단에서 주택난의 해결을 위하여 건설한 중소형 주택이 처음이었다. 조선주택영단의 주택 중 갑형, 을형 주택에는 욕실, 탈의실, 소변기, 대변기로 분리된 생리위생 공간이 주택 내에 있었으며, 병형에만 현관을 중심으로 욕실과 변소를 두었고, 정형, 무형 주택에는 현관 옆에 변소만을 두었다. 변소의 저장소는 콘크리트로 하였으며 욕실은 상부직경 90cm, 하부직경 60cm, 높이 70cm 정도의 팽이형 철제 가마솥의 저부(低部)에 직접 불을 넣어 물을 데워서 사용하였으며 나무판을 깔아 이를 밟고서 목욕하도록 되어 있었다. 영단주택의 욕실은 욕실, 변소, 세면실이 각각 독립된 형태이면서 부엌 옆에 욕실이 위치하고 있다. 즉 1930년대 이후부터 욕실이 주택에 등장하였는데, 이때는 욕실과 화장실이 분리된 일본식 욕실이었던 것이다. 1960년대 이후 아파트가 보급되면서 서양식 욕실이 주택에 등장하게 되었는데, 처음에는 욕조와 양변기가 설치되어 있어 세면은 대야를 이용하도록 계획하였으나, 요즘은 욕조, 세면기, 양변기가 함께 설치된 유닛형 욕실이 대부분이다. 즉 일제강점기 이후 여러 단계를 거치면서 변소와 목욕공간이 가까이 배치되고 1970년대 이후에는 변소와 목욕공간이 통합되었다. 이는 양변기가 일반화되고 수세식 구조가 됨으로써 가능해진 것이다. 1980년대 아파트의 보급과 함께 주택의 욕실은 일반화되었으며, 1990년대 이후 생활수준 향상에 따라 가족을 위한 공용욕실과 부부전용 욕실공간이 생겨나고 욕실의 기능이 단순한 위생공간에서 건강휴식공간으로 확대되었다.

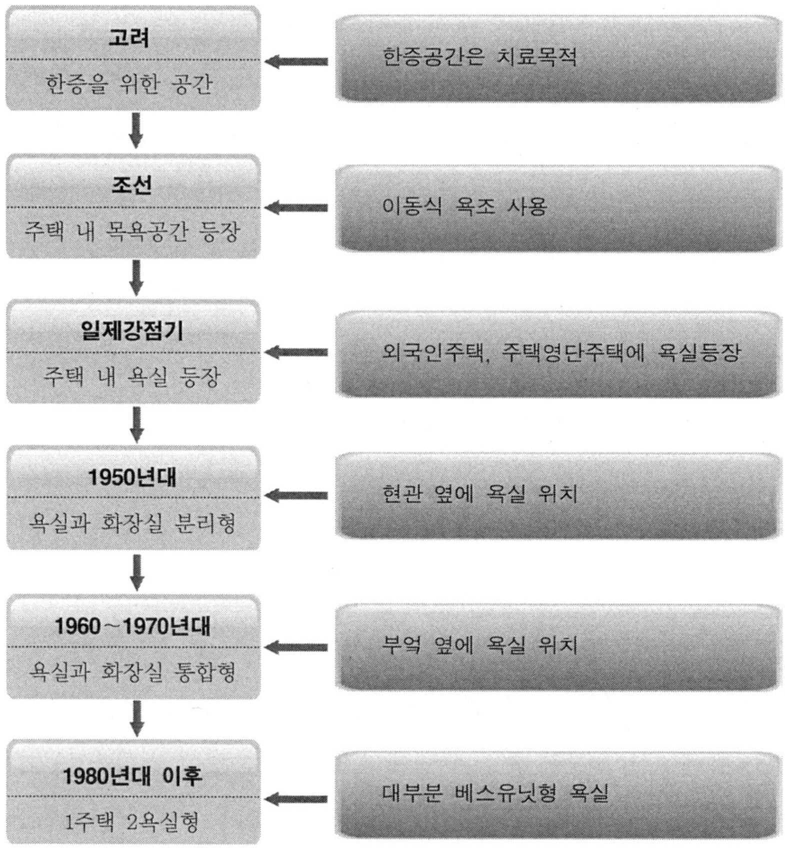

【목욕공간의 변화과정】

현대 아파트의 경우는 세면대, 변기, 욕조가 한 공간에 집약되어 있는 베스유닛(bath unit)형 욕실이 거실과 침실에 인접하여 위치하는 경향을 보인다. 베스유닛형 욕실은 1962년에 건설된 마포아파트에 처음으로 도입된 이후 1970년대 대규모 단지의 건설을 계기로 급증하여 1980년 이후에는 아파트와 단독주택의 전형적인 욕실형태로 보급되고 있었다.

이러한 욕실의 구성도 우리의 입욕양식에 딱 맞는 것이라고 하기는 어렵다. 우리는 샤워뿐만 아니라 욕조에 몸을 담가 피로풀기를 즐기며, 목욕할 때에는 욕조 밖에서 때

밀이, 머리감기 등을 한다. 이때 욕실 바닥에 쭈그리고 앉아 있으면 변기가 바로 눈앞에 있어 미관상 좋지 않으며, 충분한 공간을 확보하기에도 힘들다. 또한 식구 중 한 사람이 욕실을 사용하고 있으면 비교적 장시간 동안 다른 식구는 화장실과 세면대를 사용할 수 없게 되고 비치한 화장지도 눅눅해지게 마련이다.

유닛형 욕실은 주택의 욕실 형태라고 하기보다는 호텔과 같이 소수가 단기간 머무는 건물에서 공간과 에너지 절약을 위하여 채택하는 것이다. 따라서 서구식의 욕실 형태를 그대로 받아들이기보다는 우리의 입욕양식에 맞는 욕실이 디자인되어야 하겠다.

주택의 규모가 큰 경우에는 2개 이상의 욕실을 가지고 있는 경우도 흔하다. 가족용-손님용, 부부용-그 외 가족용, 가족용-노인용 등 사용자에 따라 구분하여 사용하며, 예전에 비해 사용시간이 길며, 욕실 공간도 크고 밝게 디자인하여 육체적 피로뿐만 아니라 정신적 피로까지를 푸는 공간으로 이용하고 있다. 그리고 주거생활 속에서 입욕행위가 중요한 행위로 떠오르면서 최근에는 18평형 아파트에서도 화장실과 욕실이 분리되어 계획되는 경우도 있다. 한편, 소규모 주택의 경우에는 욕조를 떼어 내고 화장실과 세면실만 사용하는 경우도 많다. 이는 주택에 욕실공간이 등장한 것이 그리 길지

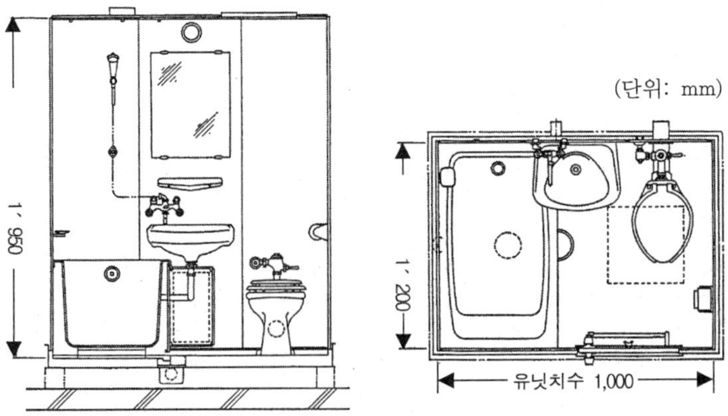

【유닛형 욕실】

출처: 扇田 信(1984). 住生活學.

않은 역사를 가지고 있으므로 우리의 입욕양식과 주거문화에 맞는 공간으로 변화해 가고 있는 과도기적 경향을 보이는 것으로 생각된다.

4 주거공간 이용과 문화

주거 내에서는 식사, 단란, 접객, 가사, 공부, 취침, 입욕, 세면, 용변 등 여러 생활을 하는데 이러한 생활별로 공간을 구분하는 것은 아니고, 기능의 분화와 통합에 따라 공간분할을 하게 된다.

공간분화와 관련이 큰 주거문화는 식침분리, 취침분리, 공사분리, 성별 공간분리, 정적·동적 공간분리, 시간별 공간분리, 세대별 공간분리 등에 따라 달라지는 주거문화이다. 이러한 공간분리는 문화, 역사, 풍토, 종교 등 여러 배경에 따라 달라진다.

즉 "무엇과 무엇의 기능 결합을 중시하는가"라고 하는 것이 공간 이용에 반영되는 것이다. 예를 들어 부엌에 연속하여 식사실이나 거실 등을 배치하는 것이 요즘의 주택 평면의 일반적 경향인데, 이는 주부의 가사편리(배선, 정리의 편리) 때문에 부엌과 식

표 2-12 주거공간의 구분

주호공간						주호 주변공간		공공생활 공간
생리위생	가사서비스	개인공간	가족공간	접객공간	통로공간	옥외생활공간	근린생활공간	
화장실 욕실 세면실 탈의실	부엌 세탁실 다용도실 가사실 곳간 반침 기계실	침실 개실 공부방 서재 취미실	식사실 DK 거실 가족실	응접실 객실	현관 홀 복도 계단	테라스 정원 발코니 서비스야드	앞뜰 문간 카포트 골목 소광장 놀이터	도로 공원 교육시설 상업시설 각종근린시설

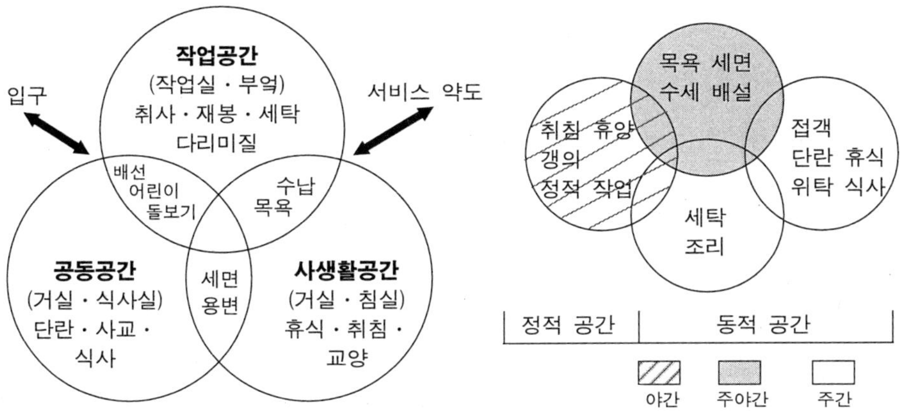

【주생활과 공간구획】

출처: 윤장섭(1995). 주거학.

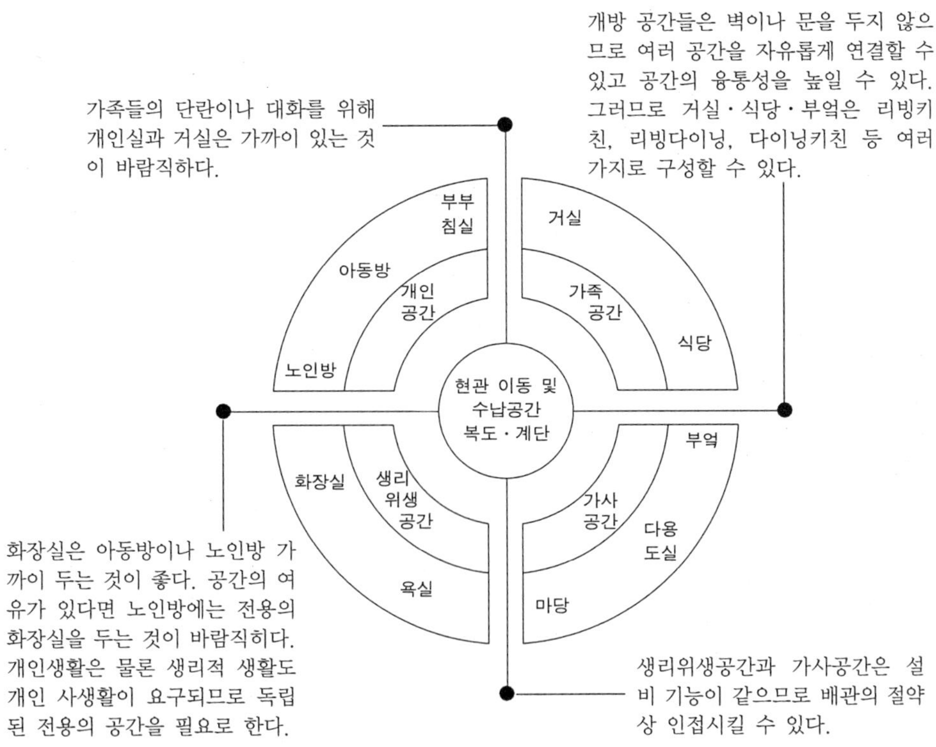

【주거공간 구성】

출처: 윤정숙 외(1999). 주거학.

사 장소의 연결이 중시되어 DK와 같이 동실에 두게 되었다. 또한 "주택에 어떤 기능을 둘 것인가"에 따라 공간이용이 달라진다. 예를 들어 입욕의 공동화(대중목욕탕)와 개별화(주택욕실), 세탁의 공동화(공동시설화)와 개별화(각 가정에 세탁기를 두는 것) 등의 문제이다.

옛날에는 생업도 주택 내에서 행하였고, 의생활 면에서는 집에서 재봉을 하여 의복을 만들었으며, 식생활 면에서는 된장이나 저장품 등을 집에서 만들었는데, 현재는 많은 기능이 주택 밖으로 나와 외부화되었다. 최근에는 외식산업, 완제식품 등 식품산업의 진전에 따라 식사행위, 조리행위 일부가 외부화 경향에 있다. 더욱이 도시의 집합주택 거주자가 창고를 빌리는 등 수납기능까지 외부화되는 예도 있다. 한편에서는 정보화 사회의 진전에 따라 생긴 재택근무와 같이, 생산활동이 다시 주택 내에 들어 온 예도 있다.

이와 같은 주거공간 이용에 따라 달라지는 주거문화에 대하여 몇 가지 살펴보자.

1) 식침분리

우리나라 전통주택에서는 부엌이 식사준비공간으로 완전히 독립되어 존재하므로 부엌에서 식사하는 것이 어려우므로 식사는 주로 취침공간에서 하여 식침분리(食寢分離)가 이루어지지 않았다. 또한 우리나라에서 식사는 사교를 위한 경우와 가족의 일상적인 경우가 구분되어 있어 식사실이 공적 공간으로 다루어지는 서양과는 다른 식생활문화를 나타내고 있다. 따라서 식사와 취침을 동일공간에서 하는 것은 아주 오랫동안 지속되어 온 주생활양식이다. 그러나 우리의 주택이 차츰 입식화되면서 부엌이 동일 평면화되었고 식침분리가 서서히 이루어지게 되었다.

식침분리란 거주 방법, 특히 방의 사용 분리방법의 하나의 원칙이며, "주생활에 있어서 식사하는 장소와 자는 장소와는 따로 따로 한다"고 하는, 주생활의 질서화를 위해 최소한 지켜야 하는 거주 방법의 원칙이다.

이 원칙의 근거는 다음과 같다.

① 같은 방에서 계속 이어서 행하는 여러 생활행위 중에서 식사와 취침의 동실전용은 가사작업상, 위생상 혼란이 크다.

② 식사실은 침실이나 거실 등의 방에 비해, 최소한의 크기로 만들어 독립공간으로 분리하기 쉽다.

③ 조리 → 식사 → 뒷처리의 일련의 행동으로 볼 때 식사실은 의자식으로 하는 것이 바람직한데, 식사실이 확보되면 식사행위의 의자식이 용이해진다.

④ 식사실은 가족공용의 방이므로 통과 등의 통로공간으로 사용할 수 있고, 작은 주택에서는 특히 유효하며, 식사공간이 통로공간으로 대용되어도 주택의 질이 저하하지는 않는다. 식사실을 통로공간으로 하는 것은 서로의 방을 통과하지 않는 것을 막는 장점이 있다.

즉 식침분리는 주택 내에서 적어도 식사하는 장소와 취침하는 장소는 별도의 실에서 행하도록 하자는 것으로서 가족 각자의 생활시간이 일정치 않으므로 식사와 취침을 같은 실에서 혼용할 경우 위생상의 문제와 상호기능 간의 불편과 무리가 따르게 된다. 즉 식사와 취침을 같은 공간에서 함으로 인하여 발생하는 과중한 가사노동을 경감시키고 위생의 확보와 공간의 독립성을 얻기 위한 것이다. 작은 면적으로 식사실을 취침공간과 독립시키는 것이 주생활의 질을 확보하는 것이라고 보는 것이 식침분리이다.

식침분리의 확립에 의해 등장한 것이 DK(다이닝키친)이다. 한정된 좁은 주호면적에서 부엌과 식사실을 같은 실로 하는 것에 의해 면적을 절약하고, 그곳에 의자식의 식사양식을 채용하여 식침분리를 하는 것이다. 식탁과 의자를 놓는 것은 실 기능을 고정화하는 것으로 그 공간에서 식사는 할 수 있으나 취침은 할 수 없게 되어 식침분리를 확정하게 된다. 식사를 의자식으로 하는 것은 편리할 뿐만 아니라 면적의 절약과 가사작업의 편리함(배선, 뒷처리의 편리) 등, 부엌과 식사실을 같은 실로 하는 DK형식 자체가 바람직한 이유였던 것이 DK의 보급을 촉진시켰다.

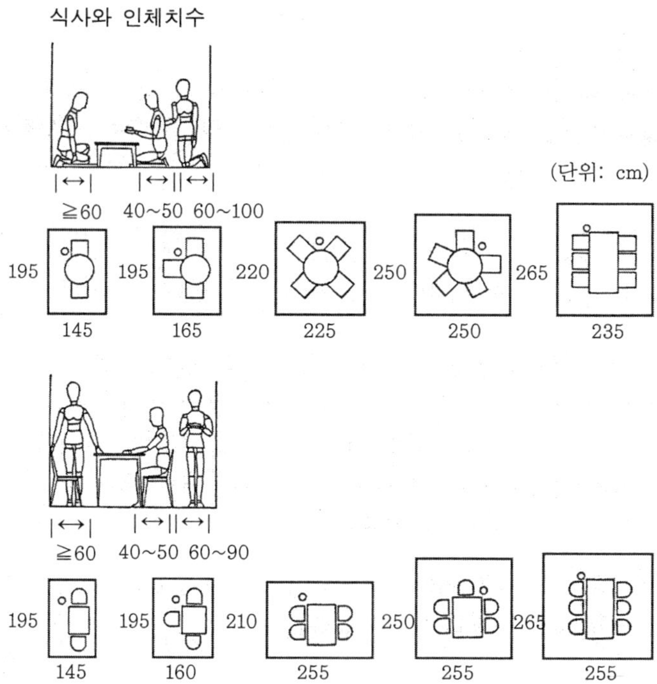

【식사실의 최소치수】

출처: 扇田 信(1984). 住生活學.

식사실은 식사하는 활동뿐만 아니라 거실과 같은 역할을 한다. LD(Living Dining)형이나 LDK형은 식사와 가족단란이 자연스럽게 연결되는 형식으로, 가족이 함께 모이는 시간이 적은 현대 가족에게는 유용한 평면형태라고 할 수 있다. 또한 식사대접을 하면서 손님을 접하는 경우가 빈번한 주택에서는 식사실을 독립하여 둘 필요가 있으나 규모가 크지 않은 경우에는 힘들며, 격식을 갖추지 않아도 되는 손님의 경우에는 DK형, LDK형, LD형의 식사공간을 이용하는 것이 좋다.

식침분리에 의해 식사공간이 취침공간으로 분리됨에 따라 식탁사용이 늘어나게 되었다. 식탁은 가족 수와 부엌의 크기에 맞추어 적당한 크기로 하고, 주방이 좁을 경우 벽에 붙여 쓰는 카운터형 혹은 탁자를 접어 쓸 수 있는 가변형이 공간을 절약할 수 있으므로 좋다. 또한 찌개 등을 같이 나누어 먹는 한국형 식생활에서는 상판이 너무 넓으면 불편하므로 식탁의 상판 크기는 너무 넓지 않은 것이 좋다. 그리고 뜨거운 그릇 등을 놓아야 하므로 표면의 마감 상태와 강도를 확인하여야 하며 표면이 평평하고 방습, 내수성이 좋은 것을 택하는 것이 좋다. 의자에 앉아서 식사하기에 편하도록 식탁의 다리 간격이 넓은 것을 선택한다. 식탁의 높이는 앉아서 다리를 충분히 움직일 수 있는 공간(65~70cm)이 확보될 수 있을 정도가 좋다.

식사행위는 주생활행위에서 아주 중요한 행위 중 하나이다. 흔히 "한솥밥을 먹는 사이이다"라는 말을 하는데, 이는 강한 소속감을 나타내는 것으로 가족이 모여 함께 식사를 한다고 하는 것은 가족단란의 중요한 부분인 것이다. 거실이 가족단란의 대표적인 장소이기는 하나 거실에서는 가족 모두가 같은 행위를 하는 경우는 그리 많지 않다. 그러나 식사를 할 때는 비록 그 시간이 길지 않다 하더라도 동일한 행위를 가족원 모두가 하므로 자연스레 가족 전체의 대화의 장이 되기 쉬운 것이다. 이러한 특성 때문에 요즘 도시주택에서는 거실보다 식사실을 더욱 강조한 주택계획이 늘어나고 있다.

식사실은 완전 독립된 형태와 부엌이나 거실과 결합된 형태로 크게 구분할 수 있는데, 서양식 저택의 경우에는 독립형 식사실이 있으나 일반주택의 경우에는 거실이나 부엌과 결합된 형태가 일반적이다. 거실과 식사실이 결합된 경우(LD형)는 거실 부분과 식사실 부분을 공간적으로 처리하여야 한다. 평면을 구부러지게 하거나 천장이나 바닥의 높이를 달리하는 것이 좋으며, 대부분 거실이 중심이 된다. 이 형태는 실내디자인적으로는 조화를 얻기 힘든 형태이나 주거 문화적 측면에서는 매우 이상적인 형태이다. 거실의 주목적인 단란과 식사를 하는 동안 형성되는 가족의 대화는 본질적으로 유사한 생활행위이기 때문이다. 한편, 부엌과 결합된 형태(DK형)는 원래 소규모 주택에서 택했던 형태이며, 부엌이 중심이 된다. 따라서 식사실로서의 역할이 약화되어 가족단란 행위로서의 식사가 아니라 음식물 섭취를 위한 협소한 장소로 전락할 가능성이 크다. 그러나 적절한 면적의 확보와 현대적인 부엌설비의 완비로 이러한 단점은 상당히 줄일 수 있으며, 부엌에서의 가사노동이 주부만의 것이 아니라 가족원의 협력 또는 적극 참여하는 행위라고 하는 인식의 확대로 인하여 일상적인 식사공간으로는 충분히 양호한 형태로 자리 잡고 있다.

2) 취침분리

하루 24시간 중 약 1/3은 취침시간이며, 특히 주택에서 생활하는 시간 중 반 이상은 취침에 사용하므로 취침공간은 주거공간 중 매우 중요한 공간이다. 적정한 취침상태를 만들기 위해서는 가족원의 성별, 연령, 세대를 고려하여 집중취침과 과밀취침을 피하고 이성 동실취침(同室就寢)을 하지 않아야 한다.

그런데 하나의 방에 가족이 모여 잠자는 집중취침이나 취침밀도가 표준 이상인 과밀취침, 어떤 연령 이상에 해당하는 남녀가 같은 방에서 취침하는 이성 동실취침은 열악한 주거환경에서 많이 보인다.

대체로 학령기 이전 단계에서 이미 영역형성의 경험이 이루어지는데, 이때 영역형성의 경험과 발달이 충분하지 않은 경우에는 환경에 대한 거부반응을 일으킬 수 있다. 취침분리는 영역확보와 밀접한 관련을 가지고 있으므로 적절한 취침분리를 하기 힘든 주거과밀 상태는 여러 가지 병리현상을 나타낸다고 보고되고 있다. 즉 주거과밀은 다음과 같은 문제점을 가지고 있다.

① 개인의 정서적인 불안감, 도피적 행동, 공격적 행동에 영향을 주고 개인의 임무수행능력에서 부정적인 영향을 준다. 또한 부부간의 대화나 결혼 만족도에 부정적 영향을 미쳐 원만한 부부관계를 방해하고 자녀에 대한 무관심을 조장하여 자녀보호가 소홀하게 된다.

② 비생산적인 에너지 소모를 유발하게 되어 피로를 가중시키는 요인으로 작용하며 휴식이나 수면방해를 받게 되어 건강에 영향을 끼칠 수 있다.

③ 아동들은 부적절한 자극을 받게 되며, 아동 스스로 독립된 개인이라는 인식이 결핍되며, 타인에 대한 건전한 이상형을 형성하지 못하게 된다. 또한 성에 대한 오도된 인식을 갖게 되고 사물에 대한 객관적 관찰이 어려워진다.

취침분리(就寢分離)에는 부모자식 간의 취침분리(부모의 침실과 자식의 침실을 분리하는 것)와 형제 간의 취침분리(어떤 연령 이상에 달하는 이성 형제와 침실을 달리 하는 것)가 있다.

과밀의 기준은 우선 환경위생기준으로 방의 공기와 인간의 호흡에 의한 공기오염의 한계를 나타내는 것으로 나타낼 수 있다. 예를 들어 CO_2가 실내공기의 0.1%가 넘으면 과밀상태로 보는 것이다. 또 하나는 침실의 크기와 사람과의 관계로 누웠을 때의 인체치수, 침구치수 등으로부터 과밀을 나타낼 수 있다.

최저 거주수준, 평균 거주수준을 보면, 초등학교 시기에는 부모와의 취침분리가, 중학교 시기에는 이성형제 간의 취침분리가, 고등학교 시기에는 동성형제 간의 취침분리가 이루어져야 함을 알 수 있다.

표 2-13 주거의 규모

실의 수	거주인 수	콜론 기준(m^2)	
		주거 당	거주 1인당
3	3	56	18.7
	4	62	15.5
4	4	65	16.2
	5	75	15.0
	6	82	13.7
5	6	87	14.5
	7	94	13.4
	8	110	13.7
6	8	114	14.2

▌표 2-14▐ 최저 거주수준과 평균 거주수준

구분	내용
최저 거주 수준	• 부부는 독립된 침실을 확보할 것. 단 6세 이하(취학 전)의 자녀 1명까지는 동침한다. • 만 7세 이상 18세 이하의 자녀(초등학생부터 고등학생까지)는 부부와 별도의 침실을 확보할 것. 이때 1실 2명까지 하고 만 13세 이상(중학생 이상)은 성별 분리 취침할 것. • 부부 이외의 성인은 1인 1실을 확보할 것.
평균 거주 수준	• 부부는 독립된 침실을 확보할 것. 단 3세 이하의 유아 1명까지는 동침한다. • 만 4세 이상 15세 이하의 자녀(유치원생부터 중학생까지)는 부부와 별도의 침실을 확보할 것. 이때 1실 2명까지 하고 만 13세 이상(중학생 이상)은 성별 분리 취침할 것. • 만 16세 이상(고등학생 이상)의 자녀는 1인 1실을 확보할 것.

▌표 2-15▐ 최저주거기준

	가구원 수(인)	실(방) 구성	총 주거면적(m^2)
1. 면적 기준	1	침실 1, 부엌	12(3.6평)
	2	침실 1, 식사실 겸 부엌	20(6.1평)
	3	침실 2, 식사실 겸 부엌	29(8.8평)
	4	침실 3, 식사실 겸 부엌	37(11.2평)
	5	침실 3, 식사실 겸 부엌	41(12.4평)
	6	침실 4, 식사실 겸 부엌	49(14.8평)
	7 이상	침실 4, 식사실 겸 부엌	52(15.8평)
2. 시설 기준	1) 부부침실 확보 2) 만 5세 초과 자녀는 부부와 침실 분리 3) 만 8세 이상 이성 자녀는 침실 분리 4) 노부모 침실은 부부침실과 분리 5) 상수도 또는 수질이 양호한 지하수 이용시설이 완비된 전용부엌 및 전용 화장실 확보		
3. 구조·성능·환경 기준	1) 영구 건물로서 구조 강도가 확보되고, 주요 구조부의 재질은 내열·내화·방열·방습에 양호한 재질일 것 2) 적절한 방음·환기·채광·냉방·난방 설비를 갖출 것 3) 소음·진동·악취·대기오염 등 환경요소가 법정기준에 적합할 것		

출처: 건설교통부 고시 제2000-260호.

부부는 성인 두 사람이 독립된 개실을 함께 사용한다. 부부가 사용하는 개실을 주침실(主寢室)이라고 하는데 우리나라의 경우는 안방에 해당된다. 안방은 부부침실로서의 기능 이외에도 가족단란의 장소, 손님접대의 장소로도 이용되어 프라이버시의 요구도가 매우 높은 공간임에도 불구하고 부부의 프라이버시가 확보되지 못하는 경우가 생긴다. 규모가 조금 큰 주택에서는 안방과 부부침실을 분리하는 경우도 나타나고 있다.

특히 안방에 침대를 놓으면 방의 전용성(轉用性)이 상당히 떨어져 부부침실로서의 역할이 강화된다. 새로운 침대를 구입할 때에는 침실의 크기와 기존에 있던 가구들이 차지하고 있는 공간을 충분히 고려하여 크기를 결정하여야 한다. 수면에 필요한 침대의 최소 크기는 어깨너비와 신장에 의해 결정된다.

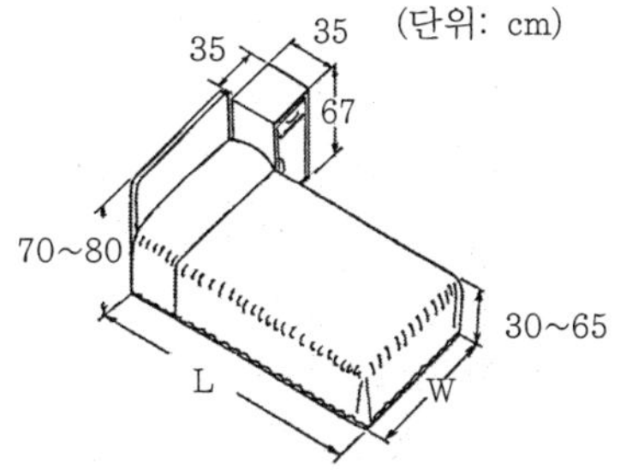

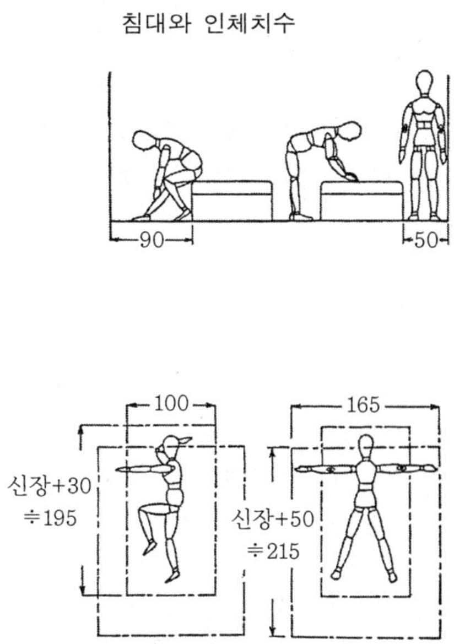

	W	L
싱글	91~96	195
세미 싱글	99~100	198
세미 더블	120	
더블	135~138	200

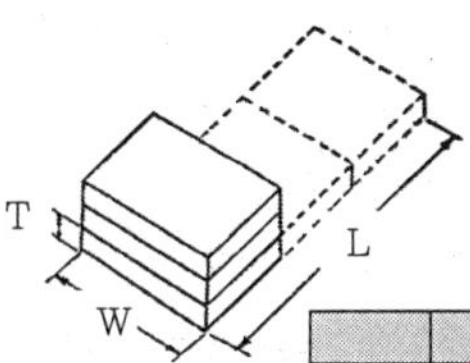

	T	W	L
싱글	5~15	91~100	191
더블	5~15	121~130	191~200
베이비	4	60~76	100~136

【인체와 침상면적】

출처: 扇田 信(1984). 住生活學.

3) 공실과 사실의 분리

개인 존중 의식의 진전에 의해 주생활에 있어서의 개인생활의 존중, 그리고 개실 확보의 주거욕구가 생겨났다. 개인실의 확보와 동시에 가족의 모임, 단란의 장으로 공동의 방이 필요하게 되었다. 그래서 가족 전체가 공통으로 사용하는 생활공간(거실 등의 공실)과 가족원의 각자가 전용하는 생활공간(사실)으로 나뉜 공사실(公私室) 분리의 주거가 보급되기 시작하였다.

공용실과 사실(私室)을 완전히 구분하여 생활하는 주거문화는 미국이나 북유럽에서 보이는 형식이며 우리나라는 개인실과 공용실의 확립이 미비하였는데, 1970년대에 대량 건설된 집합주택에서 공용실과 사실이 분리된 평면이 채택되기 시작되었다.

가족 공동의 공간으로 대표적인 것은 거실이다. 거실은 중세 유럽 귀족주택의 홀(hall)이 분화되어 응접실 역할을 하는 홀과 거실역할을 하는 팔로(parlour)가 정착된 것으로 볼 수 있는데, 우리의 전통주택에서는 여름철의 대청마루, 겨울철의 안방 기능을 하는 공간이다. 우리나라에서 거실이라는 명칭은 1920년대 이후 근대교육을 받은 건축가들에 의해 제안되어 사용되어 오다가 아파트 보급과 함께 정착되었는데, 거실의 사용이 활성화되면서 응접실과 같은 접객공간이 주택에서 사라져 요즘의 거실은 가족 공동공간임과 동시에 손님접대공간으로 사용된다.

전통주택에서는 손님을 위한 공간이 중요시되어 주거 내에서 가장 좋은 위치에 두거나 그 치장에 신경을 많이 썼지만 요즘은 격식을 갖추어야 하는 손님은 주택 밖에서 접대하고 격의가 없는 손님은 가족 공동공간인 거실에서 맞이한다.

거실은 주생활의 중심공간으로 가족단란, 손님접대, 휴양, 주부의 가사노동, 육아, 자녀의 학습, 놀이 등 여러 종류의 생활행위가 이루어지는 공간이다. 즉 오늘날의 거실은 생리위생적인 행위를 제외한 대부분의 주생활행위를 포함하는 다목적 공간이다. 그러나 거실의 가장 큰 기능은 가족단란 공간이다. 예전의 주택에서는 가족단란 공간이 식사를 하는 장소이었으나, 인공조명의 발달과 가사노동의 경감, 식생활 문화의 변화 등으로 거실이 가족단란 공간으로 자리 잡고 있다. 한편, 가족 간의 프라이버시 확보 등으로 인해 가족 각자가 개실 사용을 함으로 인해 가족 공동의 공간인 거실이 거의 무용지물이 되는 경우가 있으므로 주의하여야 한다. 특히 가족구성원이 모두 성인인 경우에는 거실 사용을 거의 하지 않는 경우가 생기므로 가족특성에 맞게 거실계획을 하여야 한다. 이때 거실의 크기도 중요하지만 그 위치 또한 주거문화 형성에 중요한 요소가 된다. 각 개실로 이동이 쉬우며 부엌이나 현관과의 접근도 용이하여야 한다. 그러나 거실이 통로로서의 역할만 하는 것은 바람직하지 않다. 이러한 단점을 극복하기 위하여 거실을 각 방에서의 통로가 모여 있는 막다른 코너 부분에 두는 것도 좋은 방법이다.

거실에서의 주생활을 생각할 때 현대 주택에서 빼놓을 수 없는 것이 텔레비전이다. 대개 텔레비전을 바라보는 형태로 소파를 배치하고 텔레비전을 놓기 위해 벽 가구를 놓는 경우가 많다. 이러한 배치는 자칫 가족 간의 대화를 단절시킬 우려가 있고 거실이 텔레비전 시청장소로만 사용될 염려가 있다. 그리고 현대의 거실은 가족실의 성격이 강함에도 불구하고 응접실과 같은 가구배치를 하는 경우가 종종 있다. 우리나라는 신발을 벗고 실내에 들어와 바닥에 앉아 생활하는 주거문화를 형성하고 있으므로 이러한 가구배치는 매우 부자연스럽다. 따라서 가족 모두가 사용하는 거실에는 편안한 소파를 개성에 맞추어 몇 점 배치하는 것이 좋을 것이다. 가족들의 휴식과 친목활동이 많은 거실에는 등받이가 많이 젖혀지고 안락한 캐주얼한 소파를 선택하며, 손님 접대가 많은 거실에는 등받이가 덜 젖혀진 클래식한 스타일의 소파를 선택하는 것이 좋다. 신혼부부가 거주하는 집의 거실에는 2인용의 안락한 소파가 좋으며 공간이 좁은 거실이나 원룸의 경우에는 침대로의 변환이 가능한 소파를 고르는 것도 공간 절약이 된다. 소파를 세트로 구매할 때는 거실의 크기와 형태에 맞추어 배치해 보고 결정하여야 한다. 일반적으로 쓰이는 3+2+1인용 풀 세트는 거실의 규모가 크고 정적인 분위기에 어울리며, 상대적으로 공간의 규모가 작은 거실은 3+1인용 세트나 2+1+1인용 세트를 사용하는 것이 좋다. 편안한 소파 시트의 높이는 무릎 높이보다 낮아야 한다. 즉 바닥에서 40~50cm 높이로 발이 바닥에 닿아야 다리에 압박감을 주지 않는다. 소파의 마감재는 직물과 가죽이 많이 사용되는데, 직물의 경우 패턴보다는 질감을 고려하여 선택하고 마감재를 쉽게 분리할 수 있는 것이 관리상 편리하다.

거실에서의 생활행위는 자녀의 연령에 따라 달라지며, 접객의 정도에 따라서 달라진다. 따라서 거실은 개실과 분리하여 사용하는 것이 보다 효율적인 주생활을 영위할 수 있으며, 주택 규모가 크면 거실을 가족실과 구분하여 2공실형(일반적인 거실+가족실)으로 하는 것도 좋을 것이다.

사실공간(私室空間)의 기능분화는 자녀실을 중요하게 생각하는 경향이 보인다. 자녀실을 공부방으로 취급하는 풍조로 인해 책상과 의자, 침대를 자녀실에 놓게 되고 이들 가구에 의해 실 기능이 고정되어 저절로 자녀실의 독립이 촉진되고 있다. 아동의 주거환경은 아동이 접하는 학교, 사회환경에 비해 인간형성 측면에서 보다 강한 영향을 미친다. 따라서 자녀실의 구성은 자녀의 성장에 맞추어 유연하게 변화시킬 필요가 있다.

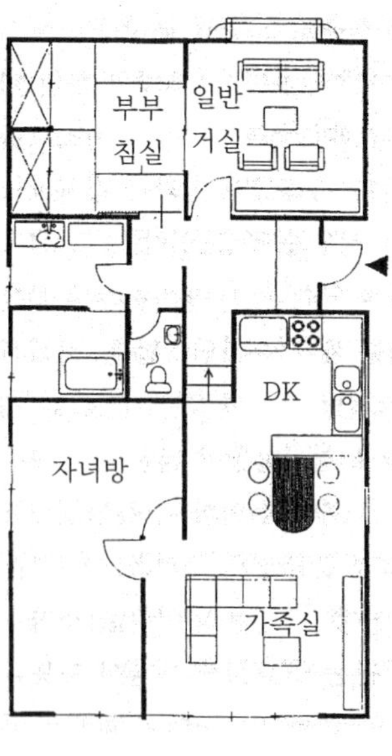

【공사실형의 예】

출처: 梁瀨度子 외(1995). 住環境科學.

종래와 같이 공부와 취침이 세트를 이루는 형태뿐만 아니라, 연령과 자녀의 성별구성이나 사람 수에 맞추어 여러 가지 형태를 고려할 수 있다. 예를 들어 어릴 때는 자녀실을 거의 공실(公室)과 같이 이용하여 자녀의 노는 공간을 넓게 한다. 이때 장난감을 정리할 수 있는 수납공간을 확보하여 정리정돈의 습관을 키우도록 한다. 그리고 프라이버시가 필요한 시기가 되면 개실화하거나, 자녀가 2명이면 공부기능과 취침기능을 나누어 각각을 개실화하는 등 여러 형태를 계획할 수 있다. 또한 자녀실의 확보가 자녀를 공부방에 격리시키는 형태가 되지 않도록 주의하여야 한다. 너무 넓은 방에 필요로 하는 모든 시설, 예를 들어 에어컨, 냉장고, 컴퓨터, 텔레비전 등을 다 갖추어 주면 개실에서 가족공동공간으로 나오기 싫어하므로 너무 풍요롭게 계획하지 않는 것이 오히려 바람직하다.

또한 사실공간의 분화에 있어 노인실 확보의 중요성이 대두된다. 노인실을 확보할 때는 화장실·욕실과 가까운 곳에 위치하는 것이 좋으며, 가족 공동공간과도 가까운 것이 좋다. 또한 실외와의 연결이 용이하거나 밖을 쉽게 볼 수 있도록 큰 창을 계획하는 것이 좋다.

4) 이 외의 공간분리

이 외의 공간분리로는 성별 공간분리, 직주(職住) 공간분리, 시간별 공간분리, 세대별 공간분리 등이 있다.

조선시대의 양반주택은 엄격한 남녀 공간분리를 하고 있다. 이러한 성별 공간분리는 현대주택에서는 전혀 존재하지 않는 듯이 보이지만 공간 이용 측면에서 보면 여전히 남아 있는데, 남자는 직장, 즉 집 바깥이 본거지이고 여자는 집을 본거지로 생각하며, 직장을 가진 여성의 경우에도 생활본거지는 집이라고 생각하며 여전히 남아 있는 가사노동을 자신의 의무로 생각한다. 주택에서 가장 대표적인 여성공간은 부엌이다. 현대주택에서의 남성 전용공간은 매우 약화되었으나 서재나 취미실이 대표적이라고 할 수 있다.

공간분리 중에는 직주 공간분리가 있다. 예전의 농가주택은 농업이라는 생업을 위한 공간과 주생활이라는 가정생활을 위한 공간이 공존하였으나 요즘은 농사를 짓는 사람들도 주생활 전용 공간인 아파트에 사는 일이 많다. 이와 반대로 통신기술의 발달로 소호족(small office small home)이 많아짐에 따라 오히려 직주일치(職住一致) 주택이 생겨나고 직주일치 공간을 내세우는 오피스텔이 널리 보급되고 있다. 그리고 접객공간의 수용도 공사실 분리와 연관된다.

시간별로 공간분리가 되기도 한다. 낮 시간에 주로 사용하는 공간과 밤 시간에 주로 사용하는 공간이 다르므로 이를 합리적으로 계획하면 공간사용의 극대화를 꾀할 수 있다.

또한 3세대가 함께 생활하는 주택의 경우, 세대별 공간분리를 할 수 있다. 가족의 특성에 따라 세대가 공용으로 사용하는 공간과 세대별로 분리하여 사용하는 공간을 하나의 주택 내에 함께 계획할 수 있다.

5 공동체의 주거문화

1) 주거문화의 지역성

급격한 도시화의 진행에 의해 농촌주택의 대표적인 형태인 목조, 단독, 자가의 농가주택은 격감하고, 그 대신 대도시권을 중심으로 철근, 철골콘크리트 집합주택이 도시주택의 일반적인 주택양식이 되었으며, 주택평면과 주생활도 격변하였다. 특히 도시의 산업과 인구의 급격한 집중은 주택 부족을 일으키고, 임대세대를 증대시켰다.

예전의 주택은 기후, 풍토, 역사에 따라 지역별로 각각의 주택양식이나 주택평면을 가지고, 지역 특유의 민가를 만들어 왔다. 그러나 오늘날에는 산업 구조의 변화에 따른 도시화의 진행이나 가족 취업형태, 가족 구성의 균일화・축소화, 주택 산업의 대형화 등에 의해 지역성을 지닌 주택이 감소하고, 집합주택, 임대가구가 증가하여 지역 특유의 외관 디자인이나 주택 평면, 주생활이 사라져 가고 있다. 또한 거주자의 집짓기 의식도 주택정책이나 주택산업의 전국 획일적인 주택공급, 전시장, 주택 잡지의 선전 등에 의해 균일화하는 경향이 있다.

이와 같은 사회・경제의 변화에 따라 역사적으로 형성되어 온 지역 고유의 주택양식은 사라져 가고 있다. 그러나 앞으로의 주생활, 주거양식의 방향을 확립하기 위해서는 지역의 풍토, 생활관습, 생활문화와 밀접한 관련을 가지며 형성되는 지역적 주거양식의 재생이 요구된다. 이를 위해 주거양식의 지역성을 형성하는 요인에 대하여 살펴보기로 하자.

(1) 기후와 주거

주택의 원초적 기능은 비바람을 피하는 피난처였다는 사실을 생각하면, 지역의 기후, 기상이 주택에 미치는 영향은 대단히 크다는 것을 알 수 있다. 우리나라는 북위 33~43°에 걸쳐 위치하며 연평균 기온은 8~14°C로 사계절이 뚜렷한 온난한 기후의 특징을 나타내고 있다. 이런 기후 특성이 반영되어 여름을 잘 지내기 위한 마루공간과 겨울을 잘 지내기 위한 온돌이 깔린 방이 함께 공존하고 있다.

주택을 형성하는 요소 중 기후와 가장 관계있는 것은 지붕의 형태이다. 지붕의 형태는 크게 평지붕, 경사지붕으로 나눌 수 있는데 평지붕은 건조한 지역에, 경사지붕은 다설・다우지역에서 많이 있다. 또한 도시화 이전의 주택에서 풀, 판자, 함석 지붕은 한냉지역에, 기와지붕은 다설, 온난, 다우지역에 많아 지붕 재료에 따른 지역 차가 분명하였는데, 최근에는 지역 차가 거의 보이지 않는다.

우리나라의 경우 경사지붕이 주종을 이루는데, 그 이유는 다양한 지붕형태를 만들 수 있고 우수(雨水) 처리가 용이하기 때문이다. 경사지붕의 종류로는 박공지붕(맞배지붕), 모임지붕 및 한 방향 경사지붕으로 분류한다. 박공지붕은 2개의 고정 경사지붕이 지붕꼭대기의 마루 부분에서 만나는 지붕형태이며, 모임지붕은 건물의 네 측면으로부터 경사져 올라오는 지붕형태로서 4개 이상의 고정경사면으로 구성되는 지붕으로서 모든 지붕면이 동일한 처마높이에서 지붕마루까지 연결된다. 한 방향 경사지붕은 한 방향으로만 경사진 형태의 지붕이다.

세계적으로는 기후의 특성을 잘 나타내는 지붕요소(지붕의 형태와 재료)가 우리나라에서는 좁은 국토로 인하여 기후 차가 극심하지 않다는 점과 주택형태의 현대화로 지금은 지역의 차이를 나타내는 요소로 거의 작용되지 않는다. 그러나 초등학생에게 집을 그리라고 하면 맞배지붕의 집을 그리는 비율이 가장 많으며, 어른들도 우리 전통주택을 떠올릴 때 기와집과 초가집을 연상하는 비율이 높으므로 지붕의 형태와 재료가 주택의 이미지를 결정하는 데 중요한 역할을 하고 있는 것은 분명하다.

또 주택 주위의 풍경도 강풍지역의 방풍림, 방풍석담, 방풍벽 등에서 지역적 특징을 볼 수 있다. 방풍림은 큰바람으로부터 마을을 보호하는 목적으로 마을의 주변에 심은 나무들로 지역의 특성상 바람이 많이 부는 방향에 설치한다. 대체로 해풍을 막기 위한 방풍림이 많다. 이는 우리나라에서도 지역특성을 나타내는 요소로 작용되고 있다.

주택규모도 기후의 영향을 받는다. 주택규모를 규정하고 있는 요인은 기후, 풍토와 도시화의 정도인데, 대체로 다설지역에서는 크고, 대도시와 다우지역에서는 작다. 다설지역은 겨울철 적설에 의해 주거 내에서의 생활이 여유가 있어야 하며, 대도시나 다우지역은 주거 밖에서의 노동이나 생활이 가능하며, 비 피해를 줄이기 위하여 주택을 낮고, 작게 지어 풍해(風害)를 최소화하여야 하기 때문이다.

(2) 주택형태의 지역성

주택 평면형태는 지역성을 잘 나타내고 있다. 조선시대 서민주택의 평면형태는 한반도의 지형이 잘 고려되어 남쪽으로 내려갈수록 개방적인 평면으로 구성되어 있다.

현대주택에서는 주택평면의 지역성이 거의 눈에 띄지 않지만, 아파트 분양시장의 경우 지역별로 선호하는 평형이 다르게 나타나고 있어 지역에 따른 주거문화의 차이가 나타나는 것은 아닐까 라고 추측된다.

2) 정주성과 이동성

(1) 약해지는 정주성

우리나라 전통마을은 일반적으로 산기슭 남쪽 경사면에 자리 잡고 있으면서 배산임수의 공간형태를 취한다. 길은 마을 외부로 통하는 바깥길(외부도로)과 마을 밖에서 마을 내부의 거주지까지 진입하는 길(진입도로), 그리고 주거지 내부를 연결시켜주는 안길(내부도로)로 크게 분류된다. 마을이 시작되는 동구(洞口)에는 마을외부와 상징적 경계를 짓는 장승・서낭당・벅수 등의 시설물이나 지형의 고저 차를 두어 마을이 있음을 암시한다. 이곳은 마을의 안과 밖을 구분하는 경계공간으로 마을의 노인들이 모여 한담을 하거나 오가는 사람들과는 인사를 하고, 외부인에게 마을을 안내하거나 한다. 따라서 마을 사람들은 서로 어느 집에서 무슨 일이 일어나는가를 모두 알고 있으며 자기 집 일이 아닌 이웃집 일에도 관심을 갖게 된다. 또한 농경사회에서는 두레 등 마을 협동노동이 많아 다른 집의 경제적 사정까지도 파악하고 있는 밀접한 근린관계를 유지할 수 있었다. 이러한 정주성(定住性)이 강한 주거문화가 산업화・도시화가 되면서 급격하게 변화되었다.

정주의식은 크게 다섯 가지 영역에서 측정될 수 있다. 첫째는 그 지역에 대한 애향심의 정도, 둘째는 지역주민들 상호 간의 유대감의 정도, 셋째는 그 지역의 제반 문제점들에 대한 관심의 정도, 넷째는 그 지역에 대해 자부심의 정도, 다섯째로는 그 지역에 대한 주인으로서의 의식의 정도이다. 전통사회에서는 어떤 한 마을에 태어난 사람은 일생을 그 마을에서 보내는 경우가 대부분이었다. 사회의 변화가 심하지 않고 신분제도가 엄격한 사회에서는 거주 이동의 자유가 보장되지 않기 때문이기도 하다. 정주성이 강하다는 것은 그 지역에 대한 이해가 깊어 거주자들 사이의 커뮤니티가 강하게 결속된다는 것을 의미한다. 일반적으로 단독주택 거주자의 정주성은 공동주택 거주자에 비해 강하며, 자가소유자의 정주성이 강하다. 또한 고령자가 젊은 연령층에 비해 정주성이 강하다. 정주성이 강했던 전통사회에서는 문제가 되지 않았던 여러 가지 사회문제가 이동성이 강한 현대사회에서는 매우 심각한 공동체 문제가 되는 경우가 많다. 따라서 최근에는 도시민들의 정주의식이 약해 공동체문화가 사라지고 있다고 지적하면서 정주성을 높이기 위한 여러 가지 주민 운동이 일어나고 있다. 즉 경제적 관점으로는 다른 도시로의 이동을 막을 수는 없으나, 지역의 문화 때문에 이동을 주저하게 할 수는 있기 때문이다.

특히 지방화 시대를 맞이하여 각 지역별로 자신들의 지역에 시민들을 정주시키고자 하는 노력들을 하고 있다. 이는 거주기간이 길수록 정주의식이 강하며, 정주의식이 강할수록 주거의 안정화를 이룰 수 있기 때문이다. 물리적 환경이 지역애착에는 큰 영향을 미치지 못하지만 주거이동의 주요원인이기 때문에 정주의식 향상을 위해서는 반드시 고려되어야 한다.

주거문화적 관점에서 볼 때, 정주성이 강하다는 것은 일반적으로 건전한 주거문화를 형성할 수 있는 토양을 가지고 있음을 뜻하며, 그로 인해 많은 사회 문화적 문제점을 비교적 손쉽게 해결할 수 있는 길이 있음을 시사하는 것이다. 따라서 지역의 정주성을 높일 수 있는 방안에 대하여 심도 있게 연구하여야 할 것으로 사료된다.

(2) 도시거주자의 이동성

우리나라에서는 법적인 정의에 따라 도시를 정의하고 있다. 지방자치법 및 동법 시행령 제7조는 시(市)가 되기 위해서는 인구가 5만 명 이상이고 시가지 내 거주하는 인구와 상업, 공업 기타 도시산업에 종사하는 가구에 비율이 각각 60% 이상이며 1인당 지방세 납부액, 인구밀도, 인구증가 경향 등이 행정자치부령이 정하는 기준 이상이어야 한다고 규정하고 있다. 한편, 도시인구는 시와 인구 2만 명 이상의 읍에 거주하는 인구를 말하며, 도시화율이란 한 국가의 도시화 정도를 나타내는 지표로, 국가의 총인구에 대한 도시지역의 인구의 비율을 의미한다. 따라서 도시화율이 높다는 것은 농촌인구에 비해 도시지역의 인구가 많다는 단순한 결과 외에도 산업인력의 구조가 1차 산업보다는 2, 3차의 도시적 산업의 구성비가 높음을 의미한다. 우리나라의 도시화율은 1960년 39.1%에 불과하였으나 1970년에는 50.1%로서 도시인구와 농촌인구가 동일한 시점을 지나, 1985년 73.8%, 1991년 78.8%, 1996년 81.3, 2001년 82.8%, 2007년 90.5%를 나타내었다. 같은 기간 총인구는 두 배로 늘었는데, 도시지역 인구는 4.5배로 증가하였으며, 전국 인구의 9/10 이상이 도시에 거주하고 있어 온 국민이 도시민이 되어가고 있다.

그런데 도시에 거주하는 남성의 사망 위험이 특히 높다는 연구결과[53)]가 발표되었다. 이 연구결과에 따르면, 도시의 거주하는 남성의 사망률이 교외에 거주하는 남성들에 비해 무려 62%나 더 높은 것으로 밝혀졌다. 이 연구를 주도한 제임스 하우스(James S. House)에 따르면, 도시 거주 남성의 사망률이 높은 원인은 스트레스에 기인하는 것으로 풀이된다. 도시에 거주하게 되면 각종 소음과 자극, 압박감, 인간관계에 따른 충돌, 범죄와 사고에 대한 걱정 등에 시달릴 수 있는데 이 요인들이 스트레스로 작용한다는 것이다. 스트레스를 받더라도 이를 효과적으로 해소할 수 있는 장치가 마련되어 있어야 하는데 도시에 거주할 경우 그 기회가 적은 것도 하나의 원인일 수 있다는 설명이다.

이와 같이 도시의 거주환경이 양호하지 못함에도 불구하고 도시화는 가속되고 있는

53) 이 연구는 미국 미시건 대학(Univ. of Michigan)의 과학자들이 수행했으며 연구결과는 학술지(American Journal of Public Health), 12월호에 발표되었다(출처: UniSci (http://unisci.com/stories/20004/1204001.htm).

것이다. 도시화란 인구의 도시집중과 그에 따라 인간의 삶터가 공간적·사회적·경제적 측면에서 도시적 성격으로 변해 가는 현상을 말하는데, 도시화의 개념은 인구의 도시집중과 도시영역의 외연적 확산과정이라는 물적 측면의 변화와 함께, 인구구조 및 도시공동체 구조의 변화와 이에 따른 사회관계와 생활양식의 변화를 포함하는 개념으로 인식되고 있다. 이러한 도시화가 급격하게 진행되면서 도시의 인구 과밀로 인하여 도심지역의 환경의 질을 급속하게 악화시키고 공공시설을 위한 편리하며 환경적으로 적절한 장소의 부족을 가져온다. 또한 농촌 지역 노동력 부족과 자연환경의 파괴, 수질오염, 대기오염, 폐기물문제, 에너지고갈 문제 등이 발생하게 될 것이며, 노령화 현상이 나타난다.

우리나라의 최초의 도시라고 할 수 있는 곳은 국내성[54](고구려 초기)이다. 이 후 삼국시대에는 평양, 경주, 부여 등 삼국의 수도가 본격적인 도시로 발달하였다. 통일신라에는 9주 5소경이 있어 지방 도시의 기틀을 마련하였으며, 고려에는 개성, 한양, 평양, 경주 등 지방 정치·군사 중심지가 도시로 발달하였다. 조선시대에는 한양, 지방 행정 도시가 발달한 후 특수 기능(시장, 역원, 무역, 군사)을 가진 도시가 등장한다. 일

54) 『삼국사기』에 "유리왕 22년(서기3년) 겨울 10월 도읍을 졸본에서 국내성으로 옮겼다"는 기록이 있어 국내성은 졸본성에 이어 고구려의 제2 수도였음을 알 수 있다. 국내성은 압록강가에 있는 통구분지(通溝盆地)의 서쪽에 위치하고 있는데 그 북쪽에는 장백산맥의 한 갈래인 노령산맥의 줄기가 동북-서남쪽으로 길게 뻗어 마치 북에서 오는 적을 막는 기다란 성곽 같이 생겼다. 국내성 지역은 관동 3보(關東三寶)로 불리는 인삼·돈피·녹용의 산지이며 야채·과일·약초가 풍부하다. 또 높은 산들은 자연스럽게 북에서 불어오는 삭풍을 막아 줌으로써 아늑하고 양지바른 기후조건을 마련해 주었으며 땅까지 비옥하여 오곡을 재배하기에 적합했다. 바로 이러한 군사·경제적 여건으로 말미암아 국내성 지역은 장수왕이 평양으로 천도하기 이전까지 425년간이나 고구려의 정치·경제·문화·군사의 중심지였다.
오늘날 국내성 내의 고구려 건축물들은 하나도 남김없이 전부 사라져 버렸지만 국내성 성벽만은 남아 있다. 국내성 성벽은 고구려 성벽의 한 형식으로 조선시대 말기까지도 그 축조수법이 전해져 내려왔다. 현재 중국 정부에서는 국내성을 성급 문물 보호단위(省級文物保護單位)로 지정하여 보호하고 있다. 국내성은 네모꼴이지만 각 변의 길이는 서로 다르다. 1980년에 조사에 의하면 동벽 554.7m, 서벽 664.6m, 남벽 751.5m, 북벽 715.2m로서 총 둘레가 2,686m가 되는 꽤나 큰 평지성이다. 안팎은 모두 방형 또는 장방형의 가공된 돌로 쌓았다.
국내성은 고구려가 멸망한 후에도 발해가 그대로 이어받아 사용하였다고 보고 있다. 청나라 정부에 의해 봉금(封禁)지구였던 때는 사람들이 살고 있지 않았으나 청나라 말기 봉금이 해제되면서 주민이 점점 늘기 시작하여 지금은 인구 20만이 넘는 시가 되었다. (출처: 정토회홈페이지, http://www.jungto.org)

제 강점기에는 항구 도시, 쌀 집산지, 신흥 교통 및 항만 도시, 광・공업 도시가 발달하였다. 광복 이후에는 월남 동포, 귀국 동포의 대도시 거주로 인하여 대도시의 과밀화・슬럼화가 진행되었으며, 1960년대 이후 대도시가 급성장하고, 위성도시・공업도시가 발달하게 되었다. 현재는 서울특별시를 비롯하여, 부산, 대구, 인천, 대전, 광주, 울산광역시의 6대 광역시와 74개의 중소 규모의 시가 있다.

『서울육백년사』55)에 따르면, 서울의 경우 시내에서의 구간 이동이 매우 큰 비중을 차지하는데, 서울 시내에서 이동하는 이유는 자가마련, 전세가구의 세 기한 만료, 직장 및 학교 등에 대한 접근도 때문이다. 따라서 대체로 동일한 특성을 가진 주거지역 간의 이동이 뚜렷이 관찰되고 있다. 즉 도시화가 급격할 때에는 시골에서 도시로 인구가 이동하던 것이 도시화 비율이 높아지고 난 후에는 도시 내에서 활발한 이동을 하고 있는 것이다.

(3) 이사 문화

보통 자가를 획득하기 전까지는 이사라는 적극적인 주거조절을 통하여 주거규범을 만족시키려고 한다. 물론 자가를 획득한 후에도 여러 가지 사정으로 이사를 하는 경우가 있으나, 대체로 자가 획득 전까지는 빈번하게 이사를 하고 자가 취득 후에는 개조 등을 통하여 주거조절을 하게 된다. 이사를 할 때에도 우리는 각자 나름대로의 주거문화를 가지고 있다.

먼저 이사를 하기로 결정되면, 이사 갈 집을 물색한다. 신축건물이 아니라면 이사 갈 집에 대해서는 이전에 살았던 사람의 의견을 잘 들어보는 것이 중요하다. 특히 전

---

55) 『서울육백년사』는 서울특별시(시사편찬위원회)가 1977년부터 1996년까지 20년에 걸쳐 서울의 역사를 집대성하여 발간한 책이다. 현재 총 9권이 발간되어 있는데, 선사시대부터 1979년까지의 서울의 역사를 시대별로 정리한 시대사편 6권과 분야별 특수사인 민속편, 문화사적편, 인물편 3권으로 구성되어 있다.(출처: http://seoul600.visitseoul.net)

거주자가 왜 이사를 가는지를 살펴 주택이 가지고 있는 문제점이 없는지를 알아보는 것이 좋다. 그리고 건물의 상태를 점검하여야 한다. 특히 수도, 보일러, 전등과 콘센트, 개구부, 그 외 건물 균열 등 설비 부분의 점검이 중요하다. 외국에서는 건물평가사가 건물의 상태를 점검, 평가하고 있으나 우리나라의 경우에는 주택을 대상으로는 아직 그런 제도가 보편화되지 않았으므로 본인이 꼼꼼히 점검할 필요가 있다.

이사 갈 집이 정해지면, 다음으로 이사 날을 결정한다. 옛날에는 주로 풍수지리설과 음양오행설을 고려하여 일진(日辰)과 방위(方位)를 보아 날짜를 정하였다. 일진이 나쁜 날에 이사를 하게 되면 좋지 않은 일이 생길 것으로 여겼으며, 이사, 재액 등의 방위를 맞고 있는 신이 어느 쪽에 있는지를 살피고, 혹시 그쪽으로 이사를 가게 된다면 미리 그쪽 방위신에게 양해를 빌었다. 그리고 길일(吉日)을 택하여 이사를 하였다. 길일은 속설로는 '손 없는 날'이라고 하는데, '손'이란 날수에 따라 동서남북 4방위로 다니면서 사람의 활동을 방해하고 사람에게 해코지한다는 귀신을 일컫는다. 이 귀신은 음력 9일과 10일, 19일과 20일, 29일과 30일이면 하늘로 올라가기 때문에 이때가 손 없는 날이다. 그러나 요즘은 휴일이나 이사할 때 도울 사람들의 형편을 고려하여 이사 날을 정하는 경우가 훨씬 많다. 소위 손 없는 날이나 휴일이 아닌 평일에 이사를 하면 이사 비용이 20~30% 정도 싸다.

이사 날이 정해지면 이사 갈 준비를 해야 한다. 요즘은 이사를 대행해 주는 업체들이 많이 있으므로 신뢰성 있는 업체를 선정하여 이사 갈 준비를 하면 된다. 소비자보호원에 접수된 이사 관련 주요 소비자 불만사항을 보면, 정리정돈 부실(30.9%), 수고비 요구(29.7%), 식사 및 간식 요구(24.0%), 차량약속시간 미이행(17.4%), 추가요금 시비(12.0%), 운송지연(10.0%), 계약과 다른 차량 및 인부 투입(8.3%)의 순으로 불만이 발생하고 있으므로 이삿짐 계약 업체에 약관을 요구하고, 피해보상규정 등을 미리 확인하여 소비자에게 불리한 조항은 없는지, 법규상의 피해보상규정과 상이하지는 않은지 확인하는 것이 좋다.

표 2-16 이사 준비

시기	내용
2주 전	이삿짐센터 연락, 예약 이사할 집의 답사, 수리 주위에 이사통보, 전학 수속 서랍, 벽장, 베란다, 옥상, 창고 등 정리(불필요한 물품 정리)
1주 전	은행업무(통장, 신용카드), 우편물배달 이전신고 주소변경, 전화이전신고, 배달중지요청(신문, 잡지, 우유, 기타) 공과금(수도, 전기, 가스, 전화) 정산, 아파트 관리비 정산 곤도라 사용예약 이사할 집수리 진행점검 이삿짐 포장시작, 이사 시 도울 사람 물색
2~3일 전	설치물 분해(이동식 선반, 커튼, 기타) 이사할 집의 전압 콘센트 위치, 방 크기 창문위치 조사 가구배치도 작성, 이사할 집 청소
1일 전	짐 꾸리기 마무리 세탁기, 냉장고, 에어컨 배관정리, 가스시설 철거 귀중품, 현금보관
이사 날	이웃과 작별인사, 신변용품 재점검 집 안팎의 청소점검 및 문단속 짐 운반 시 이삿짐 확인 및 정리 이사한 집 전기, 가스, 수도점검, 전화개통
이사 후	이삿짐 정리 전입수속(지역의료보험 신고, 자동차 주소변경 신고) 임대의 경우 주택임대차 계약 확정일자 신고(동사무소) 이웃에게 인사하기

이사를 하고 나면 전입신고를 하고 이웃에게 이사 왔음을 알린다. 예전에는 이사한 후에 떡을 해서 이웃과 나누어 먹으면서 자연스럽게 이사 왔음을 알렸다. 예나 지금이나 이웃과 좋은 관계를 유지하는 것은 앞으로 즐거운 주거생활을 영위하는 필수적인 조건이 되므로 좋은 이웃이 되도록 노력하여야 한다.

3) 사회제도와 주거문화

(1) 법과 주거문화

현행 헌법 제35조에서는 환경권에 대한 규정을 하면서 국가는 주택개발정책 등을 통하여 모든 국민이 쾌적한 주거생활을 할 수 있도록 노력하여야 한다고 명시하고 있다. 즉 쾌적한 주거생활은 우리 국민의 기본 권리이며 이를 위해 국가는 노력하여야 하는데, 그 노력의 기반으로 건축법을 제정하고 있는 것이다. 건축법에 따라 건축행위가 달라지고 그에 따라 주거문화가 달라지므로 법적 기준이 주거문화를 형성하는 배경이 된다고 할 수 있다.

건축법은 건축물의 대지, 구조 및 설비의 기준과 건축물의 용도 등을 정하여 건축물의 안전, 기능 및 미관을 향상시킴으로써 공공복리의 증진에 이바지함을 목적으로 하며, 타 규정과 사유재산으로서도 공공성을 부여한다. 근대적인 법체계를 갖추기 이전의 건축법이라고 하면 가사규제를 들 수 있다. 즉 신라시대 때부터 건축에 관련된 법(가사규제)이 있어 신분제도와 연계된 법 집행이 있었다.

가사규제는 신라 때부터로 『삼국사기(三國史記)』잡지(雜志) 제2 옥사조(屋舍條)에 나타난 규제사항이 그 효시이고, 고려조에 와서는 『고려사』권85 지(志) 권39 형법(刑法) 2의 기록으로 맥락이 이어지고, 조선에 와서 가사규제의 제정이 이루어졌다.

이와 같은 가사규제의 법 정신을 이어받은 근대적 의미의 건축법은 다음과 같은 흐름으로 발전하였다.

① 시가지 건축규칙(市街地建築規則)

1913~1934년에 시행된 법이다. 이는 구한국 경무청령(舊韓國 警務廳令)으로 시행하여 오던 가로취체규칙(街路取締規則), 가로관리규칙(街路管理規則), 도로취체규칙(道路取締規

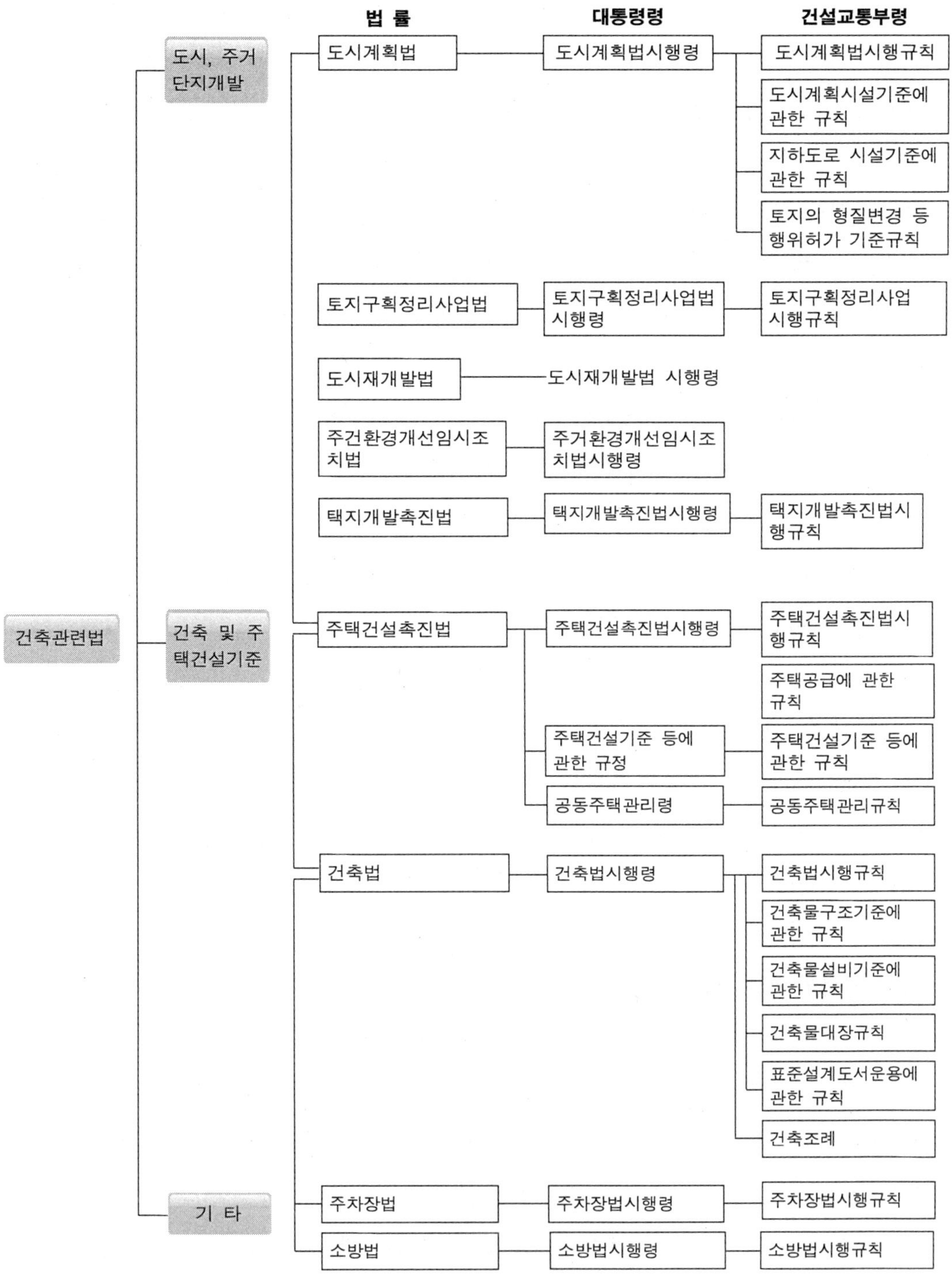
법 률
대통령령
건설교통부령
건축관련법
도시, 주거 단지개발
건축 및 주택건설기준
기 타
도시계획법
도시계획법시행령
도시계획법시행규칙
도시계획시설기준에 관한 규칙
지하도로 시설기준에 관한 규칙
토지의 형질변경 등 행위허가 기준규칙
토지구획정리사업법
토지구획정리사업법 시행령
토지구획정리사업 시행규칙
도시재개발법
도시재개발법 시행령
주건환경개선임시조치법
주거환경개선임시조치법시행령
택지개발촉진법
택지개발촉진법시행령
택지개발촉진법시행규칙
주택건설촉진법
주택건설촉진법시행령
주택건설촉진법시행규칙
주택공급에 관한 규칙
주택건설기준 등에 관한 규정
주택건설기준 등에 관한 규칙
공동주택관리령
공동주택관리규칙
건축법
건축법시행령
건축법시행규칙
건축물구조기준에 관한 규칙
건축물설비기준에 관한 규칙
건축물대장규칙
표준설계도서운용에 관한 규칙
건축조례
주차장법
주차장법시행령
주차장법시행규칙
소방법
소방법시행령
소방법시행규칙

【건축단계별 관계법령】

則) 등을 일원화한 우리나라 최초의 근대적인 건축에 관한 법규이다. 근세 조선시대에는 가사제한령에 의하여 신분에 따라 토지의 배분규모와 주거의 규모를 제한하였다.

② 조선시가지계획령(朝鮮市街地計劃令)

1934~1962년에 시행된 법이다. 건축법과 도시계획법의 효시로서 시가지계획과 건축물의 규제내용이 복합된 체계를 갖춘 근대적 의미의 건축법이다.

③ 건축법(建築法)과 도시계획법(都市計劃法)

1962년 이후 현재까지 시행되고 있는 법이다. 조선시가지계획령 중 시가지에 관한 부분은 도시계획법으로, 건축통제에 관한 부분은 건축법으로 분리하여 각각 제정되었다. 건축법은 1962년 1월 20일 법률 제984호로 제정 공포된 이래 2000년까지 31차례에 걸쳐 부분개정 및 전면 개정되었다.

④ 주택법(住宅法)

1972년 12월 30일 법률 제2409호로 제정된 주택법은 쾌적한 주거생활에 필요한 주택의 건설, 공급, 관리와 이를 위한 자금의 조달, 운용 등에 관한 사항을 정함으로써 국민의 주거안정과 주거수준의 향상에 이바지함을 목적으로 한다.

(2) 행정과 주거문화

건축행정은 건축허가부터 착공, 사용승인에 이르는 각 단계별로 다양하게 있으나, 공동생활이 일반화되기 전까지는 일반인들의 경우 행정과 주생활의 관련성이 미미하였다. 그러나 공동생활을 하는 주택형태가 많아지면서 행정적인 지원을 받거나 행정적인 네트워크를 이용하여 주생활을 영위하는 부분이 많아졌는데, 그 대표적인 것이 공동주택의 관리라고 할 수 있다.

공동주택의 관리는 개인적인 차원에서 수행되는 부분보다는 거주자가 공동으로 관리해야 하는 영역이 많으며, 전문지식과 기술이 필요한 경우가 많아 주택건설촉진법 제39조의 4 및 공동주택관리령 제25조에 의해 대통령령이 정한 의무관리대상 공동주택에는 주택관리사를 배치하여야 한다. 즉 승강기가 있거나 중앙집중식 난방일 경우 150세대 이상 또는 300세대 이상 공동주택에는 공동주택관리사에 의한 관리를 하여야 한다.

주택관리사는 공동주택의 공용 부분과 입주자 공동소유인 부대시설 및 복리시설의 유지・보수와 안전관리를 하여야 한다. 주로 공동주택의 공용시설물의 유지관리, 단지 경영을 하며, 공동체 문화형성의 구심체 역할을 한다. 따라서 공동주택관리사에 의해 주거문화가 형성되는 경우가 많으므로 이들의 위한 전문교육의 강화 및 관리기법의 개발, 법령 및 제도정비를 통해 주택관리서비스 부분을 발전시켜 나가야 할 것이다.

4) 집합주택의 주거문화

(1) 집합주택의 형성

대도시권을 중심으로 도시화가 진전되면서 급격한 인구집중이 생겼다. 그 과정에서 여러 가지 수준・형태의 집합주택이 생겨났다. 우리나라의 경우 1957년 행촌동 아파트의 건설을 시발로 아파트를 건설하기 시작하였고 1962년 주택공사가 건설한 마포아파트[56] 건설 이후 본격화되었다. 1970년대 이후 아파트가 주택형식으로 정착되었다.

56) 1962년에 마포형무소에서 농장으로 사용하던 자리에 건설된 우리나라 최초의 아파트단지인 마포아파트는 토지의 효율적 이용과 태양 빛, 공기와 공간, 수목을 향유하기 위한 오픈스페이스의 확보, 도시미관 개선을 우선적으로 확보해야 할 목표로 계획하였다. 마포아파트단지 개발을 시작으로 우리나라 주거단지 개발은 여의도, 강남, 잠실, 목동, 상계, 신도시 개발 등 대규모 대단위 개발의 형태로 현재까지 지속되고 있다. 마포아파트는 철근콘크리트 라멘조로 건설되었다. 평면은 재래식 평면구성을 그대로 사용

집합주택은 그 공급원에 따라 민간주택과 공공주택으로 나뉘며, 주동의 형식에 따라 여러 가지로 분류된다. 초기에는 공공아파트가 주류를 이루었으나 1970년대 중반부터 민간아파트가 건설되기 시작하였다. 공공주택을 중심으로 한 집합주택은 단지의 대규모화, 원격화가 진전시키고 신도시 개발을 이루었으며, 민간공급의 맨션 붐은 엘리베이터를 필요로 하는 고층 집합주택의 건설이 본격화시키고 초고층 주택의 개발을 촉진시켰다.

주택 공급이 양적 측면에 치중되었던 시기에 대량 공급된 집합주택은 주택의 질적 측면이 강조되는 시기가 되면서 주택의 개성화, 다양화가 중요시되고 공영주택에 있어서도 디자인이 중요시되고 있다. 대규모 단지에 있어서의 커뮤니티 형성이나 고층의 거대한 주동의 근린 관계 형성에 대한 반성으로 수10호 단위의 주호군을 기본으로 한 타운하우스(town house)가 등장하였다. 각 호 전용 마당을 가지는 외에 공동 뜰을 확보하고, 양호한 거주환경과 근린 커뮤니티의 형성을 의도한 연속주택의 하나로 계획되었다.

한편, 급격하게 상승하는 지가에 대응하는 주택형으로 초고층 주택의 건설이 본격적으로 진전된다. 그런데 이 초고층 주택의 거주성은 어린이의 건전한 발달에 불가결한 옥외 생활영역 형성의 저해, 주거가 생활의 중심이 되는 유유아(乳幼兒)를 키우는 젊은 주부층에 대한 영향 등은 검증되지 않은 채 공급되고 있어 문제점을 안고 있다. 이는 기본적으로 대도시권에 있어서의 지가 상승이 그 원인이 된다. 또 건설 기술의

하면서 입식생활이 가능토록 했다. 1962년에 건설한 12평형 아파트에는 거실을 배치했는데 침실들이 완전 분리 독립되어 있는 평면에서 유일한 공용공간이었다. 이 거실은 휴식공간도 되고 침실, 식당으로도 사용하도록 설계되었다. 또한 평면계획상 부엌과 욕실을 한군데로 집중시켜 설비비를 절감시켰고 반침 등을 두어 별도의 수납장이 없어도 불편함이 없도록 했다. 그러나 내부공간을 연장시키고 입주자와 외부공간을 연결하도록 설치한 발코니는 너무 좁아 장독대 역할밖에 못하는 경우가 많았다. 그리고 가구 등의 반입을 사전에 고려하지 못해 입주 시에 많은 어려움이 따랐다. 마포의 평면설계는 2차 때는 일부가 변경되어 1963년도에는 15평형의 I자형 아파트가 설계되었는데 이것이 우리나라 최초의 계단식 아파트이다. I자형 계단식 아파트는 각 세대의 프라이버시를 보장해 주고 공용면적의 비율을 줄일 수 있었다. 또한 거실 전면 발코니와 부엌 후면의 서비스 발코니를 설치하여 옥외공간의 분위기를 최대한 접할 수 있도록 했으며, 일조, 통풍, 환기 등이 원활히 되도록 했다.

개발이 진전되고, 고층 주택과 같은 정도의 건축코스트와 공기의 단축이 가능하게 된 것, 도심부의 거주인구 감소에 대응한 유효한 방법인 것이 부가요인으로 작용하고 있다. 게다가 새로운 요인으로 주목되는 것이 도시생활자의 생활의식, 라이프스타일(life style)의 변화, 다양화에 의한 초고층 주택 수용의 태두라고 보는 점이다.

직주분리(職住分離)가 한계에 달한 대도시권 거주의 한 형태로서 생활과 직장이 융합한 거주형태, 심야에 걸친 취업・제 활동을 가능하게 하는 직주근접, 상업・문화・오락 등 도시적 시설의 많은 이용 등을 지향하는 도시형 라이프스타일 등이 현재화된 요구에 응한 것으로 초고층 주택의 의미가 되고 있다.

도심부에 단독 혹은 몇 동 지어진 도심형 초고층 주택은 도시형 라이프스타일을 지향하는 전문적 직업의 독신세대, 자식을 만들지 않는 맞벌이 세대, 비가족 거주세대 등이 대응한다고 상정하고 있다. 중층 집합주택 단지에 있어서 거주형태가 커뮤니티 중시의 경향을 가지는 것에 반해 초고층 주택은 개인이나 개별 가정이 자유로운 시티 라이프를 즐기는 거주형태이다.

이 도시형 초고층 주택은 집합의 장점을 살린 에너지시스템, 안전시스템, 관리시스템, HA기기 등을 도입한 고도의 설비를 갖추고 있으며 프론트서비스를 하고 일상생활에 필요한 각종 서비스를 부가하며, 아래층은 업무, 상업, 공공시설을 포함한 복합빌딩의 형태를 가지는 것이 일반적이다.

고부가가치형 주택으로서 가구(家具)가 붙어 있는 주호가 대부분이며, 24시간 체제의 프론트서비스, 실내서비스, 하우스키핑・클리닝서비스, 홈쇼핑시스템, 내객 시의 파티에 사용할 수 있는 바비큐가든, 그 외 각종 시설이 부설되어 있으며, 종래의 주택의 개념을 일변시킨 호텔형 거주의 주택이다.

이런 종류의 초고층 주택은 주생활에 필요한 안전성, 편리성과 더불어 쾌적성까지 더해져 집주생활(集住生活)의 번거로움을 해소시키고, 이웃과의 교류보다는 마음이 맞는 사람과 교류하고 싶어 하는 도시형 생활자에게 지지되어, 일정의 역할을 하는 것이라고 생각된다.

그러나 집값이 높아지기도 하고 지방이나 해외에서 일이나 레저 때문에 장기간 집을 비우는 주호, 거주보다 사무실로 이용하는 주호가 다수를 차지하는 사태도 예상된다. 그런 경우는 쾌적한 거주환경도 불안정하게 될 가능성이 있다. 또한 아파트의 층수가 높을수록 전망, 통풍이 좋고 생활소음의 피해가 적으나 어린이의 자립도가 낮고, 운동부족과 심리적 불안을 가중시킨다는 단점이 있다.

▮표 2-17▮ 집합주택의 형태

분류기준	분류
높이	저층 주택, 중층 주택, 고층 주택, 초고층 주택
집합정도	연립주택, 공동주택
액세스형식	직접출입, 편복도형, 중복도형
주동의 단면형식	각층 통로형, 스킵 플로어형
주호의 단면형식	단층형, 복층형

각 주호의 평면은 크게 침실과 거실을 중심으로 구성되는 거주 부분과 부엌·화장실을 중심으로 하는 비거주 부분으로 나누어 구성된다.

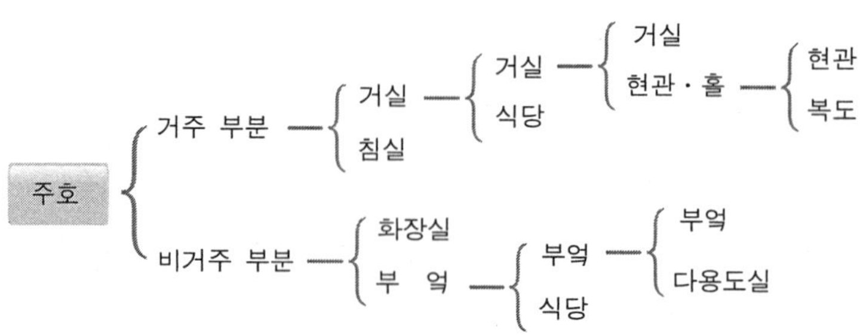

【아파트 주호의 공간분화 과정】

출처: 조성기(1996). 도시주거학.

집합주택 단지의 특징을 보면, 초기의 주택단지의 공간구성은 각 주호의 거주성이 평등하게 보장된 남면 평행 배치의 주동 구성이 많다. 집합주택의 역사가 오래된 유럽에서는 방위에 관계없이 가로에 따라 주동이 연속되는 가로형성을 기본원칙으로 하고 있는 것에 비해, 일조조건에 혜택을 입고 있는 우리나라의 기후 풍토에 있어서, 방위는 주동배치에 있어 아주 중요하기 때문이다.

그러나 단지의 대규모화에 따라 남면 평행 배치는 경관상의 결점이 지적되고 있어 진행형 배치나 싸는 형 배치 등 변화가 풍부한 주동배치가 계획되고 있다. 또 거주자의 영역의식이나 생활행동권에서도 주동의 그룹이나 분절화, 여러 가지 접근 방식이나 도로 형식 등이 고려되기도 한다. 주택의 집적에 의해 생겨난 오픈스페이스나 집주에 의해 성립하는 각종 생활시설은 단지생활을 쾌적하게 하는 것이다.

집합주택은 초등학교 1교를 성립시키는 1만 명 정도의 인구규모를 근린사회의 단위로 하는 근린주구를 기본으로 하고, 주택군 → 근린분구 → 근린주구 → 지구 → 도시라고 하는 단계구성에 의하는 것이 특징이며, 이는 소생활권 → 중생활권 → 대생활권으로 형성하는 기본요소가 된다.

▌표 2-18▐ 생활권의 설정기준

생활권	설정기준	인구규모	구분 고려사항	비고
소생활권	행정동 기준	2~3만 명	초등·중학교의 학군 전통적 시장권역 역세권역 지형적 제약성 인위적 제약성 지역특성	근린구[illegible] 근리주[illegible]hood) (ne[illegible]
중생활권	2~4개 소생활권	10만 명	중·고등학교의 학군 시설배치 기준을 고[illegible]환경 계획의도적 구[illegible] 환경 산세, 대[illegible]한 계획성	지역커뮤니티 중심 (community)
대생활권	구 단위기준	50만 명	도로[illegible]	부도심권 중심 (sub-core)

출처: 임만택(1998). **주거환경계획**.

(2) 집합주택 거주자의 특징

집합주택 단지에 거주하는 세대는 20대 중반부터 30대의 부부에 10세 미만의 자녀가 있는 3~4인 가족이 압도적으로 많고, 젊은이나 노인은 극히 적다. 공영이나 공단 등 주택의 공급 주체에 따라 약간 차이가 있는데, 직업은 전문직이나 사무직 등의 화이트칼라층이 많다. 그리고 지금 현재의 거주자는 젊은 세대가 많으나 주호의 규모증가에 의해 중·고령 세대가 증가하고 이에 따라 거주자의 연령이 증가하고 있다.

이런 거주자 특성은 비교적 동질적이며, 특정 연령층으로 구성되어 있어 여러 가지 문제를 일으킬 수 있다. 가장 문제가 되는 것은 초·중학교 시설이며, 아동·학생 수의 일시적 대량 발생은 교실의 부족을 가져오고, 지방자치체의 재정을 압박한다. 절정기를 지나면 필요 없게 되는 시설이 생기므로 연령 구성의 편중에 대해서는 공동의 생활시설의 대응이 곤란하다. 그러나 시간이 지나면 단지 내의 녹음이 풍부해지고, 주변의 기존 주택지와 융화할 때, 거주자의 구성도 변화하고 표준화한다.

농업을 생계수단으로 하는 사회는 정주성이 강하며, 이동을 주로 하는 유목사회는 정주성이 약하다. 거쳐 가는 주거로 생각하는 집합주택이 대도시권에서는 주거비나 입지조건에 의해 정주의 주거로서 기능을 하고 있는 것이다. 이와 같은 정주층의 증가는 단지 거주자 층의 고령화를 촉진하다.

집합주택에서는 이웃관계에 의해, 단독주택과는 다른 주생활 상의 배려가 필요하게 된… 주호가 경제 효율만으로 세워지면 거주자의 근린생활에 대한 신경은 더욱 증가된… 거주자의 근린관계는 다음과 같이 설정된다.

① 1차 근린…

거주자들이 일상… 이웃끼리 상호 부조적… 통하여 자연적이고 수동적으로 형성되는 교류권이다. …면 이 영역 내에서 강한 소유의식을 느끼게 된다.

집합주택에서는 중층 계단실형과 고층 엘리베이터 홀형은 마주 보는 집, 탑상형은 같은 층의 다른 3집, 편복도형은 같은 층의 양 옆집, 고층 엘리베이터 홀형과 중층 계단실형에서는 거주층을 중심으로 위층과 아래층까지의 범위가 포함되고 고층 편복도형에서는 같은 층이 다시 2~3개의 근린권으로 나누어진다. 대체로 1차 근린권은 4호 정도이다.

② 2차 근린권

1차 근린권에서 근린영역을 넓혀 나갈 때 접근로, 즉 엘리베이터나 복도와 같은 물리적 환경에 의해 주동 안에서 같은 엘리베이터를 사용하는 사람, 중층과 저층형에서는 마주 보는 앞뒤 주동을 포함하는 하나의 가구단위로 확대해 나가는 범위이다. 2차 근린권은 인사를 나누는 정도의 친밀성을 가진다.

③ 3차 근린권

1차나 2차 근린권과는 달리, 지인, 직장동료, 친구 사이거나 자치회, 부녀회 등에서 어떤 특정 동기에 의하여 형성되는 영역이다. 거주자의 자유의지에 따라 선택적이고 능동적인 교류권으로 가지며 형성된다. 따라서 3차 근린권은 집회소, 노인정, 관리실, 유치원, 어린이놀이터, 근린시장, 근린공원, 쇼핑센터, 커뮤니티센터 등이 매개공간이 된다.

집합주거생활에서 유의할 점을 구체적으로 살펴보면 다음과 같다.

- 공동으로 사용하는 장소와 시설 및 설비를 공동으로 관리하고 각자의 의무를 잘 수행한다.
- 다른 사람에게 방해가 되는 소음을 내는 행동을 삼간다.
- 근린주구 전체가 살기 좋도록 공동시설을 마련하고 유지·관리하는 일에 적극적으로 협력한다.

- 각 개인의 주생활을 잘할 수 있도록 한정된 공간의 사용방법이나 정리 · 정돈에 유의하여서 공간을 효율적으로 이용한다.
- 다른 사람들의 사생활을 간섭하지 않도록 조심하며 각 개인의 권리를 존중한다.
- 방재를 위한 대책을 공동으로 연구해야 하며, 특히 고층 아파트에서는 이 점에 유의해야 한다.

집주생활에 있어서 이웃 고충으로 가장 많은 것이 생활소음이다. 예를 들어 조용히 사는 독신 혹은 고령자 주거의 위층에 한창 자라는 어린이가 있는 세대를 조합하면, 자주 긴장관계가 생긴다. 또 현관 도어의 개폐음, 볼륨이 큰 스테레오 등의 음향, 이웃 동까지 전해 오는 피아노소리, 심야의 소음이 되기 쉬운 물소리나 에어컨, 환풍기 등의 설비 소음 등의 문제도 있다. 어쩔 수 없이 심야에 목욕하는 경우는 물을 세게 틀지 않는 등의 세심한 신경이 필요하다.

소음에 대해서 많은 고충은 물 흐름, 먼지, 냄새, 연기, 시선을 들고 있고, 트러블 방지를 위하여 개나 고양이의 사육은 금지하는 예가 많다.

이들 근린 고충의 특징은 피해를 준다고 하는 가해자 의식보다도 피해를 받았다고 하는 피해자 의식이 강하고, 또 일상의 근린관계의 양호 정도에 따라 달라진다.

표 2-19 고층 공동주택의 문제점

재해 및 피난 시의 불안문제	지진, 강풍, 화재 등
생활 안전성의 문제	가스폭발, 산소결핍, 전락, 낙하물의 직격, 부상, 범죄, 엘리베이터 사고 등
인공환경에 대한 적응문제	생리, 심리적 적응
본의 아닌 상호교섭의 문제	프라이버시, 커뮤니케이션
행동의 제약, 구속의 문제	어린이 놀이, 일상행동, 외출 등

출처: 임만택(1998). **주거환경계획**.

물리적 빈곤에서 일어나는 주생활 상의 고충에 대해서는 물리적 수준의 향상을 꾀함과 동시에 상호 피해를 주지 않는 매너와 룰, 보다 좋은 근린관계, 지역 전체의 일상생활의 룰 만들기와 연대감을 가지기가 필요하며, 이것은 커뮤니티 형성의 기초적인 문제이기도 하다.

(3) 집합주택과 커뮤니티 형성

고층·고밀도화가 진전되어 집합주택지 계획에 있어서 주거양식이나 커뮤니티 의식에 대해 종래와는 다른 관점이 있다. 커뮤니티 생활에 대하여 이전에는 그곳에 지연성(地緣性), 공동성의 의미를 넣는 것에 비해 현대 도시생활자에 의한 생활의식·생활양식의 다양화에 대응한다. 개별 생활 중시에 따른 점도 가지고, 집주양식으로 전개한 것으로 볼 수도 있는데, 하이텍크화, 상품화가 그것을 지지하고 있다.

최근에 지어지고 있는 호텔형 아파트에서는 건물이나 생활환경의 보전·안전관리를 위한 안전·관리서비스를 행하는 것 외에 거주자의 생활을 도와주는 각종 서비스를 행하고 있다. 24시간 상주체제로, 거주자에 대한 안내서비스, 음악·관극·영화 등의 표나 택시·항공권 등의 표의 수배, 의류나 방의 청소, 이불 건조기·자전거·렌터카 등의 각종 상품의 임대·반환 등이다. 또한 조용한 환경을 필요로 하는 수험생이나 연구자가 이용할 수 있는 공부방, 방음 장치가 되어 있어 피아노나 스테레오를 즐길 수 있는 음향 룸, 가정에 상비할 정도는 아니고 가볍게 사용하고 싶은 OA룸, 각종 취미교실이나 집회 외에 방문객의 숙박이나 가족 파티에 사용할 수 있는 임대룸 등이다. 종래의 집합주택에서는 각각의 주호 안에 안고 있어야 했던 과제를 집주생활을 하면서 공동이용에 의해 해소시키고, 보다 다양한 라이프스타일에 대응한 공동 시설로 발전하고 있다.

텔레비전 공동청취용 케이블 네트를 이용하고, 각 주호와 접속하는 유선정보시설에 의한 인포메이션시스템을 도입함과 동시에 일상생활에 필요한 인포메이션서비스, 24시간 대응의 안전감시서비스를 계획하고 있다. 또 호텔과 같은 프론트서비스를 도입하고, 장시간 영업의 슈퍼마켓, 레스토랑, 헬스・스포츠 시설 등 고도의 도시형 시설을 부설하는 등 도시형 거주의 라이프스타일에 맞는 생활공간의 창출을 꾀하고 있다.

이러한 집합주택이나 단지는 전체를 하나의 호텔로 생각하고, 각각의 주호는 호텔의 객실로 취급하여, 관리실은 호텔의 프론트서비스의 역할을 담당하는 것이다. 호텔의 이용자는 얼굴이 익으면 인사 정도는 할 것이지만, 그 이상의 관계는 서로 없어도 불편하지 않으며 신경 쓸 필요도 없다. 생활에 따른 여러 가지 용무는 프론트서비스에 맡기면 지장은 없다. 여러 가지 가치관을 가지고 개성적이며 활동적인 도시형 생활자에 적응하는 거주방법의 제안이다.

이와 같은 움직임의 배경에는 라이프스타일의 변화나 여성의 사회적 진출도 크게 영향을 준다. 그 중에도 가정생활 유지 운영의 중심에 있는 중・고년 여성의 취업, 사회적 활동 참가의 증대가 가족의식이나 근린관계의 본연의 자세를 변화시키고, 주생활의 변화를 촉진시키고 있다. 가정 내에서 행하는 가사기능은 적극적으로 외부화되어 외식산업의 성장, 야채배달업, 하우스 클리닝업, 가사대행업 등 가사의 많은 부분이 상품화・기업화되고 있다.

최근에는 공공 집합주택에서는 신체장애자를 포함한 고령자 대책이 수립되고 있다. 5층 건물의 중층 주택에서도 일부 엘리베이터를 설치하고, 도로와 어프로치나 주동 입구의 단 차를 해소하며, 1층의 주호에서 이사에 의해 빈집이 나왔을 때는 고령자 등에 대한 주택으로 개선할 수 있을 것이다. 그 주호 개선은 욕실이나 변소에 손잡이를 설치하고, 이웃 혹은 자원봉사자의 집에 통보할 수 있는 인터폰을 전화기에 부착하고, 현관 밖에서도 들리게 하는 등의 방법이 있다.

이와 같은 하드 면에서의 대책과 함께 소프트 면의 대응도 진전된다. 예를 들어 65세 이상 혹은 장애자가 있는 고령자 세대는 부양 세대와 동일 단지의 1층에 사는

'두 세대 근거제도(近居制度)'의 도입을 하는 것도 좋다. 한쪽 세대가 사는 단지에 입주·주거 바꿈이 가능한 2세대를 한 조로 입주 신청을 하게 한다거나 하는 방법을 택한다.

커뮤니티의 하드 면의 진전에 덧붙여, 살고 있는 사람들에 의한 거주의 측에서 행해지는 커뮤니티 형성의 노력이야말로 집주생활을 풍부하게 하는 것이다. 앞으로의 집합주택·단지에서는 이웃관계의 번거로움을 배제하고 가사의 외부화가 더욱 진행되어 갈 것인데, 번거로움이나 세밀한 요구가 있는 곳에서 물적 풍부함과 활기찬 인간 동지의 연대를 얻는 커뮤니티를 어떻게 키워 나갈 수 있는가가 초점일 것이다.

표 2-20 생활권 내의 서비스시설

	행정	여가	교육	사회복지	보건	유통
제1생활권 (소생활권)	동사무소 우체국 파출소	어린이놀이터 아동공원 소단위 운동장	유치원 초등학교 중학교	탁아소 경로당 집회장 회관	병원 치과 한의원 약국	슈퍼마켓 소매시장 은행 지역사회금고
제2생활권 (중생활권)	출장소	지구공원 운동장	고등학교 도서관	종합복지센터 청소년회관 직업보도소 상담소	보건소 종합병원	지구중심 쇼핑센터 소단위 도매시장
제3생활권 (대생활권)	구청 경찰서 소방서	종합운동장	전문학교 대학교 연구기관	특수복지센터 양로원 고아원 갱생원 불구자보호센터	대단위종합병원 특수병원 보건연구원	부도심백화점 유통단지

출처: 조성기(1996). **도시주거학**.

5) 마을만들기와 주거운동

전통적인 우리의 마을은 혈연관계에 의해 자생하였다고 할 수 있다. 즉 동족촌(同族村)이 일반적이었는데, 동족촌은 집안과 마을의 대표가 되는 대종가(大宗家)가 마을 중심이나 윗자리에 위치하고 그 다음에 소종가(小宗家)가 위치하며 변두리나 아랫자리에 소작농(小作農)이 자리하며 마을을 구성하고 있다. 이러한 동족촌에서는 경제적・사회적으로 서로 도와가며 생활하고 가족의 위계질서와 같은 질서를 유지할 수 있었다. 그리고 새로운 주택이 필요한 가족이 생기면 마을 사람들이 모두 금전적・노동적 부조를 하여 그 가족에게 적당한 크기의 주택을 지어 주었다.

그러나 현대 사회에서의 마을은 인위적인 요소에 의해 형성되는 부분이 훨씬 크다. 그래서 개인 또는 가족단위로는 마을을 형성하는데 매우 소극적이며 그로 인해 지역사회와의 연계 또한 약하다. 그리고 주택이 필요한 경우에도 그 가족에 맞는 주택을 새로 짓기보다는 불특정 다수를 위해 지어 놓은 주택을 그 가족의 부담으로 구입한다.

그러나 개인을 중시하는 현대 사회에서 오히려 이웃과 함께 하는 공공의식을 향상시키는 주택과 마을이 요구된다. 우리 가족뿐만 아니라 이웃과 더불어 잘 살아가기 위해서는 주민들의 자치활동이 활성화되어야 한다. 아파트 단지의 주민대표자회나 부녀회, 각 마을의 노인회나 각종 취미동우회 등의 건전한 활동은 주택과 마을의 환경개선을 주도하게 되며, 비혈연집단인 주택단지에 대해 애착이 생겨 정주하고자 하는 거주자의 의식에 의해 거주자 주체의 커뮤니티가 생겨난다.

보다 적극적인 방법은 주택단지를 계획하는 단계부터 거주자가 참여하는 것이다. 예를 들어 동호인 주택단지나 공동주택의 공유공간의 증가 등을 들 수 있다. 동호인 주택은 비슷한 직업이나 종교, 취미 등 공동의 연대 의식을 강하게 느끼는 사람들이 만드는 주택으로, 이런 주택단지에는 탁아와 가사노동, 여가활동 및 토론, 작업을 위한 공유공간이 포함되어 있다. 우리나라에서 동호인 주택이 선보인 것은 1990년대인데, 이러한 동호인 주택은 입주 희망자가 모여 1~2년을 요하는 의견조절 기간을 거쳐 자신들이 살 주택을 건설하여 입주하므로 입주 전에 이미 커뮤니티가 형성된다. 이 방식은 주민참여형 마을만들기의 바람직한 형식의 하나이다.

함께 만들어 가는 주택의 또 다른 형태로 코하우징(cohousing: cooperative housing)이 있다. 코하우징은 전통적인 마을에서의 주생활과 같이 거주민들이 서로에 대하여 잘 알고, 각 가정의 프라이버시는 확보하되 공동생활의 장점인 안전성과 소속감을 주며, 코하우징의 성격에 따라 공동세탁, 공동육아, 공동방범시스템 등을 가지는 형태의 공동체주택이다. 코하우징은 덴마크, 독일, 프랑스, 일본 등 소위 선진국에서 이미 시도되고 있으며, 몇몇 단지는 좋은 성과를 얻고 있다.

우리나라는 오랜 시간 동안 지속해 왔던 전통적인 주생활이 최근 50년에 걸쳐 외형적인 면의 획기적인 변화가 있었고, 그에 따라 주택과 주생활의 부적응이 나타나고 있다. 그러므로 핵가족화와 취업주부의 증가 등 가족특성의 변화와 잦은 이동과 바쁜 취업생활 등 사회의 변화에 적응하면서 이웃과 더불어 잘 살아가기 위해서는 동호인 주택보다 동질감이 더 강하고 공동체 생활의 많은 장점을 가진 코하우징의 도입을 이제 우리도 시도해 볼 만하다. 전통적인 우리의 마을은 혈연관계에 의해 자생하였다고 할 수 있으나, 현대 사회에서의 마을은 인위적인 요소에 의해 형성되는 부분이 훨씬 크다. 그래서 개인 또는 가족단위로는 마을을 형성하는데 매우 소극적이며 그로 인해 지역사회와의 연계 또한 약하다. 그러나 개인을 중시하는 현대 사회에서 오히려 이웃과 함께 하는 공공의식을 향상시키는 동호인 주택단지나 공동주택의 공유공간의 증가 등을 예상할 수 있다.

마을만들기는 지역의 난제를 주민들의 합의에 의해 성취하고 노력하는 과정으로, 생활환경의 문제를 주민들이 함께 해결함으로써 마을환경의 개선과 주민공동체의 복원을 동시에 꾀하는 주민활동을 지칭하는 용어이다. 이러한 마을만들기 활동 중에는 새로운 주택단지를 만드는 것뿐만 아니라 살고 있는 마을의 환경을 개선하고자 하는 주민운동도 많이 보인다. 주택·단지 개선의 운동은 지역에 대한 애착, 정주하고자 하는 거주자의 의식 등에 의해 거주자 주체의 커뮤니티가 생겨나는 것이다.

대구시 삼덕동 골목 가꾸기

골목공동체를 회복하고자 하는 한 시민운동가(김경민 대구 YMCA 부장)가 자발적으로 자신의 집 담을 허물고, 공간을 골목공원으로 가는 데서 시작되었다. 초기에는 개인이 자신의 집을 대상으로 담 허물기를 실시하였다가 점차 공공기관의 건물로 담 허물기와 공원조성이 확산되었다. 프로그램의 선정은 개인이 자신의 욕구를 공간에 표현하는 것, 즉 담을 허물고, 공원을 조성하는 활동이 이루어졌고, 이후 꾸러기 환경그림대회, 담 벽화 그리기, 녹색가게 및 초록화실, 인형극 공연 등이 이루어졌다. 그러나 이런 프로그램들은 주로 개인적인 시도로 선정되고 실행되었다.

초기 선도적인 활동에 대해 주민들의 반응은 냉랭했으나, 골목공원을 이용한 여러 가지 행사에 참여하면서 주민들의 관심이 증가했으며, 자신의 집을 개조해서 골목공원을 조성하고자 하는 사례가 증가하고 있다.

'대구사랑운동 시민회의'가 주요사업으로 담 허물기를 채택하면서 담을 허문 폐기물은 대구시가 처리해 주고, 허물고 난 뒤의 조경을 위해 조경전문가들을 중심으로 한 자문위원회도 구성이 되었다. 또 여기에 필요한 나무는 대구시 임업연구소에서 제공한다는 원칙과, 담을 허무는 데 필요한 인력은 공공근로 요원을 투입해서 해결하기도 하였다. 2011년 현재 담장 허물기 추진실적은 관공서 119개소, 주택·아파트 245개소, 상업시설 63개소, 보육·복지·종교시설 96개소, 공공·의료시설 23개소, 학교 48개소, 기타 18개소로 총 612개소의 23.1km의 담장을 허물고 346.268m^2의 가로공원을 조성하였다.

출처: 도시연대 홈페이지(http://www.dosi.or.kr)

6) 사회자원으로의 주거

(1) 우리나라의 민속마을

2011년 현재 마을 전체가 중요민속자료로 지정된 곳은 5곳이다. 즉 안동하회마을(중요민속자료 122), 성읍민속마을(중요민속자료 188), 월성양동마을(중요민속자료 189), 고성왕곡마을(중요민속자료 235), 아산외암마을(중요민속자료 236)이다.

이중 안동하회마을과 월성양동마을은 유네스코 세계문화유산으로 지정되어 있다. 이러한 민속마을은 우리나라뿐만 아니라 세계의 자원으로 보존할 가치가 있는 것이다.

① 안동하회마을

중요민속자료 122호로 지정된 안동하회마을은 조선시대에 형성된 씨족마을로 경북 안동시 풍천면 하회리에 위치해 있다. 마을구조, 가옥배치 등이 조선 중기 이후의 모습을 간직하고, 자연과 조화를 이루고 있어 우리나라의 전통생활문화와 건축양식을 잘 보여주는 뛰어난 문화유산으로 세계문화유산 기준인 독특한 예술적 혹은 미적인 업적, 즉 창조적인 재능의 걸작품을 대표할 것과 일정한 시간에 걸쳐 혹은 세계의 한 문화권 내에서 건축, 기념물조각, 정원 및 조경디자인, 관련예술 또는 인간정주 등의 결과로서 일어난 발전사항들에 상당한 영향력을 행사한 것을 대상으로 하는 제1, 제2분야의 잠적목록으로 등록(1998. 7.)되었다가, 2010년 7월 31일 정식으로 세계문화유산으로 등재되었다.

안동하회마을은 풍산 유씨의 씨족마을로 유운룡 · 유성룡 형제 대(代)부터 번창하게 된 마을이다. 낙동강 줄기가 S자 모양으로 동 · 남 · 서를 감싸 돌고 있고 독특한 지리적 형상과 빼어난 자연경관을 갖추고 있다. 이 마을은 크게 남촌과 북촌으로 나눌 수 있으며 많은 문화재를 잘 보존하고 있다. 대표적 가옥인 양진당(보물 제306호), 충효당

(보물 제414호), 북촌택(중요민속자료 제84호), 남촌택(중요민속자료 제90호), 옥연정사(중요민속자료 제88호), 겸암정사(중요민속자료 제89호) 등 많은 건축들은 조선시대 사대부가의 생활상과 주택연구에 귀중한 자료가 되고 있다.

하회마을 전경

② 월성양동마을

중요민속자료 189호로 지정된 월성양동마을은 조선시대 초기에 형성된 동족마을로 경북 경주시 강동면 양동리에 위치해 있다. 산 계곡을 따라 펼쳐진 수려한 자연경관과 어우러져 오랜 전통을 간직하고 있는 양동마을은 수많은 전통건조물과 양반가문의 예법, 혼례, 장례, 제사 등의 생활문화전통이 그대로 보존 계승되고 있으며, 우리나라 민속마을 중 원형이 가장 잘 보존되어 있어 중요한 가치가 있는 전통마을로 평가받고 있다. 세계문화유산 기준인 일정한 시간에 걸쳐 혹은 세계의 한 문화권 내에서 건축, 기념물조각, 정원 및 조경디자인, 관련 예술 또는 인간정주 등의 결과로서 일어난 발전사항들에 상당한 영향력을 행사한 것, 독특하거나 지극히 희귀하거나 혹은 아주 오래된 유산, 희귀하거나 멸종위기에 처한 동 · 식물의 종이 아직 생존하고 있는 서식지 범주에는 보편적인 관심과 중요성이 있는 동 · 식물이 집중되어 있는 생태계를 대상으로 하는 제2, 제3, 제4분야의 잠적목록으로 등록(2002. 1.)되었다가, 2010년 7월 31일 정식으로 세계문화유산으로 등재되었다.

양동마을은 월성 손씨와 여강 이씨의 양대 문벌로 이어 내려온 동족마을로 경주에서 형산강 줄기를 따라 동북 포항 쪽으로 40리 정도 들어간 곳에 자리 잡고 있다. 넓은 안강평야에 풍수지리상 재물복이 많은 지형 구조를 지니고 있으며 제법 큰 양반 가옥들이 집단을 이루고 있다. 종가일수록 높고 넓은 산등성이 터에 양반들의 법도에 따라 집을 배열하고 있는데 오랜 역사를 지닌 큰 집들을 잘 보존하고 있다. 집들의 기본구조는 대개 ㅁ자형이거나 튼ㅁ자형을 이루고 있고 간혹 대문 앞에 행랑채를 둔 예도 있다. 혼합배치 양식으로 ㄱ자형이나 一자형도 있지만 대체로 집의 배치나 구성 따위가 영남지방 가옥이 지니는 특색을 띠고 있다. 대표적인 가옥인 무첨당(보물 제411호), 향단(보물 제412호), 관가정(보물 제442호)를 비롯해 많은 건물들이 귀중한 문화재로 지정되어 있는 곳이다.

양동마을 전경

(2) 보물로 지정된 주택

문화재(cultural properties)는 조상들이 남긴 유산으로서 삶의 지혜가 담겨 있고 우리가 살아온 역사를 보여주는 귀중한 유산이다. 문화재의 종류는 국가지정문화재, 시·도지정문화재, 문화재자료, 등록문화재, 비지정문화재로 구분되는데, 문화재보호법에 의해 문화재위원회의 심의를 거쳐 지정하는 문화재는 국가지정문화재이다. 국가지정문화재는 국보 · 보물 · 중요무형문화재 · 사적 · 명승 · 천연기념물 및 중요민속문화재 등 7개 유형으로 구분된다[57]으로 구분된다. 주택(고가, 가옥, 고택, 생가)은 유형문화재에 속하는데, 국가지정문화재 유형 중 유형문화재는 국보, 보물, 민속자료로 구분된다. 2011년 현재 문화재청에 등록된 문화재는 13,181개인데, 이 중 국보는 409개이며 주택은 없다. 보물은 2,201개이며 이 중 주거건축은 16개이다. 즉 국가지정문화재로서 국보나 보물 중에는 주거건축의 그 수가 많지 않음을 알 수 있다. 이는 보관하면서 보존하는 박물관 속의 문화재가 아니라 사람이 생활하면서 계속 사용한 주택으로, 사용에 따른 마모 및 형태변경이 심하며 외부에 노출된 부분이 많아 기후의 영향을 많이 받고 목재로 된 부분이 많아 시간에 따른 노후화가 진행되어 현존하는 숫자가 적기 때문이라고 생각된다.

보물로 지정된 주거는 2011년 현재 모두 16개이다. 즉 대전 회덕 동춘당(보물 제209호), 안동 하회 양진당(보물 제306호), 경주 양동 무첨당(보물 제411호), 경주 양동 향단(보물 제412호), 경주 독락당(보물 제413호), 안동 하회 충효당(보물 제414호), 안동 의성 김씨 종택(보물 제450호), 예천권씨 초간종택 별당(보물 제457호), 안동 소호헌(보물 제475호), 영천 숭렬당(보물 제521호), 안동 예안이씨 충효당(보물 제553호), 달성 태고정(보물 제554호), 경복궁 자경전 십장생굴뚝(보물 제810호), 경복궁 아미산의 굴뚝(보물 제811호), 여주 효종 영릉재실(보물 제1532호), 상주 양진당(보물 제1568호)이다. 이 중 경복궁 자경전 십장생굴뚝과 아미산의 굴뚝은 주거건축의 부속시설이고, 여주 효종 영릉재실은 일반적인 주거건물이 아니므로 이를 제외하고, 13개의 보물 주거건축에 대

---

57) 국보는 보물에 해당하는 문화재 중 인류문화의 견지에서 그 가치가 크고 유례가 드문 것이다. 보물은 건조물 · 전적 · 서적 · 고문서 · 회화 · 조각 · 공예품 · 고고자료 · 무구 등의 유형문화재 중 중요한 것이다. 중요무형문화재는 무형문화재 중 중요한 것이다. 사적은 기념물 중 유적 · 제사 · 신앙 · 정치 · 국방 · 산업 · 교통 · 토목 · 교육 · 사회사업 · 분묘 · 비 등으로서 중요한 것이다. 사적 및 명승은 기념물 중 사적지 · 경승지로서 중요한 것이다. 명승은 기념물 중 경승지로서 중요한 것이다. 천연기념물은 기념물 중 동물(서식지 · 번식지 · 도래지 포함) · 식물(자생지 포함) · 지질 · 광물로서 중요한 것이다. 중요민속자료는 의식주 · 생산 · 생업 · 교통 · 운수 · 통신 · 교역 · 사회생활 · 신앙민속 · 예능 · 오락 · 유희 등으로서 중요한 것이다.

하여 간단히 살펴보자.

① 대전 회덕 동춘당

동춘당은 조선시대 별당 건축의 한 유형으로, 구조는 비교적 간소하고 규모도 크지 않다. 앞면 3칸 · 옆면 2칸 규모이며, 평면으로는 총 6칸 중 오른쪽 4칸은 대청마루이고 왼쪽 2칸은 온돌방이다. 대청의 앞면 · 옆면 · 뒷면에는 쪽마루를 내었고 들어열개문을 달아 문을 모두 들어 열면 내부공간과 외부공간의 차별없이 자연과의 조화를 이룬다. 또한 대청과 온돌방 사이의 문도 들어 열 수 있게 하여 필요시에는 대청과 온돌방의 구분없이 별당채 전체를 하나의 큰 공간으로 사용할 수 있도록 하였다. 건물의 받침은 4각형의 키가 높은 돌을 사용했는데, 조선 후기의 주택건물에서 많이 볼 수 있는 양식이다. 동춘당은 굴뚝을 따로 세워 달지 않은 것이 특징인데, 왼쪽 온돌방 아래 초석과 같은 높이로 연기 구멍을 뚫어 놓아 유학자의 은둔적 사고를 잘 표현하고 있다.

② 안동 하회 양진당

양진당은 겸암 유운룡이 지은 풍산유씨 종가이다. 비교적 높은 축대 위에 세워 놓은 별당(別堂)인데, 건물 주위에는 쪽마루와 난간을 돌려놓아서 마치 누(樓)집과 같은 인상을 준다. 규모는 앞면 4칸 · 옆면 3칸이며 지붕은 옆면에서 볼 때 여덟 팔(八)자 모양을 한 팔작지붕이다. 대청에는 문을 달아 3칸 모두 열 수 있게 하였다. 건물 안쪽 천장은 지붕 재료가 훤히 보이는 연등천장으로 꾸몄고 한석봉이 쓴 '양진당(養眞堂)'이란 당호와 함께 여러 현판들이 걸려 있다. 건물 안쪽 일부 재료를 만든 수법이 뛰어나고, 일반 주택으로는 제법 규모가 큰 조선시대 별당건축물 중 하나이다.

③ 경주 양동 무첨당

무첨당은 회재 이언적의 종가의 일부로, ㄱ자형 평면이다. 현재 이언적 선생의 유물을 보관하고 있다. 앞면 5칸 · 옆면 2칸 규모로 건물 내부를 세 부분으로 구분하여, 가운데 3칸은 대청이고 좌우 1칸씩은 온돌방이다. 대청은 앞면 기둥 사이를 개방하고 누마루에서도 대청을 향한 쪽은 개방되어 있으며, 뒤쪽과 옆면은 벽을 쳐서 문짝을 달았다. 평면은 ㄱ자형을 띠고 있고 둥근기둥과 네모기둥을 세워 방과 마루를 배치하고 있다. 이 건물의 기능은 상류주택에 속해 있는 사랑채의 연장 건물로 손님접대, 쉼터, 책읽기를 즐기는 따위의 여러 용도로 쓰이던 곳이다.

④ 경주 양동 향단

향단은 회재 이언적이 경상감사로 부임했을 때 지은 건물이다. 향단은 행랑채, 안채, 아래채, 사랑채가 모두 한 몸체로 이루어지며 전체 건물을 用자형이며, 사랑채부분은 一자형이다. 향단의 평면구성은 일반 상류주택과 다른 특이한 평면구성인데 이것은 풍수지리에 의한 영향으로 보인다. 몸채는 月자형으로 하고, 여기에 一자형의 행랑채와 간막이를 두어 用자형으로 만들고 있다. 이 건물은 마을 전체에서 가장 먼저 눈에 띄는 위치와 모습뿐만 아니라 상류주택의 일반적 격식에서 과감히 벗어난 형식으로, 주생활의 합리화를 도모한 우수한 공간구성을 보이고 있다.

⑤ 경주 독락당

독락당은 회재 이언적이 벼슬을 그만두고 낙향하여 중종 11년(1516)에 지은 집으로, 이언적 선생의 제사를 받드는 옥산서원 뒤편에 있는 사랑채이다. 이 건물은 낮은 기단 위에 세운 앞면 4칸 · 옆면 2칸 규모로, 지붕은 옆면에서 볼 때 여덟 팔(八)자 모양을 한 팔작지붕이다. 집을 향해 오른쪽 3칸은 넓은 마루인데 앞을 모두 터놓았으며, 왼쪽 1칸만 칸을 막아 온돌방을 만들어 놓았다. 그러나 원래는 맨 오른쪽 칸도 막아서 방으로 사용한 흔적이 남아 있어, 대청은 가운데 2칸뿐이었던 것을 알 수 있다. 기둥은 둥근기둥을 세우고 대청 천장은 뼈대가 모두 노출된 연등천장이다.

⑥ 안동 하회 충효당

충효당은 서애 유성룡의 집이다. 행랑채, 사랑채, 안채, 사당으로 구성되어 있는데, 안채는 ㅁ자형이며, 사랑채는 안채 앞쪽 우측에 연접하여 돌출한 一자형이다. 충효당은 2동이 보물 414호로 지정되어 있다. 서쪽을 앞면으로 긴 행랑채를 두고 안쪽으로 ㅁ자 모양의 안채와 一자형의 사랑채가 연이어 있다. 사랑채는 왼쪽에서부터 사랑방, 대청마루, 방, 마루로 이루어져 있다. 안채는 동북쪽에 부엌을 두고 ㄱ자로 꺾여서 안방, 대청, 건넌방이 있다. 또한 건넌방 앞에는 마루와 2칸의 온돌방, 부엌이 있으며 사랑채와 연결되어 있다. 사랑채 대청에 걸려 있는 '충효당(忠孝堂)'이라고 쓴 현판은 명필가였던 허목이 쓴 것이다. 지을 당시의 모습을 비교적 잘 간직하고 있다.

⑦ 안동 의성김씨 종택

의성김씨 종택은 임진왜란 때 불탄 것을 학봉 김성일이 다시 지은 것이다. 건물은 사랑채, 안채, 행랑채로 구분되는데, 사랑채 규모는 앞면 4칸 · 옆면 2칸이고 형태는 一자형이다. 안채는 ㅁ자형이고 다른 주택과 달리 안방이 바깥쪽으로 높게 자리를 잡고 있다. 행랑채는 사랑채와 안채가 연결되어 있는 특이한 구성을 이루고 있으며 전체 가옥 구성이 巳자 모양의 평면을 이루고 있다. 그러나 행랑채에서 안뜰로 통하는 중문이 없어 외부사람이 드나들 수 없었는데, 이것은 당시 유교 사상의 남녀유별, 내외사상을 건물구성에 반영하였음을 보여주는 예이다. 사랑채 출입은 행랑채의 대문을 거치지 않고 사랑채로 직접 갈 수 있는 별도의 문이 있다. 사랑채와 행랑채를 이어 주는 건물은 2층으로 되어 있으며 위층은 서재로, 아래층은 헛간으로 쓰인다. 이와 같은 2층 구조는 다른 주택에서는 보기 드문 양식이다. 훗날 추가로 연결한 서쪽 끝의 대청문은 지붕이 커서 집 전체 겉모습에 웅장한 느낌을 주고 있다.

⑧ 예천권씨 초간종택 별당

권씨종가별당은 권오상이 1589년경에 건립하였다. 규모는 앞면 4칸 · 옆면 2칸이며 지붕은 옆면에서 볼 때 여덟 팔(八)자 모양을 한 팔작지붕이다. 앞쪽에서 보면 오른쪽 3칸은 대청마루고 왼쪽 1칸은 온돌방인데 온돌방은 다시 2개로 나뉘어 있다. 대청 앞면은 문짝 없이 열려 있지만 옆면과 뒷면은 2짝 널문을 달았으며 집 주위로 난간을 돌려 누(樓)집과 같은 모양으로 꾸몄다. 겉모습은 대체로 소박한 구조를 보이고 있으나 안쪽은 천장 부분에 설치한 여러 재료들을 정교하고 화려하게 장식하여 호화롭게 꾸미고 있다.

⑨ 안동 소호헌

소호헌은 조선 중종 때 문신인 서해선생이 서재로 쓰기 위해 명종 때 지은 별당이다. 규모는 앞면 4칸 · 옆면 2칸이며 지붕은 옆면에서 볼 때 여덟 팔(八)자 모양을 한 팔작지붕이다. 부속된 방은 지붕 양식이 옆면이 사람 인(人)자 모양을 한 맞배지붕이다. 왼쪽 3칸은 대청, 오른쪽 1칸은 누마루며 앞쪽으로 온돌방 2칸을 붙여 집의 구조가 T자 모양을 이루고 있다.

⑩ 영천 숭렬당

숭렬당은 조선 세종 때 대마도와 여진 정벌에 공을 세운 이순몽 장군의 집으로 세종 15년(1433)에 중국식으로 지은 건물이다. 지금은 장군의 위패를 모시는 사당으로 쓰고 있다. 규모는 앞면 5칸 · 옆면 3칸이며 지붕은 옆면에서 볼 때 사람 인(人)자 모양인 맞배지붕인데 그 양쪽 끝 칸에 날개를 단 듯 지붕을 덧달았다. 따라서 전체로 보면 옆면이 여덟 팔(八)자 모양과 비슷한 팔작지붕으로 볼 수 있다. 이 같은

모양은 맞배지붕이 팔작지붕으로 변하는 과정을 보이고 있는 지붕 형식이다. 지붕 처마를 받치기 위해 기둥 윗부분에 장식하여 짠 구조는 새부리 모양으로 뻗쳐 나왔다. 평면은 가운데 3칸보다 양쪽 끝 칸이 한 자씩 좁으며 건물 안쪽의 천장은 가구가 훤히 보이는 연등천장으로 꾸미고 있다. 구조가 조선 전기의 수법을 보이고 있지만 일부 재료의 정교하고 아름다운 조각들이 조선 후기의 수법을 나타내고 있다.

⑪ 안동 예안이씨 충효당

예안이씨 충효당(보물 제553호)은 이홍인의 집으로 명종 6년(1551)에 지은 것이다. 안채와 사랑채가 맞붙어 있고 안동지방에서 흔히 볼 수 있는 ㅁ자형 평면을 이루고 있다. 내부의 중앙은 뜰로 꾸민 소박한 집으로 남쪽과 서쪽에 바깥으로 통하는 대문이 있다. 남문이 본래의 대문이지만 지금은 서문을 대문으로 사용하고 있는데, 서문 바깥에 평행하게 있던 바깥채를 철거한 뒤에 드나드는 문도 옮긴 것으로 보인다. 공간에 비하여 넓고 튼튼한 문틀을 하고 있으며 드나드는 문이 많아 흥미롭다. 서쪽에는 一자형이며, 지붕 옆면이 여덟 팔(八)자 모양인 팔작지붕을 가진 '쌍수당'이라는 별당이 있다. '쌍수당'이란 충과 효를 한 집안에서 다 갖추었다는 의미이다.

⑫ 달성 태고정

태고정(보물 제554호)은 조선 성종 10년(1479) 박팽년의 손자인 박일산이 세운 별당 건축이다. 현재의 건물은 광해군 6년(1614)에 다시 지은 것인데, 일명 '일시루(一是樓)'라고도 한다. 네모난 모양의 단 위에 서 있으며 앞면 4칸 · 옆면 2칸 크기로, 동쪽 2칸은 대청마루이고, 서쪽 2칸은 방으로 꾸몄다. 대청 앞면은 개방되어 있는데 옆면과 뒷면에는 문을 달았을 것으로 추정한다. 대청 앞 기둥 사이에는 2층으로 된 난간을 설치하였다. 서쪽에는 온돌방과 부엌을 마련해 놓았는데 단순한 아궁이가 아닌 부엌을 한쪽 구석에 둔 것은 흔치 않은 것이다. 규모는 그리 크지 않은 건물이지만 가구나 세부가공이 정교한 편이다.

⑬ 상주 양진당

상주 양진당(보물 제1568호)은 검간 조정이 1626년 처가인 안동의 천천동에 있던 가옥을 옮겨 지은 것으로 상량문을 통해 알 수 있다. 전체적으로 정면 9칸, 측면 7칸의 규모의 ㅁ자형 평면을 한 고상식 건물이다. 퇴칸 전면에 세운 6개 기둥은 통재를 사용하였는데, 특이하게 하층 부분에는 방형으로 치목하고 상부는 원형으로 다듬었다. 지붕은 정침의 툇마루 상부만 겹처마로 하고 나머지는 홑처마로 하였는데, 겹처마의 경우 일반적으로 원형 서까래에 방형 부연을 얹는데 비해 양진당은 서까래를 네모지게 다듬어 부연과 같은 모습을 취하게 했다. 본채의 3칸 온돌방 전면과 3칸 대청 배면에 나있는 창호는 모두 중간설주가 있는 영쌍창이다. 이 건물은 소위 고상식 주거에 속하는 것으로 건물 바닥이 지면에서 1미터 이상 높게 마련하면서 고상식 주거에서는 보기 드문 구들을 설치한 점에서 조선시대 주거유형의 다양성을 보여주는 귀중한 사례이다. 방이 두 줄로 나열되는 겹집의 형식을 취하고 있는 점도 특색이며 기둥은 굵은 부재를 사용하면서도 모서리를 접어서 투박하게 보이지 않게 하는 기술적 성숙도를 보이고 있다.

참 고 문 헌

강영환(1992). 집의 사회사. 경기: 웅진출판.

강영환(2002). 새로 쓴 한국 주거문화의 역사. 서울: 기문당.

강인호 · 한필원(2000). 주거의 문화적 의미. 서울: 세진사.

상형종 역(1992). 노인과 주거. 산업도서.

김대년 · 홍형옥(1990). 주거생활주기모형설정을 위한 이론적 접근. 한국주거학회지, 창간호.

김상호, 장재호, 김수암(1995). 공동주택 거주자의 주거관에 관한 고찰 -수도권 공동주택 거주자에 대한 실태조사를 중심으로-. 대한건축학회의 춘계학술발표대회논문집, 1995. 4.

김정기(1980). 한국목조건축. 서울: 일지사.

Newmark, N. L. (1999). 인간 공간 주거. 김태연 외 편역. 서울: 수학사. (1977년 원저 발간)

김평탁 편저(1994). 건축용어대사전. 서울: 기문당.

사회과학출판사 엮음(1988). 고구려문화사. 서울: 논장.

대한건축학회 편(1997). 주거론. 서울: 기문당.

대한주택공사(1987). 3대가족형 공동주택 개발 연구.

渡邊武信. 임창복 역(1997). 주거공간의 의미. 서울: 도서출판 국제.

박병전(1980). 대학주거학. 서울: 기문당.

성정원(2000). 목욕행태를 고려한 대중목욕탕 리노베이션. 영남대 석사학위논문.

시공테크 편(1999). 그림과 명칭으로 보는 한국의 문화유산. 서울: 시공테크.

대광서림 편집부 편(1991). 주거론. 서울: 대광서림.

신영훈(1986). 한국의 살림집. 경기: 열화당.

안옥희 · 윤재웅 · 배정인(1998). 주거학의 이해. 서울: 기문당.

안옥희 · 정미란 · 김순경(1999). 대학생의 주거관에 관한 연구. 대한가정학회지, 37(1), 67-78.

양세화 외(2007). 울산시 거주 가구의 주의식. 울산학연구센터.

윤장섭(1995). 주거학. 경기: 교문사.

윤정숙 외(1999). 주거학. 서울: 한국방송대학교출판부.

윤정숙 · 유옥순 · 박선희 · 김선중 · 박경옥(2007). **한국주거와 삶**. 경기: 교문사.

이경희 · 윤정숙 · 홍형옥(1993). **주거학개설**. 서울: 문운당.

임만택(1998). **주거환경계획**. 서울: 기문당.

장경호 · 배명선(1989). 주거지의 발굴과 그 성과. **대한건축학회지, 33**(2), 7-14.

장상옥(1996). 아파트 거주자의 기거양식과 만족도. 한양대 박사학위논문.

전경수(1994). **문화의 이해**. 서울: 일지사.

전남일(2010). **한국주거의 공간사**. 경기: 도서출판 돌베개.

전남일 · 손세관 · 양세호 · 홍형옥(2008). **한국주거의 사회사**. 경기: 도서출판 돌베개.

정무웅(2001). 건축문화와 환경행태. **건축, 45**(6). 대한건축학회.

정미란, 안옥희(2001). 한일여대생의 주거관에 관한 비교연구. **한국주거학회지, 12**(4), 163-171.

조성기(1996). **도시주거학**. 경기: 동명사.

조원석(1997). 우리나라 전통주택의 내부바닥구조의 변용에 관한 연구. **대한건축학회논문집**. 대한건축학회.

주거학연구회(2004). **안팎에서 본 주거문화**. 경기: 교문사.

주거환경교육연구회(2010). **주거환경학총론**. 경기: 교문사.

최정민(2007). 강북 뉴타운사업지구 주민의 주거가치관과 선호 주택유형에 관한 연구. **국토연구, 52**, 75-94.

최외선 외(1998). **생활과학의 이해**. 서울: 형설출판사.

한겨레 일보(2010년 4월 25).

石堂正三郎 · 中根芳一(1995). **新住居學概論**. 化學同人.

金澤良雄 外 編(1998). **住宅問題講座 6-住宅計劃**. 有斐閣.

西山卯三(1968). **住居論**. 勁草書房.

扇田 信(1984). **住生活學**. 朝倉書店.

扇田 信 外(1992). **住まいを考える**. 彰國社.

松村秀一(1987). **工業化住宅·考**. 學藝出版社.

梁瀨度子 · 長澤由喜子 · 國嶋道子(1995). **住環境科學**. 朝倉書店.

日本家政學會 編(1990). **住まいと住み方**. 朝倉書店.

住田昌二(1990). **現代の住まい**. 光生館.

中島 外(1986). 住居觀研究の枠組みと住居觀型の假說檢證の試み. **日本建築學會計劃系論文報告集, 360**, 39-48.

An, Ok-hee & Park, Jin-ho(2004). Characteristics of Residential Buildings designated as Korean National Treasures. 한국생활과학회지, 13(5), 821-832.

Porell, F. W. (1984). *Model of Intraurban Residential Location*. Boston: Kluwer Nijhoff Publlishing Co.(J. H. Kim, op. cit., 재인용).

Abu-Lughod, J. L., and Foley, M. M., ibid., I. R. Short, op. cit., (1978) 재인용.

Tylor, E. B. (1958). *Primitive culture*. Harper and Brothers.

국립경주박물관 http://gyeongju.museum.go.kr

국립중앙박물관 http://www.museum.go.kr

도시연대 http://www.dosi.or.kr

라이코스 http://100.lycos.co.kr

매일애드 http://www.maeilad.co.kr

문화재청 http://www.cha.go.kr

부산박물관 http://museum.busan.go.kr

북촌한옥마을 http://bukchon.seoul.go.kr

브리태니커백과사전 http://www.britannica.co.kr

서울육백년사 http://seoul600.visitseoul.net

윤혁경의 건축법 해설 http://www.archilaw.org

정토회 http://www.jungto.org

제주가이드 http://www.chejuguide.com

풍수지리와 건축 http://www.feng-shui.pe.kr

한국전통초가연구소 http://www.초가.kr

한국정신문화연구원 http://www.koreandb.net

한국화장실협회 http://www.toilet.or.kr

안옥희

일본 국립나라여자대학 학술박사
한국주거학회 부회장 역임
영남대학교 생활과학연구소 소장 역임
현재 영남대학교 가족주거학과 교수
영남대학교 자원문제연구소 소장

백영흠

영남대학교 및 동 대학원 건축공학과 졸업
한국주거학회 회장 역임
대구대학교 박물관장 역임
현재 대구대학교 실내건축디자인학과 교수
문화재청 문화재 전문위원

새로 쓴 **한국 주거역사와 문화**

2011년 9월 5일 1판 1쇄 인쇄
2011년 9월 10일 1판 1쇄 발행
2016년 9월 10일 1판 2쇄 발행

지 은 이 안옥희 백영흠
펴 낸 이 최용구
펴 낸 곳 도서출판 신정

주 소 (04316) 서울시 용산구 원효로 89길 19 (원효로1가)
전 화 02)3211-4782 · 0266(영업부), 3211-4783(편집부), 3211-4784(팩스)
이 메 일 shinjeong72@naver.com
홈페이지 www.sjbook.co.kr
등 록 2001년 5월 11일 제13-702호

기획마케팅 최용구 장만동 송대용 최충구
책임편집 석기은 황가연
표 지 SDY

ISBN 978-89-5912-203-5 93540

정 가 12,000원